Pflanzenanatomischer Grundkurs

Werner Reißer
Franz-Martin Dux
Monika Möschke
Martin Hofmeister

Pflanzenanatomischer Grundkurs

Module für die differenzierte Gestaltung

2., erweiterte Auflage

Werner Reißer
Berlin, Deutschland

Franz-Martin Dux
Stuttgart, Deutschland

Monika Möschke
Leipzig, Deutschland

Martin Hofmeister
Bad Wildbad, Deutschland

ISBN 978-3-662-58718-8 ISBN 978-3-662-58719-5 (eBook)
https://doi.org/10.1007/978-3-662-58719-5

Die Deutsche Nationalbibliothek verzeichnet diese Publikation in der Deutschen Nationalbibliografie; detaillierte bibliografische Daten sind im Internet über http://dnb.d-nb.de abrufbar.

Springer Spektrum

Zeichnungen von Martin Lay, Verlagsdienstleister, Breisach, Deutschland
Planung/Lektorat: Stefanie Wolf

Springer Spektrum ist ein Imprint der eingetragenen Gesellschaft Springer-Verlag GmbH, DE und ist ein Teil von Springer Nature.
Die Anschrift der Gesellschaft ist: Heidelberger Platz 3, 14197 Berlin, Germany

Vorwort zur 2. Auflage

Mit der zweiten Auflage wurde das Angebot der zur Verfügung stehenden Module von 10 auf 12 erweitert. Neu hinzugekommen sind die Module „Metamorphosen pflanzlicher Grundorgane“ und „Pilze und Flechten“. Damit wird dem Dozenten bei der Auswahl des Unterrichtsstoffes eine noch bessere Anpassung an die gegebene Lern- und Unterrichtssituation ermöglicht und den Pilzen und Flechten die traditionelle Heimstatt im botanischen Grundunterricht erhalten.

Ansonsten erfolgten kleinere inhaltliche Ergänzungen und redaktionelle Arbeiten. Auf Nutzerwunsch hin wurde der für die Studierenden erstellte Einleitungstext zu den theoretischen Grundlagen der einzelnen Module erweitert, ohne allerdings die ursprüngliche Maxime aufzugeben, keinen Ersatz für ein Lehrbuch zu schaffen und das Schwergewicht des Kurses auf der praktischen Arbeit am Objekt zu belassen. Die Vorschläge zur Präsentation der einzelnen Module durch die Dozenten wurden in einigen Modulen ergänzt.

Weitere Informationen zur Beschaffung von Objekten und zu Färbungen und Nachweisreaktionen, die bislang als Zusatzmaterial auf der Plattform DozentenPLUS zur Verfügung standen, wurden in den Serviceteil integriert. Die für alle Module angebotenen Einführungsvorlesungen werden jetzt als frei veränderbare PowerPoint-Dateien für Dozenten auf der Springer Lehrbuchplattform ▸ lehrbuch-biologie.springer.com bereitgestellt. Zusätzlich zum Fragenkatalog und den zu beschriftenden Arbeitsblättern erhalten Studierende dort für das Selbststudium ein Karteikartensystem mit den Glossarbegriffen.

Unser Dank gilt Frau Carola Lerch und Frau Stefanie Wolf, die uns bei der Realisierung der 2. Auflage wieder mit Rat und Tat unterstützt haben. Wir danken auch den zahlreichen Studierenden, die uns erlaubt haben, ihr Bildmaterial für dieses Buch zu benutzen.

Frau Frauke Bahle danken wir für die wertvollen Hinweise insbesondere zur Nomenklatur der Objekte und für Verbesserungsvorschläge bei der Korrektur des Manuskripts. Wir danken Herrn Martin Lay für die überaus schnelle und wie immer sachkundige Bearbeitung der Zeichnungen.

Werner Reißer
Franz-Martin Dux
Monika Möschke
Martin Hofmeister

Vorwort zur 1. Auflage

Die universitäre Ausbildung von Biologen hat in den letzten Jahren eine deutliche Verschiebung ihrer Schwerpunkte erfahren. Das Gewicht des morphologisch-anatomischen Unterrichts hat abgenommen, was vor allem in den klassischen Fächern Botanik und Zoologie eine neue Lehr- und Lernsituation geschaffen hat. Dies äußert sich in der Praxis vor allem darin, dass das dem anatomisch-morphologischen Grundkurs zugestandene Zeitkontingent zunehmend geringer wird. Vereinzelt wird das Angebot der Botanik und der Zoologie auch schon zu einem Grundkurs Biologie mit unverändertem einfachen Zeitkontingent zusammengefasst. In der Vergangenheit kam hinzu, dass die steigende Zahl der Biologiestudierenden in Verbindung mit beschränkten räumlichen Ressourcen es notwendig machte, den Kurs mehrfach anzubieten, wodurch im Einzelfall die Betreuung durch mit der Materie vertraute Fachkräfte problematisch wurde. Die Situation wird in der Praxis verschärft durch eine steigende Nachfrage anderer Disziplinen wie Pharmazie, Veterinärmedizin, Geografie usw. nach einer Teilausbildung in Botanik, für die ebenfalls ein entsprechendes Lehrangebot vorgehalten werden muss. Aus der Summe aller Erfordernisse ergibt sich also die Aufgabe, einen Grundkurs Botanik neu zu konzipieren, der einerseits eine konsensfähige Grundausbildung vermittelt, andererseits aber in seinem Angebot genügend flexibel ist, um eine Anpassung an die jeweils gegebenen Unterrichtserfordernisse zu erlauben.

Bei dem hier vorgelegten *Pflanzenanatomischen Grundkurs* bilden die drei Grundorgane der Landpflanze – Wurzel, Spross und Blatt – sowie die unterschiedlichen pflanzlichen Gewebetypen in klassischer Weise die Basis des Stoffangebots. Ergänzend dazu werden die Themen Blüte, Samen und Frucht behandelt. Zudem wird anhand von Vertretern der Algen, Moose und Farne ein Überblick über das Pflanzenreich und dessen Organisationsformen gegeben. Eine gesonderte Unterrichtseinheit stellt Aufbau und Funktionsweise eines Mikroskops vor und vermittelt die nötigen handwerklichen Fähigkeiten und Arbeitstechniken des Präparierens, Färbens, Mikroskopierens und Dokumentierens des pflanzlichen Materials.

Um den neuen Anforderungen in der Lehre gerecht zu werden, wird der Unterrichtsstoff modular angeboten. Jedes Modul stellt eine in sich abgeschlossene Unterrichtseinheit dar, die in ca. drei Zeitstunden absolviert werden kann. Die einzelnen Objekte werden im Kontext des Modulthemas in Text und Bild ausführlich vorgestellt, wobei großer Wert darauf gelegt wurde, die zugrunde liegenden Fotografien unter Kursbedingungen anzufertigen, also unter Voraussetzungen, die für jeden Kursteilnehmer gleichermaßen gelten. Aufgaben und Lernziele werden definiert, ein Fragenkatalog dient der Lernzielkontrolle und soll – in Verbindung mit einem ausführlichen Glossar – zum Selbststudium anregen. Wo angezeigt, werden von den Objekten Schemazeichnungen geboten, die beschriftet werden können und damit weiter zum Lernerfolg beitragen sollen.

Dieses Lehrbuch kann von Studierenden und Dozierenden in der gedruckten und in der identischen E-Book-Version genutzt werden.

Für die Dozierenden stehen auf der Plattform DozentenPLUS einige zusätzliche Informationen zum kostenlosen Download zur Verfügung. Diese sollen es erleichtern, in der gegebenen Unterrichtssituation (bestimmt z. B. durch den Studienschwerpunkt der Studierenden, die Verfügbarkeit der Objekte, den Zeitrahmen) ein optimales Lehrangebot bereitzustellen. So wird dort beispielsweise für jedes Modul eine Einführungsvorlesung angeboten. Die im Buch unbeschrifteten Schemazeichnungen sind beschriftet, und es liegen Antworten zu den Fragenkatalogen vor. Zu jedem Kursobjekt findet sich außerdem ein erläuternder Text, der auf die Präparation hinweist und Informationen zum allgemeinen Kontext gibt. Es werden Bezugsquellen und – wo erforderlich – vorbereitende Arbeiten genannt. DozentenPLUS finden Sie über die Produktseite ▶ www.springer.com/978-3-662-47345-0.

Ziel ist, den Dozierenden die Mittel an die Hand zu geben, die es erlauben, einen auf die persönlichen und äußeren Bedingungen optimal abgestimmten Kurs anzubieten. Variationsmöglichkeiten bieten der Umfang der behandelten Objekte jedes Moduls, die Art der Dokumentation (Zeichnung vs. Foto) aber auch die Leistungskontrolle (Fragen, Schemazeichnungen, eventuell beschriftete Fotos). Die Dozierenden können – aufbauend auf den Modulen zu Wurzel, Spross und Blatt – weitere, ergänzende Module aus dem Angebot wählen.

Der *Pflanzenanatomische Grundkurs* ist als offenes Projekt angelegt, das fortwährend weiterentwickelt und optimiert werden wird. Um noch besser auf die speziellen Bedürfnisse der unterschiedlichen Zielgruppen eingehen zu können, die neben einer Basisausbildung in Botanik einen auf ihre Fachrichtung speziell ausgerichteten Unterrichtsstoff benötigen, sind weitere Module in Vorbereitung, unter anderem für die Botanikausbildung von Studierenden der Pharmazie und von Veterinärmedizinern. Auf der Produkthomepage ▶ www.springer.com/978-3-662-47345-0 werden Sie die jeweils aktuellen Informationen finden, welche Module in welcher Form zur Verfügung stehen. Ebenfalls auf der Produkthomepage können Studierende die Antworten zu den Fragenkatalogen finden, um die Richtigkeit der eigenen Antworten zu kontrollieren.

Unser Dank gilt Frau Carola Lerch und Frau Kaja Rosenbaum, die uns bei der Verwirklichung dieses neuen Unterrichtskonzeptes mit Rat und Tat unterstützt haben. Zu danken haben wir auch Herrn Ulrich G. Moltmann und Herrn Christoph Iven, die das Projekt in der frühen Phase begleitet haben, sowie Miron Averdunk, Jana Baier, Lisa-Marie Bangen, Isko Hering, Anselm Kittel, Anna Koch, Maik Neubert, Stefanie Reischel und Julia Schön für die Bereitstellung von Bildmaterial.

Wir danken Frau Birgit Jarosch für wertvolle Hinweise und Verbesserungsvorschläge bei der Korrektur des Manuskripts und Herrn Martin Lay für die sachkundige Bearbeitung der Zeichnungen.

Werner Reißer
Franz-Martin Dux
Monika Möschke
Martin Hofmeister

Inhaltsverzeichnis

Serviceteil

Material und Methoden

W. Reißer, F.-M. Dux, M. Möschke, M. Hofmeister, *Pflanzenanatomischer Grundkurs,*
https://doi.org/10.1007/978-3-662-58719-5_1

1.1 Das Lichtmikroskop

Funktionsweise Das wichtigste optische Hilfsmittel zur Erforschung von Aufbau und Feinstruktur des pflanzlichen Vegetationskörpers ist – neben der Handlupe – das Lichtmikroskop. Kernstücke des optischen Apparats eines Mikroskops sind das Okular und das Objektiv, von dem meist mehrere an einem Revolver angeordnet sind. Das Objektiv entwirft im Tubus ein umgekehrtes reelles und vergrößertes Zwischenbild des durchstrahlten Objekts, das mit dem als Lupe wirkendem **Okular** nochmals vergrößert und vom Auge als virtuelles Bild wahrgenommen wird.

Jedes Objektiv ist mit seinen Kennzahlen beschriftet (◘ Tab. 1.1).

Vergrößerung Die Objektivvergrößerung (Maßstabszahl) multipliziert mit der Okularvergrößerung (meistens 10×) ergibt die visuelle **Gesamtvergrößerung,** zum Beispiel 10 × 10 = 100× (100-fach) oder 10 × 40 = 400× (400-fach).

Die numerische Apertur × 1000, zum Beispiel 0,25 × 1000 = 250, ist die höchste sinnvolle Vergrößerung; darüber hinaus werden keine weiteren Details aufgelöst.

Als Grundausstattung des Pflanzenanatomischen Grundkurses sollte für jeden Teilnehmer ein Lichtmikroskop, das eine maximale Gesamtvergrößerung von mindestens 400-fach gewährleistet, zur Verfügung stehen. Für die meisten Aufgaben reicht es aus, wenn die Objektive – bei Okularen mit 10-facher Vergrößerung – eine 40-, 25- und 10-fache Vergrößerung liefern. In einzelnen Fällen ist auch eine kleinere Objektivvergrößerung sinnvoll, wenn nicht mit Stereolupen gearbeitet werden kann.

Mikroskopieren

- Einen Tropfen Wasser mittig auf den Objektträger aufbringen, das Präparat auflegen und vorsichtig mit einem Deckglas abdecken, sodass keine Luftblasen eingeschlossen werden.
- Den Objektträger mit dem Präparat nach oben in die Halterung des Objektführers auf dem Objekttisch legen.
- Das Objekt in den Strahlengang schieben.
- Das Objekt zunächst mit der kleinen Vergrößerung scharf abbilden:
  Dazu den Objekttisch zunächst unter Sichtkontrolle in die höchste Position bringen, anschließend den Objekttisch mit Blick durch den Tubus soweit senken, bis das Objekt scharf wiedergegeben wird. Ein Ausschnitt des Objekts kann nachfolgend mit stärkerer Vergrößerung betrachtet werden:
  Dazu das Objektiv mit einer größeren Maßstabszahl ohne Bewegung des Tubus mit dem Objektivrevolver in den Strahlengang bringen, die Schärfe mithilfe des Feintriebs und der Kontrast durch Bedienen der Aperturblende (◘ Abb. 1.1) nachregulieren.

◘ **Tab. 1.1** Kennzahlen eines Objektivs

	CP-ACHROMAT 10×/0,25 ∞/–	N-ACHROPLAN 50×/1 Oil ∞/0–0,17
Objektivklasse	ACHROMAT	ACHROPLAN
Vergrößerung (Maßstabszahl)/ numerische Apertur	10×/0,25	50×/1 Immersionsmedium Öl
Tubuslänge/Deckglasdicke (mm)	∞/unempfindlich (ohne Deckglas verwendbar)	∞/ohne Deckglas oder mit Standarddeckglas 0,17 mm verwendbar

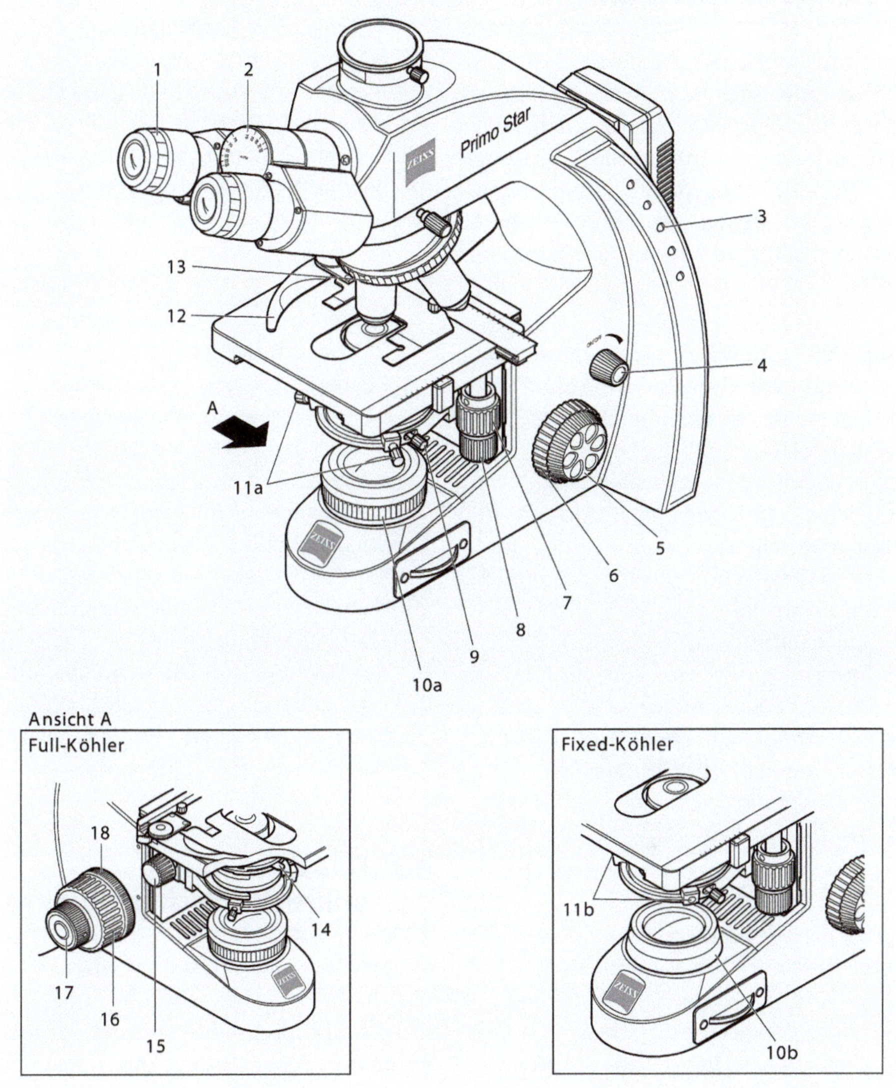

Abb. 1.1 Kursmikroskop. *1* Okulare, *2* Binokularteil des Tubus, *3* Anzeige für die Beleuchtungsintensität, *4* Drehknopf zum Ein- und Ausschalten und für die Einstellung der Beleuchtungsintensität, *5* Fokussiertrieb für die Feineinstellung (rechte Seite), *6* Fokussiertrieb für die Grobeinstellung, *7* Triebknopf zum Verstellen des Kreuztisches in x-Richtung, *8* Triebkopf zum Verstellen des Kreuztisches in y-Richtung, *9* Klemmschraube für den Kondensor, *10a* Rändelring zum Verstellen der Leuchtfeldblende (nur bei der Ausstattung Full-Köhler), *10b* Leuchtfeldblende (nicht verstellbar bei der Ausstattung Fixed-Köhler), *11a* Zentrierschrauben (bei der Ausstattung Full-Köhler als Rändelschrauben ausgeführt), *11b* Zentrierschrauben für den Kondensor (bei der Ausstattung Fixed-Köhler als Innensechskantschrauben ausgeführt), *12* Federhebel des Objekthalters, *13* Rändelring des Objektivrevolvers, *14* Hebel zum Verstellen der Aperturblende des Kondensors, *15* Rändelknopf zum Höhenverstellen des Kondensors, *16* Fokussiertrieb für die Grobeinstellung (linke Seite), *17* Fokussiertrieb für die Feineinstellung (linke Seite), *18* Rändelring zum Einstellen der Gängigkeit des Grobtriebs. (Mit freundlicher Genehmigung der © Carl Zeiss Microscopy GmbH)

1.2 Präparationsmethoden

Die mikroskopische Analyse des Aufbaus von pflanzlichen Zellen **(Cytologie)**, Geweben **(Histologie)** oder des pflanzlichen Vegetationskörpers **(Anatomie)** erfordert meist spezielle, angepasste Präparationstechniken, bei denen erprobte Hilfsmittel und Arbeitstechniken zum Einsatz kommen

Hilfsmittel und Arbeitsgeräte zum Anfertigen von Gewebeschnitten
Die Materialien können über den Fachhandel und oft auch über die Fachschaften der Universitäten und Hochschulen bezogen oder über das Internet bestellt werden.

- Neue Rasierklingen (weniger geeignet sind Skalpelle)
- Spitze Pinzette
- Schere
- Lanzettnadel, Präpariernadel
- Objektträger und Deckgläser
- Holundermark oder Styropor (zur Stabilisierung des Ausgangsmaterials beim Schneiden)

Anfertigen von Gewebeschnitten
Im Kurs wird überwiegend mit Frisch- oder Alkoholmaterial gearbeitet, von dem meist mithilfe einer Rasierklinge Schnitte angefertigt werden. Bei bereits verholzten Sprossachsen oder Wurzeln erfolgt die Freilegung der Schnittfläche am besten mit einem Skalpell. Das Schneiden mit der Rasierklinge kann mit einiger Übung freihändig geschehen, oft empfiehlt es sich jedoch, das Objekt zur leichteren Handhabung in ein Stück Holundermark oder Styropor einzuklemmen. Schnitte von pflanzlichen Organen können in verschiedenen Richtungen erfolgen (◘ Abb. 1.2 und 1.3). Es sollten immer mehrere Schnitte hergestellt werden, von denen dann der beste, das heißt der dünnste und möglichst nicht schräg verlaufende, anschließend mikroskopiert wird.

Isolierung von Einzelzellen und Zellbestandteilen
Kleinere Gewebebestandteile und einzelne Zellen können mechanisch durch Abschaben mit einer Rasierklinge oder durch Herauszupfen oder Ablösen (z. B. Epidermis) mit einer Pinzette von entsprechenden Pflanzenteilen gewonnen werden. Einzelne Zellen lassen sich dann aus den Gewebestücken durch kräftigen und gleichmäßigen Druck auf das Deckglas (sog. Quetschpräparate) oder durch Einsatz von zellwandlösenden Enzymen gewinnen.

1.3 Das Zeichnen mikroskopischer Objekte

Zeichentechniken Das wissenschaftliche Zeichnen ist eine einfache und effiziente Protokolliermethode, erfordert jedoch eine intensive Beobachtung und genaue Analyse des mikroskopischen Präparats.

Die wissenschaftliche Zeichnung soll das Objekt in durchdachter und kommentierter Form darstellen. Sie muss ständig mit dem Bild im Mikroskop verglichen werden. Deshalb sollten die Zeichnungen unbedingt während der Kurszeit entstehen. Zu vermeiden ist oberflächliches Skizzieren. Zeichnen aus dem Gedächtnis oder einfaches Abzeichnen aus Büchern führt zu Irrtümern und hilft nicht, den gebotenen Stoff zu erlernen.

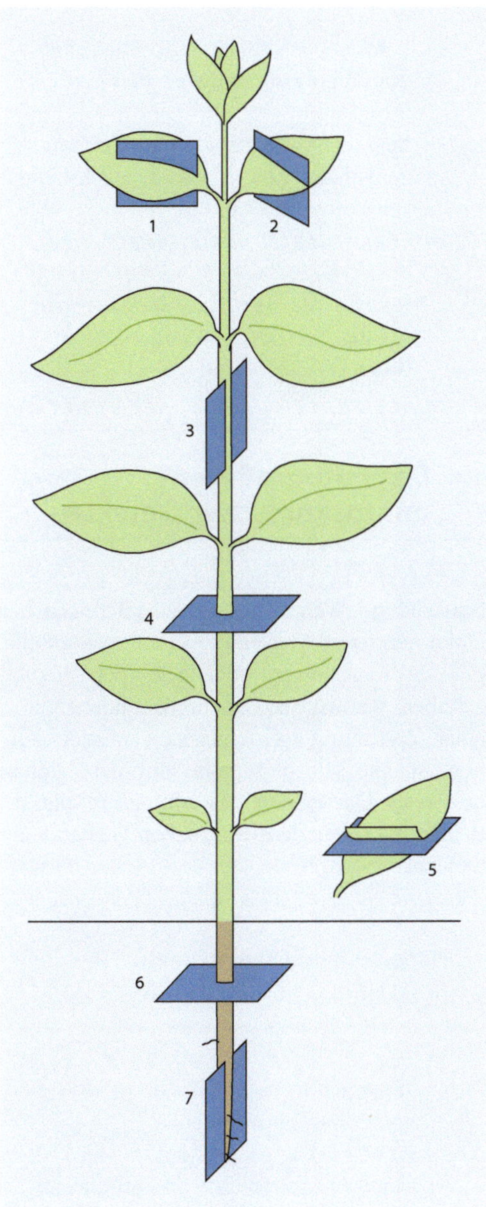

Abb. 1.2 Schnittrichtungen für die Präparation einzelner Pflanzenorgane. *1* Blattlängsschnitt, *2* Blattquerschnitt, *3* Sprosslängsschnitt, *4* Sprossquerschnitt, *5* Flächenschnitt Blatt, *6* Wurzelquerschnitt, *7* Wurzellängsschnitt

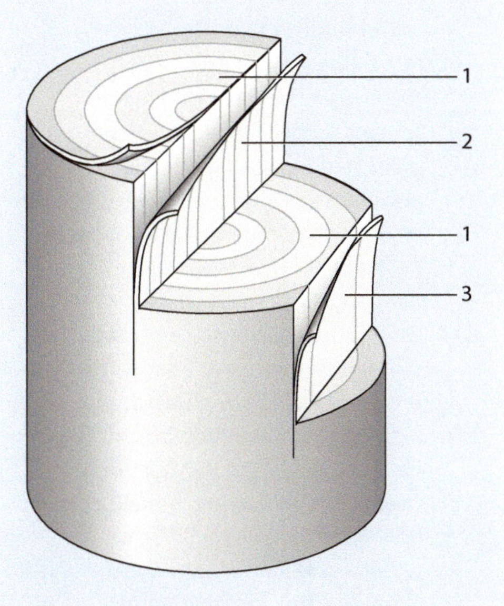

Abb. 1.3 Schnittrichtungen bei der anatomischen Untersuchung einer sekundär verdickten und verholzten Sprossachse. *1* = Querschnitt; *2* = radialer Längsschnitt; *3* = tangentialer Längsschnitt

Hilfsmittel und Arbeitsgeräte für das Zeichnen mikroskopischer Objekte

- Glattes, weißes DIN-A4-Papier (gutes Schreibmaschinenpapier genügt, Zeichenkarton ist nicht nötig; kein Umweltschutzpapier, liniertes oder kariertes Papier verwenden.)
- Spitze Bleistifte mit der Härte HB und H
- Eventuell radierbare Buntstifte in Grün, Orange, Gelb, Rot, Hellblau, Hellbraun (keine Faserstifte oder Kugelschreiber)
- Weicher (nichtschmierender) Radiergummi

Anfertigen einer Detailzeichnung

- In der Regel empfiehlt es sich, das Objekt zunächst durch eine schematische Übersichtszeichnung darzustellen, welche die Lage einzelner Gewebe angibt. In dieser Übersicht kann dann der Ausschnitt, der zellulär erfasst werden soll, vermerkt werden.
- Es ist hilfreich, zuerst den Umriss und die Hauptunterteilung eines Objekts mit feinen Linien vorzuzeichnen. Bei richtigen Proportionen lassen sich Einzelheiten besser einzeichnen. Deshalb ist es wichtig, beim Zeichnen den Maßstab nicht zu klein zu wählen und immer auf die richtigen Größenordnungen zueinander zu achten (■ Abb. 1.4).
- Die Mittellamellen der Zellen eines Gewebes (die Mittellamelle gibt die Form der Zelle an) werden zuerst gezeichnet.
- Danach wird die jeweilige Dicke der Zellwand einer Zelle eingezeichnet (diese Linie gibt gleichzeitig die Lage der Plasmamembran lebender Zellen an). Auf diese Weise werden die aneinandergrenzenden Zellen in einem Gewebe durch drei Linien verbunden (sog. dreikonturiges Zeichnen).
- Bei Bedarf und Beobachtung können noch weitere Strukturen wie Tüpfel, Zellkerne und Chloroplasten eingezeichnet werden.

Bitte beim Zeichnen immer beachten

- Richtige Orientierung des Objekts auf dem Zeichenblatt (z. B. Blattoberseite nach oben)
- Richtige Proportionen der Teile, Wahl des geeigneten Maßstabs
- Betonen wesentlicher, Abschwächen oder Weglassen unwesentlicher Strukturen
- Kein schematisches Zeichnen; dies führt zu „Fensterkreuzen“, „Dachziegeln“ und Ähnlichem (■ Abb. 1.5)
- Eingesetzte Mikroskopvergrößerung auf dem Zeichenblatt vermerken (es muss klar sein, dass diese nicht identisch mit der Endvergrößerung durch die Zeichnung ist)

1.4 Das Fotografieren mikroskopischer Objekte

Darstellung Während beim zeichnerischen Dokumentieren Details mikroskopischer Objekte weggelassen oder besonders hervorgehoben werden und mehrere Bildebenen in einer Zeichnung wiedergegeben werden können, ist eine Mikrofotografie eine detailgetreue und reale Darstellung des zum Zeitpunkt der Belichtung unter dem Mikroskop vorhandenen Objekts.

Hilfsmittel und Arbeitsgeräte

- Mikroskop mit entsprechender Vergrößerung
- Handelsübliche Digitalkamera (Spiegelreflexkameras sind nicht unbedingt erforderlich) oder
- Neueres Smartphone mit integrierter Kamera (mind. 8-Megapixel-Kamera mit Autofokus, LED-Blitz ausschalten, BSI-Sensor ist hilfreich)
- Computer zur Datenverarbeitung und Bildbearbeitung (Erfassung von Ausschnitten, Beschriftung der Details etc.), eventuell Software zur Bildoptimierung und -bearbeitung (z. B. GIMP, Adobe® Photoshop o. Ä.)

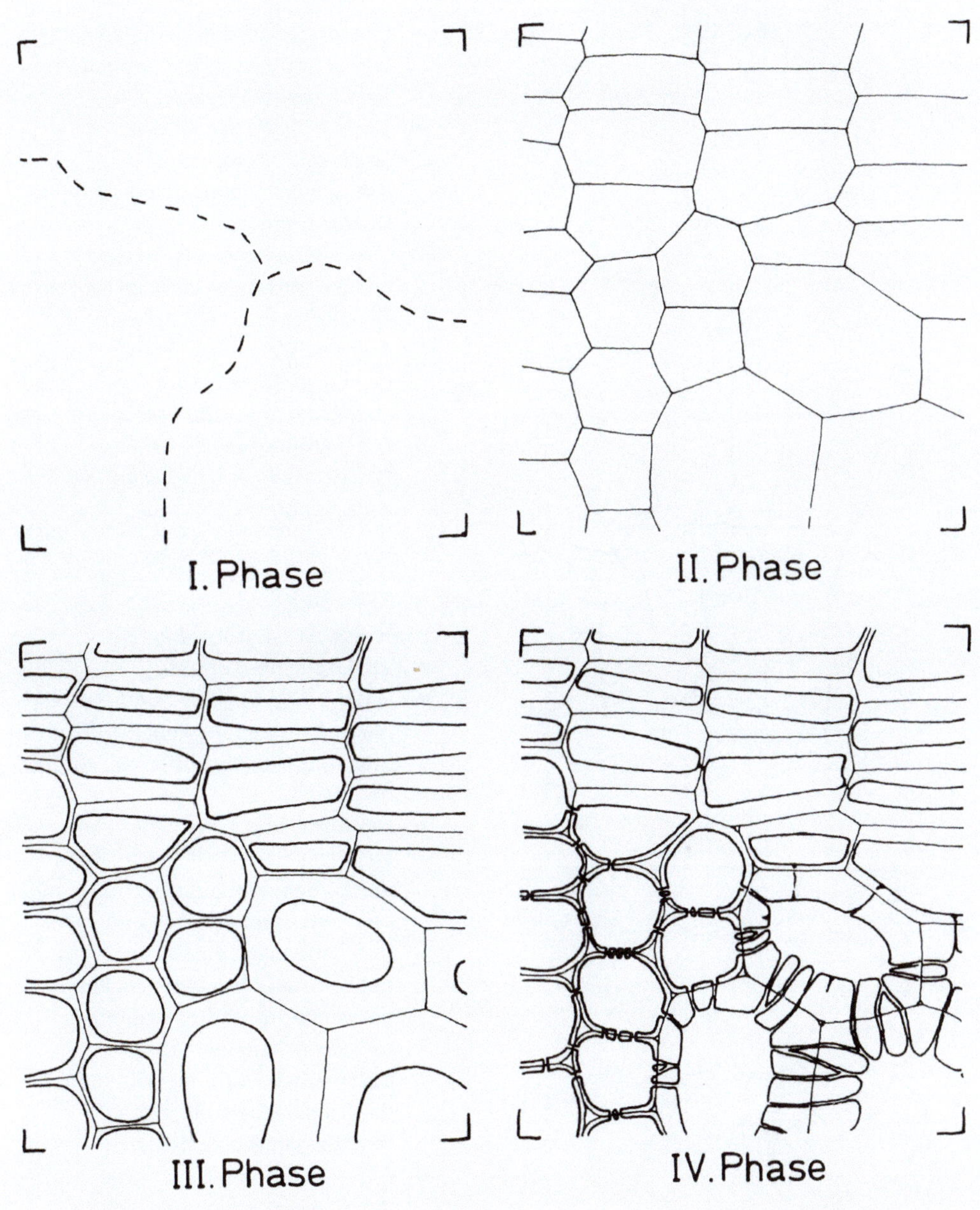

Abb. 1.4 Phasen der Anfertigung einer Detailzeichnung einer Zelle. *I. Phase:* Einteilung der Zeichenfläche nach den Größenverhältnissen der einzelnen Gewebe; *II. Phase:* Darstellung des Mittellamellennetzes als Zeichenhilfe; *III. Phase:* Einzeichnen der jeweiligen Zellwanddicken; *IV. Phase:* Einzeichnen von Details: oben Plattenkollenchym, unten rechts Steinzellen mit sehr dicken Zellwänden und Tüpfelkanälen, unten links Parenchym mit Interzellularen. (© Grünsfelder 1991)

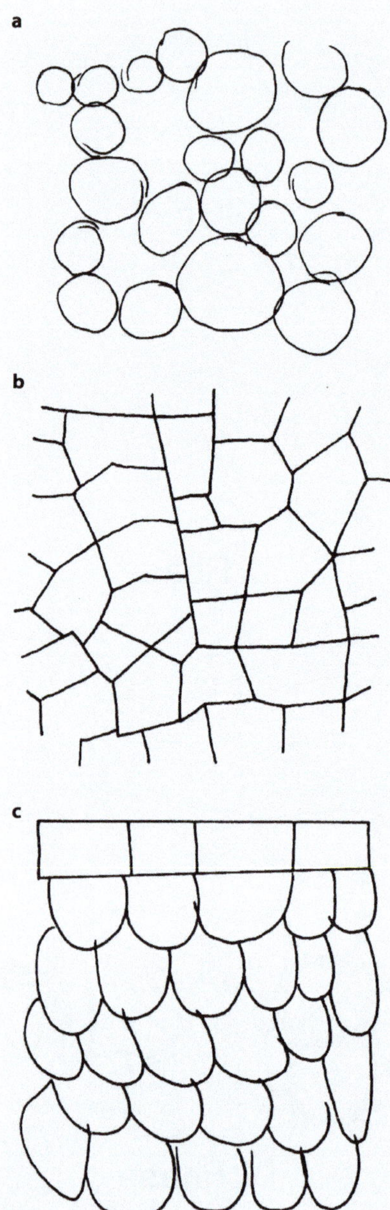

■ **Abb. 1.5** Fehler, die man beim Zeichnen machen kann. **a** Zellen sind nachlässig gezeichnet, ihre Wände sind nicht geschlossen. **b** Einzelne Zellwände stoßen in einem rechten Winkel an die Wände von Nachbarzellen; außerdem sind die Zellwände teilweise wie die Sprossen eines Fensterkreuzes gezeichnet, vier Zellen grenzen aber höchst selten im rechten Winkel aneinander. **c** Zellen überlappen benachbarte Zellen, sie sehen aus wie Dachziegel oder Fischschuppen. (Nach © Grünsfelder 1991)

- Übertragungskabel zwischen Kamera und Smartphone (ggf. Übertragung mit Bluetooth möglich)
- Die bekannten Schreibprogramme (Microsoft® Word, OpenOffice™ o. Ä.) zur Erstellung entsprechender Dokumentationen
- Mikroskopadapter mit integrierter Kamera bieten eine weitere Möglichkeit zur gleichzeitigen Darstellung und Aufnahme (auch von Videos z. B. von bewegten Objekten) am Computer, sind aber in der Anschaffung sehr kostspielig. Die Mikrofotos zeigen teilweise Qualitätsmängel in Bildauflösung und Farbgebung.

Hinweise zum Fotografieren mikroskopischer Objekte

- Okulare und Objektive sind stets von Staub, Fingerabdrücken und Ölresten (mit Waschbenzin entfernen) zu befreien.
- Das Mikroskop sollte sicher und standfest aufgestellt sein. Während der Aufnahme sollten Erschütterungen vermieden werden, da sonst unscharfe Bilder entstehen. Eventuell mit Selbstauslöser arbeiten. Bei Verwendung von Digitalkameras und Ähnlichem verdunkelt der automatische Blitz meist das Bild, da sich der Blitz außerhalb des Strahlengangs befindet.
- Präparate immer so dünn wie möglich herstellen, stets gerade Schnittpräparate verwenden! Je dünner das Präparat, desto unempfindlicher ist es gegen Erschütterungen und umso genauer können Gewebeschichten und Zellstrukturen fotografisch dokumentiert werden.
- Man sollte immer zuerst mit entspannten Augen mikroskopieren

und den Kontrast einstellen. Anschließend das Foto aufnehmen, ggf. kann beim Auflegen der Kamera noch mit dem Feintrieb gearbeitet werden.
- Die Kameraeinstellung „Nahaufnahme" kann bei einem optischen Zoom das Scharfstellen des Bildes erleichtern.
- Stets eine Bildreihe (drei bis vier Fotos) von dem Objekt ggf. mit unterschiedlichen Belichtungen und Vergrößerungen anfertigen.
- Zur besseren Fokussierung des Objekts und zum besseren Einfangen des Strahlengangs in das Objektiv der Kamera Augenschutz am Okular entfernen.
- Sehr kleine Objekte (z. B. Cyanobakterien und einzellige Algen) können auch mit dem 100er-Objektiv und Immersionsöl präpariert und fotografiert werden.
- Es ist empfehlenswert, jedes Objekt zusammen mit einem Maßstab, etwa auf einem Objektträger mit Mikrometerskala, zu fotografieren.

Aus Gründen einer vereinfachten Darstellung haben wir bei der Schilderung der Aufgaben durchgehend den Begriff „zeichnen" verwendet. Gleichwohl liegt es natürlich im Ermessen der Kursleitung zu entscheiden, ob das Objekt gezeichnet bzw. durch eine Schemazeichnung skizziert oder fotografiert werden soll.

1.5 Färbungen und Nachweisreaktionen

Die gängigen und auch hier im Kurs verwendeten Färbe- und Identifizierungsmethoden pflanzlicher Zellbestandteile sind:
- **I_2/KI (Iod-Kaliumiodid-Lösung):** die wässrige Lösung färbt Stärke blau-schwarz,
- **Sudan III:** färbt Neutralfette, Cutin und Suberin orange-rot,
- **FSA (Fuchsin-Safranin-Astrablau):** färbt Cellulose blau, Lignin rot.

Für das Färben der pflanzlichen Präparate wird ein Tropfen der Färbelösung an den Rand des Deckglases gegeben und dann langsam mithilfe eines Filterpapierstreifens von der gegenüberliegenden Seite durch den Zwischenraum zwischen Objektträger und Deckglas, in dem sich das Präparat befindet, gesogen. Auf diese Weise entsteht ein Konzentrationsgradient der Färbelösung, sodass das Präparat an bestimmten Stellen durch die passend konzentrierte Lösung optimal gefärbt wird.

Organisationsformen von Pflanzen

W. Reißer, F.-M. Dux, M. Möschke, M. Hofmeister, *Pflanzenanatomischer Grundkurs*,
https://doi.org/10.1007/978-3-662-58719-5_2

2.1 Einführung

Definition Pflanzen sind Organismen, welche mithilfe von **Chloroplasten** eine **oxygene Photosynthese** betreiben. Sie stellen neben den Tieren und den Pilzen eine weitere Gruppe der Eukaryoten dar.

Klassifizierung Die Mitglieder des Pflanzenreichs sind hinsichtlich ihres zellulären Aufbaus und ihrer physiologischen Differenzierung sehr unterschiedlich. Dies gilt vor allem für die Algen, zu denen sowohl ein- und mehrzellige Vertreter als auch die großen Meeresalgen (Tange) gehören, die über 100 m lang werden können und deren aus echten Geweben bestehender Vegetationskörper komplex aufgebaut ist. Auch bezüglich anderer Merkmale ist die Gruppe der Algen sehr heterogen, sodass dieser Begriff in der modernen taxonomischen Literatur nur eine geringe Bedeutung hat. Es sei hier nur festgestellt, dass innerhalb der Eukaryoten das Unterreich (Subregnum) der grünen Pflanzen (Chlorobionta: Grünalgen, Moose, Farne, Samenpflanzen) gleichrangig zum Beispiel neben die Unterreiche der roten Pflanzen (Rhodobionta, Rotalgen), der Mycobionta (Pilze) und der Metazoa gestellt wird (◘ Abb. 2.1).

Pflanzen In der täglichen Anschauung sind die grünen Pflanzen (Chlorobionta) vorherrschend und werden auch vom Laien als Pflanzen wahrgenommen. Sie treten als Bäume, Sträucher, Gräser, Kräuter, Blumen, Farne, Moose und grüne Überzüge auf Steinen und Zäunen, an Bäumen und Fassaden sowie als grüne Watten in Gewässern auf. Entsprechend steht das Kennenlernen von Merkmalen dieser Pflanzen traditionell im Mittelpunkt eines botanischen Grundkurses, wobei die Landpflanzen, speziell die Samenpflanzen (Gymnospermen und Angiospermen), eindeutig im Vordergrund stehen.

Zu den Landpflanzen gehören die größten und ältesten uns bekannten Lebewesen. Das Gewicht einzelner Exemplare des Riesenmammutbaumes *(Sequoiadendron giganteum)* wird auf ca. 2400 Tonnen geschätzt (zum Vergleich: Blauwal ca. 150 Tonnen), die maximale Höhe auf ca. 85 m bei einem Alter von bis zu 3000 Jahren.

Chlorobionta (Grüne Pflanzen) Die grünen Pflanzen (Chlorobionta, Viridiplantae: Besitz von Plastiden mit zwei Hüllmembranen, Chlorophyll a und b, Reservestoff: Stärke) sind ein Unterreich (*subregnum:* -bionta) des Reiches *(regnum)* der Eukarya (Eukaryoten). Sie teilen sich auf in die Abteilung (*phylum:* -phyta) Streptophyta und die Abteilung Chlorophyta. Die Chlorophyta gliedern sich in verschiedene Klassen (*classis:* -phyceae) wie die Chlorophyceae und die Ulvophyceae. Die Streptophyta umfassen eine große Zahl von Unterabteilungen (*subphylum:* -phytina), die zu den Grünalgen (z. B. Charophytina, Coleochaetophytina), Moosen (z. B. Bryophytina, Marchantiophytina), Farnen (z. B. Lycopodiophytina, Polypodiophytina) und Samenpflanzen (Spermatophytina: Gymnospermae und Angiospermae) zusammengefasst werden. Daneben sind noch eine Reihe traditioneller Termini in Gebrauch. Als Embryophyten werden Moose, Farne und Samenpflanzen bezeichnet, als Tracheophyten Farne und Samenpflanzen. Mit dem Begriff „Grünalgen“ werden sowohl die Chlorophyta als auch die Unterabteilungen der Streptophyta bezeichnet, die Algen beinhalten. Der Terminus „Algen“ meint in engerer Definition die keinen Kormus besitzenden und überwiegend im Wasser lebenden Pflanzen, in weiterer Definition bezieht er die Cyanobakterien (Blaualgen) ein. Schließlich finden auch noch die Bezeichnungen Protophyt, Tallophyt und Kormophyt Verwendung, die sich auf Pflanzen generell (*Plantae:* mithilfe von Plastiden eine oxygene Photosynthese betreibende Eukaryoten) beziehen: Protophyten sind einzellig, Tallophyten besitzen einen Thallus, einen mehrzelligen, nicht in Wurzel, Spross und Blatt gegliederten Vegetationskörper. Kormophyten besitzen einen Kormus, einen

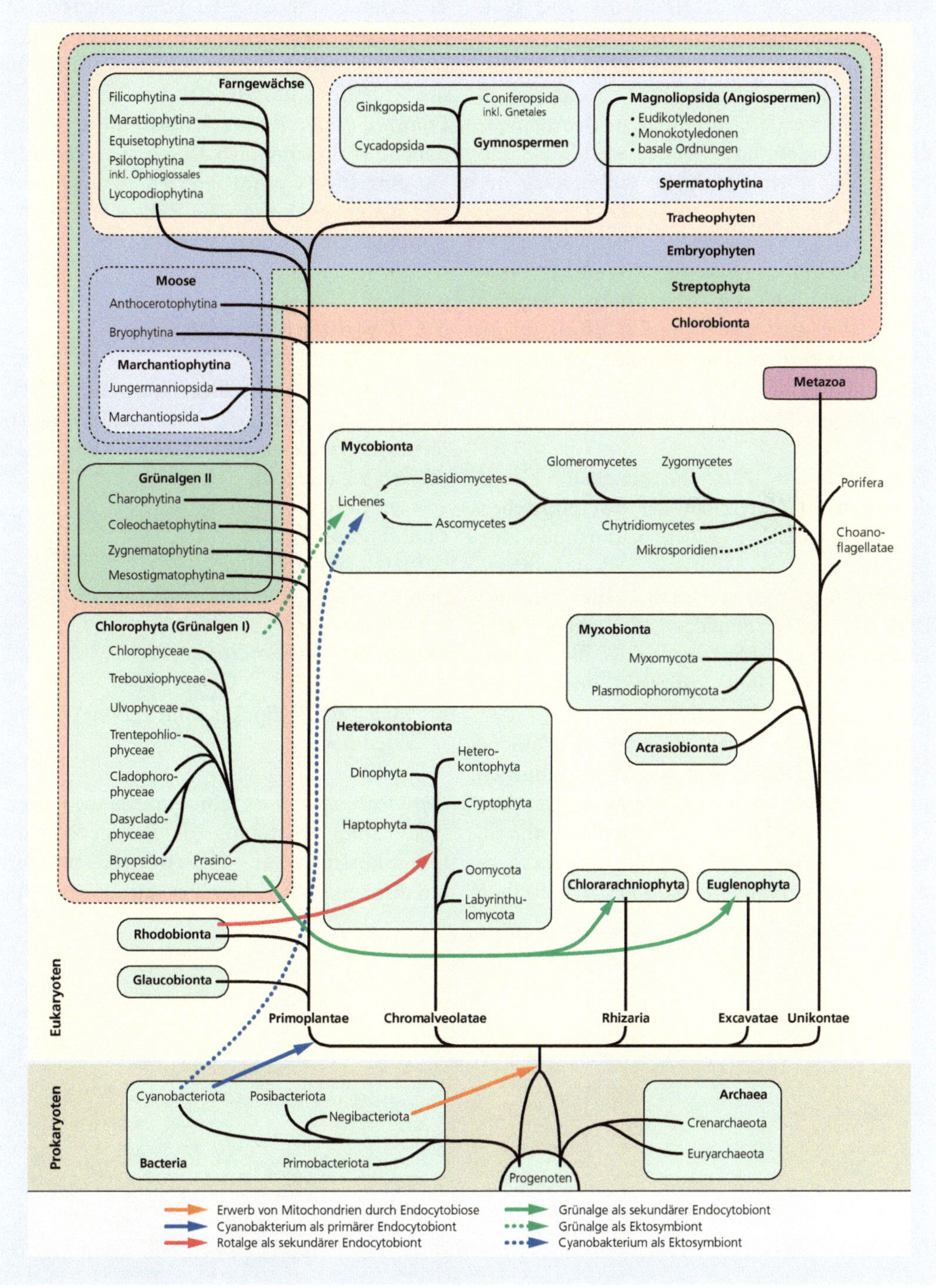

Abb. 2.1 Systematik und Evolution der Pflanzen. (© Bresinsky et al. 2008)

mehrzelligen, in Wurzel, Spross und Blatt gegliederten Vegetationskörper.

In diesem Modul sollen diejenigen Mitglieder der Chlorobionta exemplarisch vorgestellt werden, die nicht zu den Samenpflanzen zählen, also Grünalgen, Moose und Farne. Dabei wird sich die Reihenfolge der behandelten Objekte in erster Linie nach ihrem Organisationsgrad (Bauplan) richten (einzellig, mehrzellig, Gewebe). Taxonomische und nomenklatorische Aspekte sollen demgegenüber in den Hintergrund treten. Sie finden eine adäquate Würdigung in Standardlehrbüchern wie im *Strasburger – Lehrbuch der Pflanzenwissenschaften.*

Cyanobakterien Aus historischen Gründen wird im Unterricht der Botanik neben den eukaryotischen Algen häufig noch eine weitere Gruppe oxygene Photosynthese betreibender Organismen, die Cyanobakterien oder Blaualgen, behandelt. Der Grund dürfte darin liegen, dass die Cyanobakterien zu den größten Prokaryoten gehören. Oft sind sie als ausgeprägte Watten in Gewässern oder als dunkelgrün-bläuliche Überzüge an der Basis von Baumstämmen und an Felsen auch makroskopisch sichtbar. Da ihr Habitus dem der Grünalgen ähnelt, wurden sie von den alten Mikroskopikern zu den Algen gerechnet. Tatsächlich betreiben die Cyanobakterien eine Photosynthese, die derjenigen der Chlorobionta sehr ähnlich ist und es gibt gut abgesicherte Befunde für die Annahme, dass sie bei der Evolution der Pflanzen generell eine Schlüsselrolle gespielt haben. Wahrscheinlich lassen sich Plastiden auf einzellige Cyanobakterien zurückführen, mit denen eukaryotische Zellen eine Endosymbiose eingegangen sind.

2.2 Cyanobakterien

Es werden ein einzelliger Vertreter, *Chroococcus* sp., und ein mehrzellig, fadenförmiger Vertreter, *Anabaena* sp., vorgestellt. (▫ Abb. 2.2 und 2.3).

Chroococcus sp.

Lernziele/Stichwörter

prokaryotische Zellorganisation

▪▪ Objekt: *Chroococcus* sp.

Aufgaben:

- Eine Zelle, Zellpakete und Teilungsstadien zeichnen.

Chroococcus sp. ist ein einzelliges Cyanobakterium, das häufig als Polster auf festen Substraten in fließenden Gewässern anzutreffen ist. Charakteristisch sind die

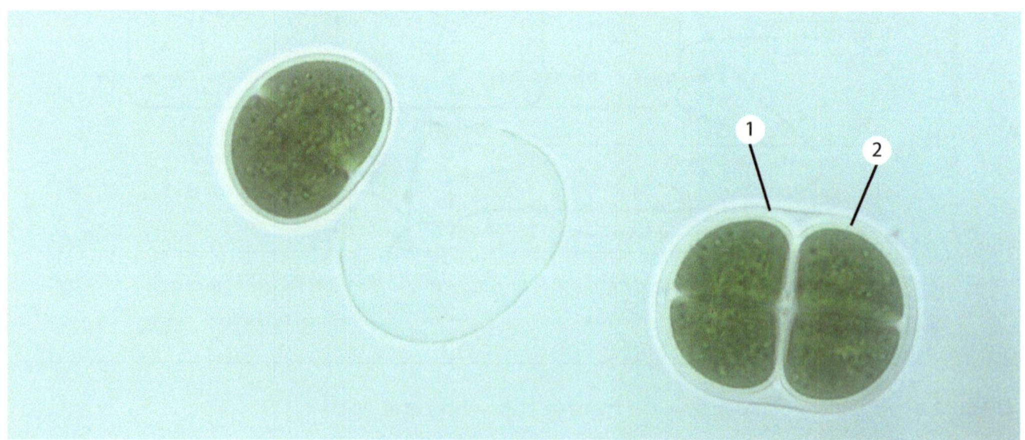

▫ **Abb. 2.2** *Chroococcus* sp., Teilungsstadien. *1, 2* Gallerthülle. (© Universität Leipzig)

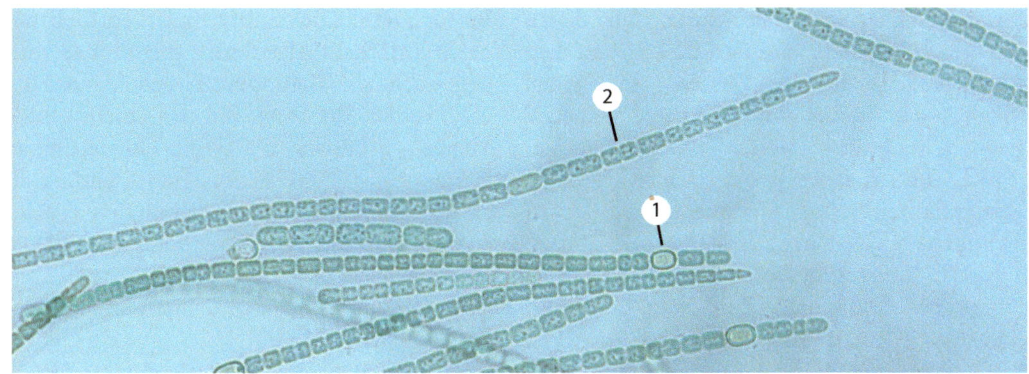

Abb. 2.3 *Anabaena* sp., Zellfaden. *1* Heterocyte, *2* Teilung einer Fadenzelle. (© Universität Leipzig)

Einbettung der Zelle in eine gallertartige Hülle und die typische prokaryotische Zellteilung, bei der sich die Zelle in ihrer Mitte durchzuschnüren scheint. Die beiden Tochterzellen umgeben sich jeweils mit einer eigenen Hülle und verbleiben noch einige Zeit innerhalb der Ausgangszellhülle. Auf diese Weise können bis zu acht Zellen in einer Ausgangshülle vorliegen. Die lichtmikroskopisch erfassbare Struktur der Zelle ist weitgehend homogen (keine Plastiden, kein Zellkern!). Die Färbung der Zelle (nur Chlorophyll a vorhanden) ist grünlich, im Vergleich zum Grün der Chlorobionta (Chlorophyll a und b) jedoch heller und zuweilen ins Türkise reichend.

***Anabaena* sp.**

Lernziele/Stichwörter

prokaryotische Zellorganisation

Objekt: *Anabaena* sp.

Aufgaben:

- Einen Zellfaden, Teilungsstadien und Heterocyten zeichnen.

Anabaena sp. ist ein fädiges Cyanobakterium, bei dem neben den Fadenzellen noch mindestens ein weiterer Zelltyp auftritt, der typisch für einige Vertreter der fädigen Cyanobakterien ist, die Heterocyte. Heterocyten sind deutlich größer als die anderen Fadenzellen, scheinen etwas heller pigmentiert und sind auf die Fixierung von molekularem Stickstoff der Luft spezialisiert. Sie besitzen das Enzym Nitrogenase, das bei Eukaryoten nicht vorkommt. Vereinzelt findet man im Zellfaden von *Anabaena* noch einen dritten Zelltyp, einen sogenannten Akineten. Akineten sind deutlich größer als die anderen Fadenzellen, zylindrisch-oval geformt und dunkel pigmentiert. Sie dienen wahrscheinlich als Speicherzellen für Überdauerungsphasen.

2.3 Chlorobionta

2.3.1 Grünalgen

Es sei nochmals betont, dass die Kursobjekte nicht nach taxonomischen Kriterien ausgewählt wurden, sondern in dem Bestreben, verschiedene Organisationsformen zu zeigen. Sehr wahrscheinlich ist, dass bei den Pflanzen der Weg zur Vielzelligkeit und zur Bildung echter Gewebe über die zunehmende Verzweigung und den zunehmend flächig werdenden Phänotyp fädiger Formen verlaufen ist. Speziell bei der Evolution der Landpflanzen ist eine Tendenz zur Ausbildung großer äußerer Oberflächen (Prinzip Blatt) zu beobachten, wohingegen zum Beispiel für die Metazoa große innere Oberflächen charakteristisch sind.

Zu beachten ist, dass zahlreiche Grünalgen in ihren Chloroplasten Pyrenoide besitzen. Dies sind Strukturen, an denen Stärke synthetisiert wird und die sich mit dem Stärkereagenz anfärben lassen. Sie werden häufig vom Anfänger für Zellkerne gehalten, jedoch befinden sich Zellkerne immer im Cytoplasma. Pyrenoide fehlen bei den Landpflanzen mit Ausnahme einiger Moosgruppen.

Einzellige Grünalgen Zu den ursprünglichsten Formen der Grünalgen gehören die einzelligen Vertreter, die unbeweglich (Beispiel im Kurs: ***Apatococcus*** sp.), durch den Besitz von mindestens zwei Geißeln (Beispiel: ***Chlamydomonas*** sp.) oder durch Schleimausscheidung (Beispiel im Kurs: ***Micrasterias*** sp.) auch beweglich sein können (◘ Abb. 2.4, 2.5 und 2.6).

Apatococcus sp. ist eine als grüner Überzug an Baumstämmen, Zäunen, Fassaden usw. auftretende Alge, *Chlamydomonas* sp. ein typischer Vertreter an Süßwasserstandorten. *Micrasterias* sp. ist heimisch in sauberen sauren Gewässern und zeichnet sich unter anderem durch seine besondere Art der Zellteilung aus.

Proto- und Thallophyten ***Apatococcus*** sp., ***Chlamydomonas*** sp. und ***Micrasterias*** sp. gehören als einzellige Algen zu den Protophyten. Die mehrzelligen Formen der eukaryotischen Algen und die Moose werden auch als Thallophyten bezeichnet. Ein Thallus ist definiert als ein mehrzelliger Vegetationskörper, der keine Gliederung in Wurzel, Spross und Blatt aufweist, anders, als es beim Kormus der Kormophyten (Farne, Gymnospermen, Angiospermen) der Fall ist.

Unbewegliche einzellige Grünalgen

Lernziele/Stichwörter

Organisation: eukaryotischer Einzeller – Zellpakete

▪▪ Objekt: *Apatococcus lobatus*

Aufgaben:

- Eine Zelle, Zellpakete und Teilungsstadien zeichnen.

Apatococcus ist als Besiedler von Grenzflächen zwischen festem Substrat und der Luft, also zum Beispiel von Borken, Zäunen, Steinen usw., weit verbreitet. Typisch ist, dass die Tochterzellen bei der an sich einzellig organisierten, geißellosen Alge nach der Zellteilung noch verbunden bleiben und so ganze Zellpakete entstehen. Die Zelle zeigt im Lichtmikroskop (Vergleich zum homogenen Bild bei *Chroococcus*) typische eukaryotische Merkmale: Zellkern, ein Plastid, Reservestoffe.

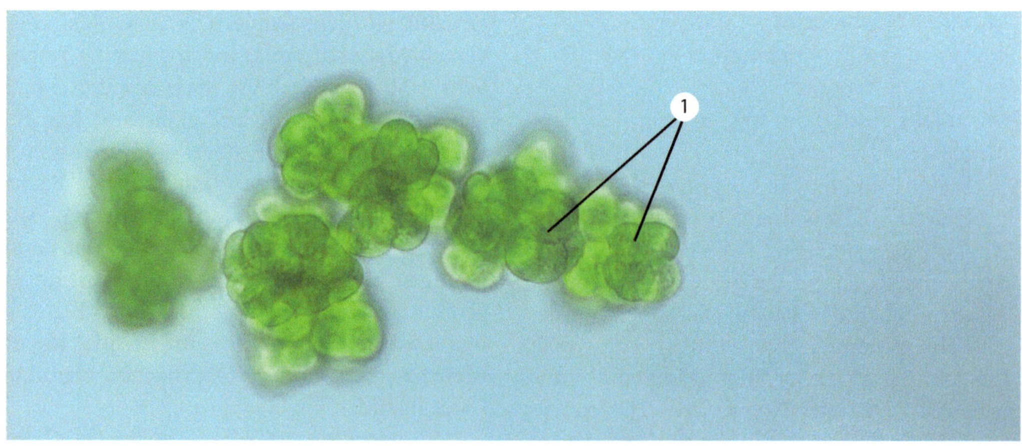

◘ **Abb. 2.4** *Apatococcus lobatus*, Zellpakete. *1* Teilungsstadium. (© Universität Leipzig)

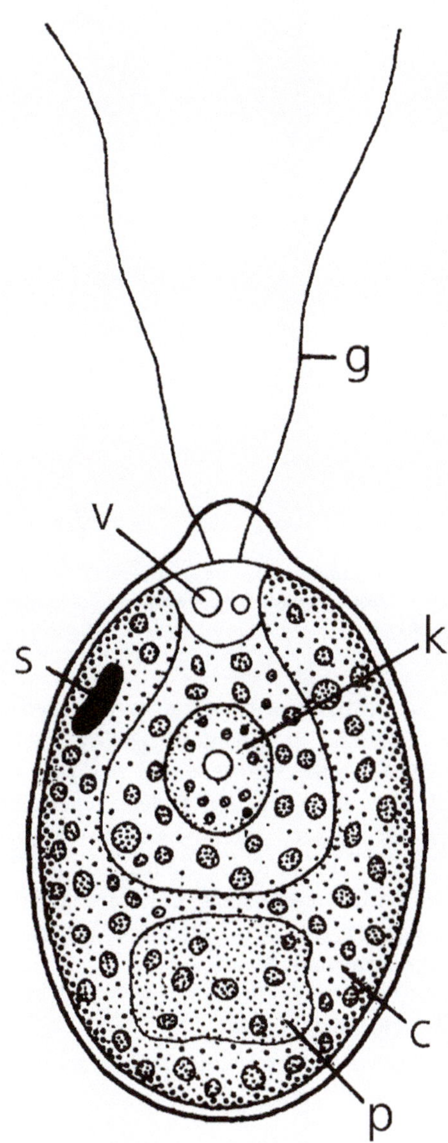

Abb. 2.5 *Chlamydomonas* sp., Zelle (Schema). *c* = Chloroplast; *g* = Geißel; *k* = Zellkern; *p* = Pyrenoid; *s* = Augenfleck (Stigma); *v* = kontraktile Vakuole. (© Kadereit et al. 2014, nach O Dill)

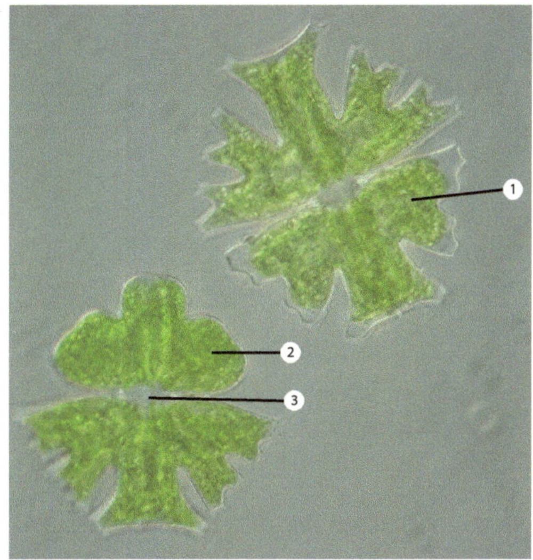

Abb. 2.6 *Micrasterias* sp., Zellteilung. *1* Chloroplast, *2* regenerierende Zellhälfte, *3* Zellkern. (© Universität Leipzig)

Durch Geißeln bewegliche einzellige Grünalgen

Chlamydomonas sp.

Chlamydomonas ist ein typischer Vertreter der einzelligen, mithilfe von Geißeln beweglichen Grünalgen. Die Geißeln sitzen zu zweit am vorderen Zellpol. Mithilfe eines carotinoidhaltigen, rötlich gefärbten Augenflecks (Stigma) kann die Alge die Lichtrichtung feststellen und zu einer Lichtquelle schwimmen. Ansonsten besitzt die Zelle die charakteristische Grundausstattung: Zellkern, ein becherförmiger Plastid mit Pyrenoid, eine Vakuole, Reservestoffe und (im Lichtmikroskop nicht sichtbar) ein bis mehrere Mitochondrien.

Auf die Vorstellung von *Chlamydomonas* als Kursobjekt wurde verzichtet, da die Darstellung der Zellen aufgrund ihrer geringen

Größe und hohen Beweglichkeit mit den meist zur Verfügung stehenden mikroskopischen Mitteln nur selten zufriedenstellend gelingt und eher demotivierend ist.

Durch Schleimausscheidung bewegliche einzellige Grünalgen

Lernziele/Stichwörter

Organisation: eukaryotischer Einzeller – Zellteilung – Plastidenform

▪▪ Objekt: *Micrasterias* sp.

Aufgaben:
- Eine Zelle und Teilungsstadien zeichnen.

Micrasterias ist eine einzellige geißellose Alge, die sich durch Ausscheidung von Schleimen auf festen Substraten fortbewegen kann und sich durch eine besondere Organisation der Zelle auszeichnet: Die Zelle besteht aus zwei Hälften, in denen sich je ein Chloroplast befindet. Die beiden Hälften sind durch eine schmale Brücke miteinander verbunden, in welcher der Zellkern liegt. Bei der Zellteilung weichen beide Zellhälften auseinander. Dabei wandert je ein Tochterkern in eine der Hälften, und danach wird die fehlende Zellhälfte durch Auswachsen ergänzt. Die beiden Hälften einer ausgebildeten Zelle sind also ungleich alt. Interessant ist auch die besondere Form der Plastiden. Generell lässt sich bei Grünalgen eine wesentlich größere Variabilität der Plastidenformen (z. B. becherförmig, spiralig, netzartig, sternförmig usw.) nachweisen als bei den Landpflanzen. *Micrasterias* sp. gehört zur Familie der Zieralgen (Desmidiaceae, Streptophyta) und ist charakteristisch für saure, klare Gewässer, wobei sie aufgrund der Gefährdung ihrer Standorte auf der Roten Liste der bedrohten Arten steht.

▪ Unverzweigte fadenförmige Grünalgen

Neben den einzelligen Formen der Grünalgen, zu denen die kleinsten eukaryotischen Zellen mit Durchmessern um 1 µm gehören, treten auch mehrzellige auf, deren Organisation von einfachen unverzweigten Zellfäden

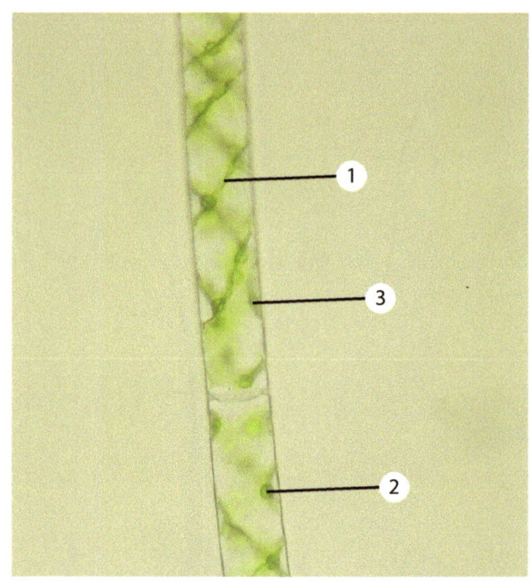

▪ **Abb. 2.7** *Spirogyra* sp., unverzweigter Zellfaden. *1* Chloroplast, *2* Pyrenoid, *3* Zellwand. (© Universität Leipzig)

bis zu echten Geweben reicht. Ein Beispiel für die einfachste fadenförmige Organisation ist die Gattung *Spirogyra*, bei der sich jede Zelle des unverzweigten Fadens teilen kann und es keinen irgendwie differenzierten Anfang oder Ende des Zellfadens gibt: Ab einer bestimmten Länge und mechanischen Belastung bricht der Faden und die Bruchstücke verdriften (▪ Abb. 2.7).

Lernziele/Stichwörter

Organisation: unverzweigter undifferenzierter Zellfaden – Plastidenform

▪▪ Objekt: *Spirogyra* sp.

Aufgaben:
- Einen Zellfaden mit Chloroplasten zeichnen.

Spirogyra sp. ist eine fädig-unverzweigt organisierte Grünalge, die häufig im Süßwasser vorkommt. Sie bildet einen unpolaren Zellfaden aus, in dem alle Zellen gleichberechtigt sind, der also kein Vorder- oder Hinterende hat. Jede Zelle kann sich teilen, die Tochterzellen bleiben jedoch in der

Regel miteinander verbunden. Der Zellfaden bricht bei mechanischer Belastung. Auffällig bei *Spirogyra* ist auch die besondere korkenzieherartige Form des Chloroplasten. Einige *Spirogyra*-Arten besitzen auch zwei solcher Chloroplasten pro Zelle.

▪ Verzweigte fadenförmige Grünalgen mit Zelldifferenzierung

Ein weiterer häufig im Süßwasser anzutreffender Vertreter der fädig organisierten Grünalgen ist die Gattung *Cladophora.* Anders als bei *Spirogyra* ist hier jedoch der Faden differenzierter aufgebaut und verzweigt sich. Es findet eine Arbeitsteilung zwischen den Fadenzellen statt, beispielsweise kann sich nicht mehr jede Zelle teilen, die Teilungsaktivität ist auf die jeweilige Spitzenzelle **(Scheitelzelle)** beschränkt. Einige Zellen bilden Fortpflanzungseinheiten **(Sporen, Gameten).** Der Faden ist mit einer Spezialzelle, der **Rhizoidzelle,** am Substrat angeheftet (◘ Abb. 2.8).

◘ **Abb. 2.8** *Cladophora* sp., verzweigter Zellfaden. *1* Chloroplast, *2* Pyrenoid, *3* Zellwand. (© Universität Leipzig)

Lernziele/Stichwörter

Organisation: verzweigter differenzierter Zellfaden

▪▪ Objekt: *Cladophora* sp.

Aufgaben:

- Einen verzweigten Zellfaden zeichnen.

Cladophora sp. ist eine fädig-verzweigt organisierte Grünalge, die im Süß- und Salzwasser vorkommt und auf steinigem Untergrund häufig dunkelgrüne Büschel bildet, wo sie mit Rhizoidzellen verankert ist und mit Scheitelzellen wächst. Sie besitzt vielkernige Zellen, die mit je einem netzartig durchbrochenen Chloroplasten, der zahlreiche Pyrenoide trägt, ausgestattet sind. Die Zellwand besitzt einen hohen Anteil an Cellulose, weshalb sich ein *Cladophora*-Büschel, zwischen den Fingern gerieben, auch rau anfühlt.

▪ Grünalgen mit Thalli aus echten Geweben

Bei den Grünalgen können auch echte Gewebe ausgebildet werden. Ein Beispiel dafür ist die Gattung *Ulva* (*Ulva lactuca* – Meersalat), bei welcher der Thallus aus einem zweilagigen, echten Gewebe besteht (◘ Abb. 2.9).

Lernziele/Stichwörter

Organisation: echtes Gewebe

▪▪ Objekt: *Ulva* sp.

Aufgaben:

- Ein Herbarexemplar in Ansicht zeichnen.

Ulva lactuca ist eine marin vorkommende Grünalge (Meeressalat), die ein zweilagiges, flächig organisiertes echtes Gewebe ausbildet. Sie kann Größen bis zu DIN A4 und mehr erreichen, zerreißt allerdings auch leicht in der Brandung. In einigen Küchen wird sie als Gemüse verzehrt.

Evolutionäre Tendenzen Generell lassen sich beim Vergleich der Baupläne verschiedener Grünalgengruppen evolutionäre Tendenzen in Richtung einer steigenden Komplexität des Thallus (Verzweigungsgrad, flächige Formen)

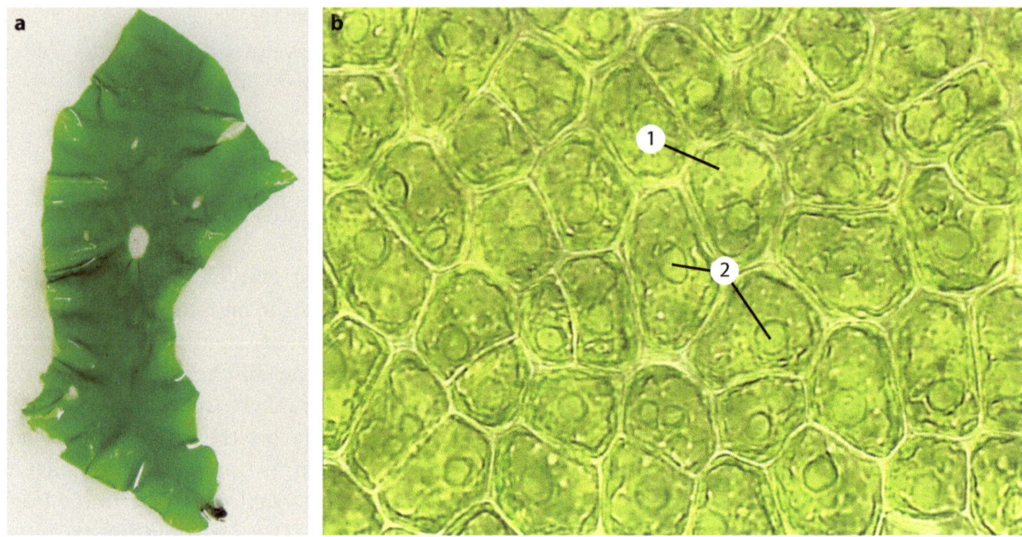

Abb. 2.9 *Ulva* sp., echtes Gewebe. **a** Thallus in Ansicht. **b** Detail: Zellen mit je einem Chloroplasten (*1*) und einem Pyrenoid (*2*). (© Universität Leipzig)

und einer zunehmenden Arbeitsteilung (Scheitelzelle, Rhizoidzelle, gameten- und sporenbildende Zellen) unter den am Aufbau des Thallus beteiligten Zellen beobachten. Aufgrund von biochemischen, ultrastrukturellen und molekularbiologischen Gemeinsamkeiten nimmt man an, dass sich die Landpflanzen unter den Chlorobionta, also die Moose, Farne und Samenpflanzen, aus Formen entwickelt haben, die den noch heute für Bodenstandorte typischen fädig-verzweigten Vertretern der Grünalgen, zum Beispiel aus der Gattung ***Coleochaete*** (Coleochaetophytina, Streptophyta), ähnlich sind. Dabei sprechen die Befunde dafür, dass Moose und Farne gemeinsame Vorfahren haben, aber nicht auseinander hervorgegangen sind. Ebenso haben wahrscheinlich Farne und Samenpflanzen gemeinsame Vorfahren, letztere haben sich aber sicher nicht aus Farnen direkt entwickelt (Abb. 2.1 und 2.10).

Zellverbände

Mit der Ausbildung von Zellverbänden zeigt sich innerhalb der Gruppe der Grünalgen eine weitere interessante Entwicklungstendenz in Richtung der Bildung mehrzelliger Einheiten (Abb. 2.11 und 2.12). Zellverbände, die durch nachträgliches (sekundäres) Aneinanderlagern von Zellen entstehen, werden als Aggregationsverbände bezeichnet (postgenitale Verwachsung). Als Beispiel sei *Pediastrum* sp. (Abb. 2.11) genannt, in dessen einlagigen Zellverbänden alle Zellen gleichberechtigt (totipotent) sind. Jede Zelle bildet bewegliche, mit zwei Geißeln versehene Gameten, die in der Mutterzelle umherschwimmen, nach einiger Zeit ihre Geißeln abwerfen und sich zu einem neuen kleinen *Pediastrum*-Zellverband zusammenlagern. Erst wenn dies geschehen ist, wird der Tochterverband aus der Mutterzelle freigesetzt.

Lernziele/Stichwörter

Organisation: Zellverband, Aggregationsverband

Objekt: *Pediastrum* sp.

Aufgaben:

- Einen *Pediastrum*-Zellverband zeichnen.

Pediastrum sp. ist ein typischer Vertreter des Süßwasserplanktons. Die Aggregatbildung bringt den relativen Vorteil, dass die Sinkgeschwindigkeit in der Wassersäule reduziert

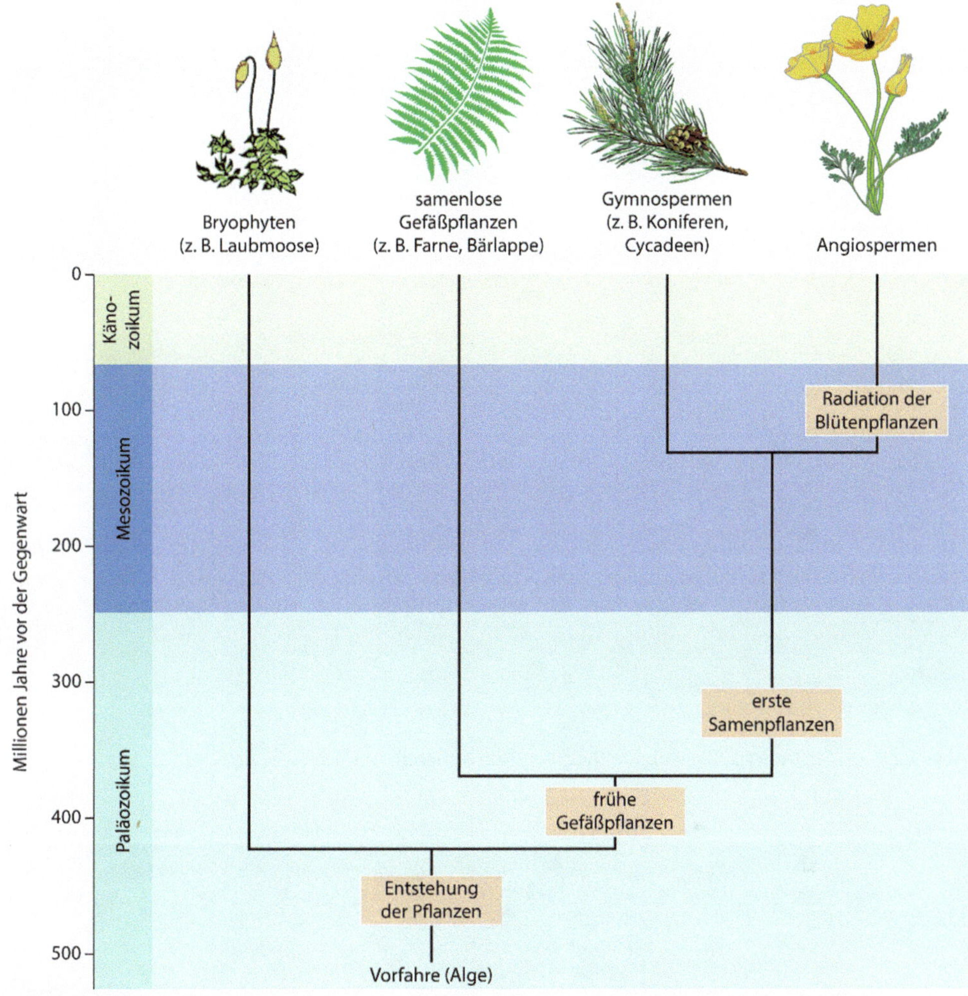

Abb. 2.10 Evolution der Pflanzen. (Nach Campbell und Reece 2009)

wird, der Organismus also länger mit Licht versorgt werden kann. Zur Verringerung der Sinkgeschwindigkeit tragen auch die Schwebefortsätze der außen liegenden Zellen bei. Es handelt sich hier um ein schönes Beispiel der biologischen Musterbildung. Zwar sind alle Zellen genetisch identisch, da sie aus einer Zelle hervorgegangen sind, aber die außen liegenden Zellen „wissen" um ihre Position und bilden die Schwebefortsätze aus. Interessant ist auch, dass die Bildung von neuen *Pediastrum*-Verbänden nicht synchronisiert ist. Deshalb beobachtet man häufig in den Verbänden Leerstellen, wo die betreffende Zelle ein Tochter-*Pediastrum* gebildet und freigesetzt hat.

Kolonien

Eine weitere Form der Zellverbände stellen die Kolonien dar. Bei ihnen sind die Zellen seit ihrer Entstehung miteinander verbunden (congenitale Verwachsung) und stehen daher auch über **Plasmodesmen** miteinander in Kontakt. Bei *Volvox* sp. (Abb. 2.12) können

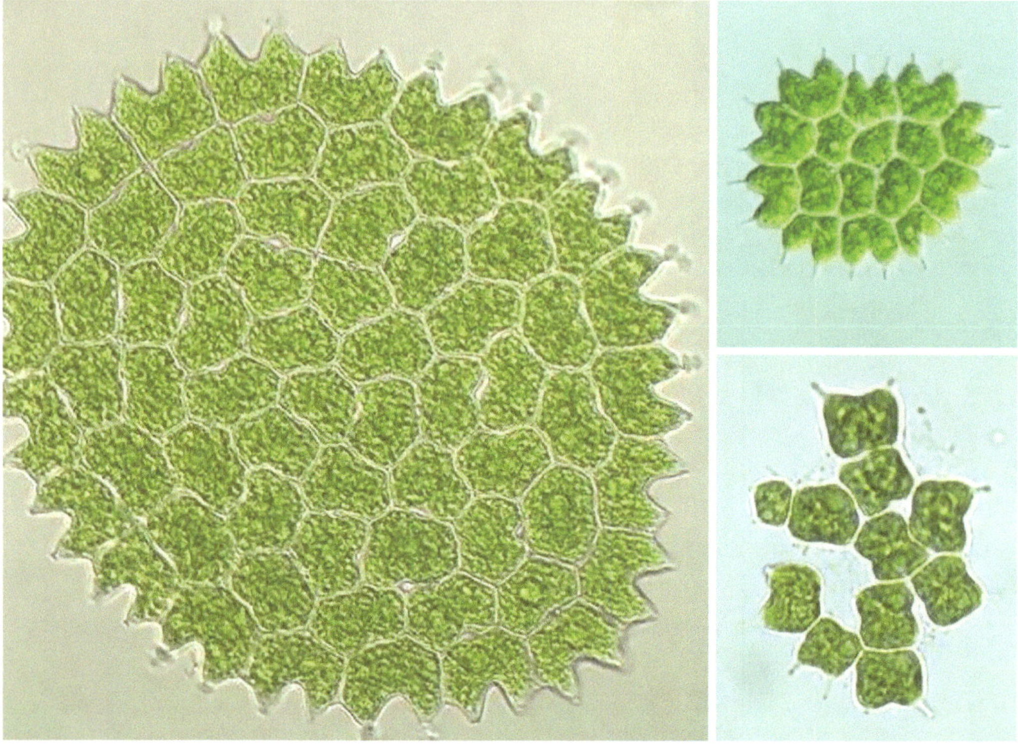

■ **Abb. 2.11** *Pediastrum* sp., Zellverband (Aggregationsverband). (© Universität Leipzig)

■ **Abb. 2.12** *Volvox* sp., Zellverband (Kolonie mit Tochterkolonien). (© micro_photo/Getty Images/iStock/Thinkstock)

die Kolonien aus 10.000–20.000 Zellen des *Chlamydomonas*-Typs bestehen, welche die Oberfläche einer Gallertkugel so aufspannen, dass ihre Geißeln nach außen zeigen. Mithilfe der Plasmodesmen wird ein komplexes Netzwerk gebildet, das zum Beispiel eine Koordinierung des Geißelschlags und damit der Kolonie eine einheitliche Schwimmrichtung ermöglicht. Zwischen den einzelnen Zellen der Kolonie herrscht Arbeitsteilung. So haben die in Schwimmrichtung liegenden Zellen einen größeren Augenfleck als andere Zellen und nur wenige Zellen (ca. 4–16 von 10.000) können sich durch Sporen- oder Gametenbildung fortpflanzen. Es entstehen Tochterkolonien, die in die Gallerte der Mutterkolonie hineingedrückt werden. Ist eine bestimmte Zahl von Tochterkolonien erreicht, wird der Druck auf das Zellennetzwerk der Mutterkolonie so groß, dass es aufreißt und die Tochterkolonien freigesetzt werden. Die nicht an der Fortpflanzung der Kolonie beteiligten Zellen sterben ab.

Lernziele/Stichwörter

Organisation: Zellverband, Kolonie

▪▪ Objekt: *Volvox* sp.

Aufgaben:

- Eine *Volvox*-Kolonie mit Tochterkolonien zeichnen.

Volvox sp. ist häufig im Süßwasserplankton anzutreffen und ein beliebtes Objekt, da es schon mit bloßem Auge zu beobachten ist. Beim Mikroskopieren sollte man vorsichtig sein und zunächst ohne Deckglas und mit Lupenvergrößerung arbeiten!

Im Unterschied zu *Pediastrum* sind hier alle Zellen des Verbandes seit ihrer Entstehung miteinander durch Plasmodesmen verbunden und bilden ein Netzwerk, durch das Informationen ausgetauscht werden können. Es herrscht Arbeitsteilung zwischen den Zellen und es tritt auch eine Keimbahn auf, das heißt, nur noch wenige Zellen sind potenziell unsterblich, da sie sich fortpflanzen können. Der Rest stirbt ab. Dieser Umstand wird oft als „die erste Leiche im Pflanzenreich" beschrieben, denn formal sind die laut Definition an einen arbeitsteiligen Vielzeller gestellten Anforderungen erfüllt. Tatsächlich ist aber bei den Pflanzen der in der Evolution erfolgreichere Weg zum Vielzeller sehr wahrscheinlich über einen zunehmend flächigen Phänotyp verzweigter Algenformen verlaufen.

Volvox ist auch deshalb interessant, weil es bei der asexuellen und sexuellen Fortpflanzung zu Einstülpungsvorgängen des Zellnetzwerkes kommt, die entfernt an das Prinzip der Einfaltungen bei der Blastulabildung erinnern. Dieser Weg (Bildung einer großen inneren Oberfläche) ist aber von den Pflanzen aufgrund der Notwendigkeit, an großen äußeren Oberflächen Photosynthese betreiben zu müssen, nicht eingeschlagen worden.

2.3.2 Moose

Wenn Moose auch prinzipiell alle Landbiotope besiedeln, so sind sie doch hauptsächlich an feuchten Standorten verbreitet und erheben sich nur wenig über das jeweilige Substrat. Sie haben mannigfaltige Mechanismen zur Wasserspeicherung entwickelt und zeigen meist schon bei geringen Lichtintensitäten eine positive Stoffwechselbilanz. Von den drei rezenten Moosgruppen (Anthocerophytina – Hornmoose; Marchantiophytina – Lebermoose, Hepaticae; Bryophytina – Laubmoose, Musci) sollen im Praktikum je ein Vertreter der Lebermoose und der Laubmoose vorgestellt werden (▣ Abb. 2.13, 2.14 und 2.15).

▪ Lebermoose

Marchantia sp. (Marchantiophytina) bildet einen lappigen (leberförmigen) Thallus, der gabelig verzweigt ist und dem Substrat anliegt (▣ Abb. 2.13). Er gehört zu den differenziertesten Thalli im Pflanzenreich. Ein

Abb. 2.13 *Marchantia* sp., Thallus. (© Kadereit et al. 2014, Aufnahme A Bresinsky)

Abb. 2.14 *Marchantia* sp., Thallus mit Brutbechern. *1* Brutbecher. (© hekakoskinen/Getty Images/iStock)

Abb. 2.15 *Tortula muralis* – Mauer-Drehzahnmoos, Polster. (© Carola Schubbel/Fotolia)

Querschnitt zeigt, dass der obere, dem Licht zugewandte Teil aus chloroplastenhaltigen Zellen aufgebaut ist, die säulenförmig in speziellen Kammern (Luftkammern) stehen, welche über tonnenförmige Öffnungen mit der umgebenden Atmosphäre verbunden sind. Die untere Hälfte des Thallus beherbergt stoff- und wasserspeichernde Zellen und ist mit speziellen Rhizoidzellen im Substrat verankert. Auf der Oberseite des Thallus finden sich vereinzelt Brutbecher, in denen Brutkörper gebildet werden, neue Thalli, die der vegetativen Ausbreitung dienen (Abb. 2.14).

Lernziele/Stichwörter

Organisation: gelappter Thallus

Objekt: *Marchantia* sp.

Aufgaben:

- Ansicht eines gelappten Thallus zeichnen.
- Gelappten Thallus quer schneiden, Schnitt mikroskopieren und zeichnen.

Marchantia polymorpha (Brunnenlebermoos) ist weltweit verbreitet. Der deutscher Name rührt von einem früheren Einsatz gegen Lebererkrankungen her. Wahrscheinlich hat es neben antibakteriellen auch fungizide Eigenschaften. Generell rücken Moose in letzter Zeit wieder mehr in das Zentrum der pharmazeutischen Forschung.

Laubmoose

Tortula muralis (Mauer-Drehzahnmoos, Bryophytina) bildet einen aus „Stämmchen“ (Cauloid) und „Blättchen“ (Phylloid) aufgebauten Thallus, der mit Rhizoiden in der Unterlage verankert ist. Das Moos bildet dichte Polster (Abb. 2.15) und kann kapillar zwischen den Stämmchen und durch spezielle Wasserspeicherzellen, unter anderem in den Blättchen, große Mengen Wasser speichern.

Lernziele/Stichwörter

Organisation: Thallus aus Blättchen und Stämmchen

Objekt: *Tortula muralis* – Mauer-Drehzahnmoos

Aufgaben:

- Ein Exemplar mit Blättchen und Stämmchen in Ansicht zeichnen.

Tortula muralis (Mauer-Drehzahnmoos) ist an Mauern und Steinen weit verbreitet, häufig auch im innerstädtischen Bereich. Es gehört zu den xerophytischen Moosen und kann mehrere Jahre der Austrocknung widerstehen. Wie andere Moose, die Blättchen und Stämmchen ausbilden, ist es in der Lage, große Mengen an Wasser in seinen Polstern zu speichern.

2.3.3 Farne

Kormophyten Die Farne gehören zusammen mit den Samenpflanzen (Angiospermen, Gymnospermen) zu den Kormophyten, das heißt ihr Vegetationskörper ist in Wurzel, Spross und Blatt gegliedert. Im Unterschied zum Thallus der Moose ermöglicht der Kormus den Farnen eine bessere Anpassung an die Bedingungen eines Landbiotops: Verdunstungsschutz durch eine massivere Cuticula, regulierbare Spaltöffnungen für einen effektiven Gasaustausch, leistungsfähige Leitbündel, Stützelemente zur Erhebung über das Substrat, Ausbildung von Wurzeln.

Im Praktikum soll aus den verschiedenen Unterabteilungen der Farne ein Vertreter der Echten Farne, *Dryopteris* sp., vorgestellt werden (◘ Abb. 2.16).

▪ Echte Farne

Auffällig bei den Echten Farnen ist, dass nur die Blätter oberirdisch in Erscheinung treten. Der Spross verläuft als Rhizom waagerecht im Erdreich. Er kann an anderer Stelle wieder Blätter ausbilden und senkt die Wurzeln in tiefere Erdschichten.

Lernziele/Stichwörter

Organisation: Kormus: Wurzel – Spross – Blatt

▪▪ Objekt: *Dryopteris* sp.

Aufgaben:

- Ein Exemplar mit Wurzel, Spross und Blatt in Ansicht zeichnen.

Dryopteris sp. (Wurmfarn) hat seinen Namen aufgrund von Inhaltsstoffen, die früher gegen Bandwurmbefall eingesetzt wurden. In der neueren pharmazeutischen Praxis wird aber weitgehend auf Präparate aus Farnen verzichtet, da diese generell auf Mensch und Tier giftig wirken können.

Es ist eine allgemein akzeptierte Vorstellung, dass sich sowohl Moose als auch Farne aus zu den Streptophytina gehörenden Algengruppen entwickelt haben, wobei den Farnen eine weitreichendere Anpassung an das Landleben gelungen ist. Die meisten Farne sind in ihrer Stoffwechselaktivität von der umgebenden Luftfeuchte weitgehend unabhängig, wohingegen der Stoffwechsel der Moose davon bestimmt ist. Einige Farngruppen haben im Laufe ihrer Evolution schon im Karbon baumartige Formen ausgebildet. Über die Gründe für diese erfolgreichere Anpassung kann nur spekuliert werden. Ein wesentliches Argument mag in der Tatsache liegen, dass der Moosthallus ein haploides, der Farnkormus hingegen ein diploides Genom besitzt.

2.4 Lernzielkontrolle

1. Nennen Sie Unterschiede der Organisation von Blau- und Grünalgen.
2. Definieren Sie die Begriffe Proto-, Thallo- und Kormophyt.
3. Nennen Sie einige Voraussetzungen für eine erfolgreiche Besiedlung von Landbiotopen durch Pflanzen.
4. Diskutieren Sie die Bedeutung der Cyanobakterien für die Evolution des Lebens allgemein (a) und speziell der Pflanzen (b).
5. Welche Rolle spielen Moose in Waldökosystemen?
6. Vergleichen Sie wichtige Konstruktionsprinzipien bei der Evolution der Chlorobionta und der Metazoa.
7. Vergleichen Sie die Zellverbände von *Pediastrum* und *Volvox* unter den Aspekten der Bildungsmechanismen und der Arbeitsteilung.
8. Diskutieren Sie, warum bei der Evolution der Pflanzen der Weg vom Einzeller zum arbeitsteiligen Vielzeller über den fädig-verzweigten Organismus (z. B. *Cladophora*) erfolgreicher war als der über den kugelförmigen Organismus (z. B. *Volvox*).

Abb. 2.16 Farnblatt, Habitus. (© emer/Fotolia)

9. Worin könnte der evolutionäre Vorteil der Farne gegenüber den Moosen bei der Anpassung an das Landleben liegen?
10. Definieren Sie den Begriff Pflanze.

2.5 Arbeitsblatt

Arbeitsblatt 2.1, *Marchantia* sp.: Thallus quer (Abb. 2.17)

Pflanzenanatomischer Grundkurs

Arbeitsblatt 2.1	*Marchantia sp.*: Thallus quer

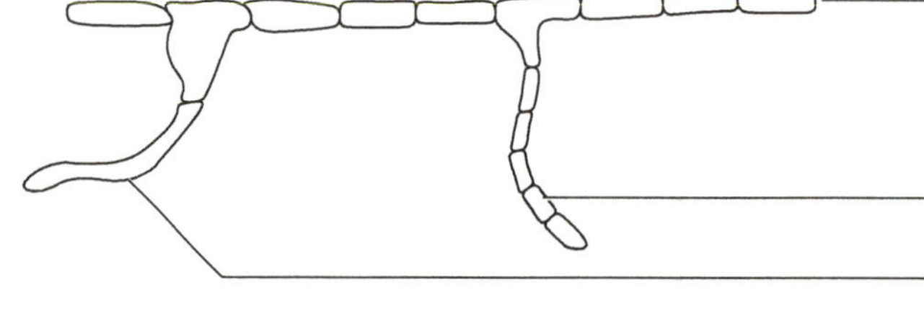

Abb. 2.17 *Marchantia* sp.: Thallus quer

Aufbau und Funktion der pflanzlichen Zelle

W. Reißer, F.-M. Dux, M. Möschke, M. Hofmeister, *Pflanzenanatomischer Grundkurs*,
https://doi.org/10.1007/978-3-662-58719-5_3

3.1 Einführung

Alle uns bekannten Lebewesen sind aus Grundbausteinen, den Zellen, aufgebaut. Die Zahl dieser Zellen reicht von einer Zelle – im Fall der meist mikroskopisch kleinen einzelligen Lebewesen – bis zu Größenordnungen um 100 Billionen Zellen beim Menschen. Jede Zelle enthält die genetische Information, die ihre eigene Struktur und Funktion bestimmt und – beim Vielzeller – im Zusammenwirken mit anderen Zellen für Aufbau und Verhalten des gesamten Organismus als Einheit verantwortlich ist.

Landpflanzen sind vielzellige ortsfeste Lebewesen, die einen in verschiedene Gewebe differenzierten Aufbau besitzen und zur Photosynthese mittels Chloroplasten fähig sind. Sie sind zu unterscheiden von den vorwiegend im Wasser lebenden und einfacher strukturierten Pflanzen, den **Algen.** Obwohl es eine typische Pflanzenzelle nicht gibt, kann man doch bei einer gegebenen Zelle eine Reihe von Merkmalen feststellen, deren Vorhandensein einzeln oder in Kombination mit anderen eine Pflanzenzelle charakterisieren.

3.2 Strukturelle Merkmale

Zellorganellen, Zellwand und Vakuole Ein gemeinsames Merkmal aller fertig ausgebildeten lebenden Pflanzenzellen ist der Besitz eines **Zellkerns,** von **Plastiden** oder zumindest von Plastidenvorstufen **(Proplastiden),** einer **Zellwand,** die überwiegend aus Cellulose besteht, und einer Vakuole (ein membranumgrenzter, flüssigkeitsgefüllter Raum innerhalb der Zelle) (Abb. 3.1). Pflanzenzellen besitzen auch **Mitochondrien,** jedoch sind diese so klein, dass sie sich im Allgemeinen mit einem Kursmikroskop nur schwer erkennen lassen. Die Plastiden lassen sich je nach Funktion der Zellen, in denen sie enthalten sind, in verschiedene Untergruppen aufteilen. Es gibt photosynthesebetreibende Plastiden, die **Chloroplasten,** die sich zum Beispiel vor allem in grünen Blättern befinden (Abb. 3.2). **Chromoplasten** sind Plastiden, welche unter anderem für die Färbung bestimmter Pflanzenteile verantwortlich sind. **Leukoplasten** sind farblos und haben häufig Speicherfunktionen, beispielsweise speichern die Amyloplasten Stärke.

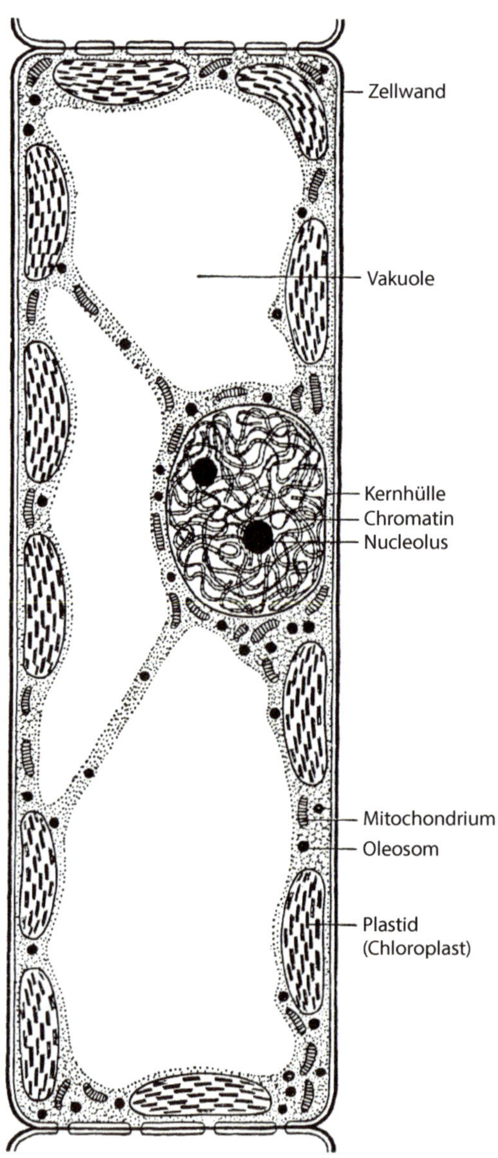

Abb. 3.1 Schema einer ausdifferenzierten Pflanzenzelle im Gewebeverband. (© Kadereit et al. 2014, nach D von Denffer)

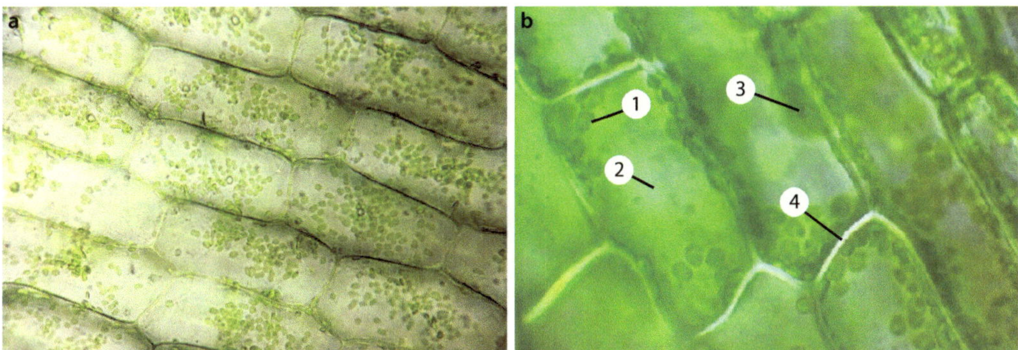

Abb. 3.2 *Elodea densa* – Dichtblättrige Wasserpest, Blatt. **a** Zellen mit Chloroplasten. **b** Die Chloroplasten werden im wandständigen Plasmaschlauch transportiert. *1* Chloroplast, *2* Vakuole, *3* Zellkern, *4* Zellwand. (© Universität Leipzig)

Plasmaströmung Weitere Merkmale lebender Pflanzenzellen, die sich mit einem Lichtmikroskop beobachten lassen, sind die **Plasmaströmung** und die Aufnahme bzw. die Abgabe von Wasser durch die Vakuole. Die Plasmaströmung beruht wahrscheinlich auf Energie-(ATP-)abhängigen Bewegungen von Strukturproteinen des Cytoskeletts. Sie lässt sich zum Beispiel in grünen Pflanzenzellen indirekt anhand der (passiven) Bewegung der im Plasma schwimmenden Chloroplasten verfolgen.

Zellen eines Blattgewebes

Lernziele/Stichwörter

Plasmaströmung – Plastidenformen

Objekt: *Elodea densa* – Dichtblättrige Wasserpest

Aufgaben:

- Ein junges Blatt auf dem Objektträger mit einem Tropfen Wasser eindeckeln.
- Zellen nahe der Mittelrippe zur Beobachtung auswählen und drei bis vier Zellen im Gewebeverband zeichnen.
- Plasmaströmung in Abhängigkeit von der Umgebungstemperatur durch Stark- bzw. Schwachlichtgabe (je ca. 5–10 min, Achtung: Austrocknen vermeiden!) beobachten.
- Strömungsrichtung in drei bis vier nebeneinanderliegenden Zellen skizzieren.
- Typische Plastidenformen (Teilungsstadien?) zeichnen.

Durch Fokussieren in einem dreidimensionalen Gewebe (kein Schnitt!) sind drei bis vier in einer Ebene liegende Zellen zu identifizieren. Von den Zellen sind die Zellwand, die Chloroplasten, die sich im wandständigen Plasmaschlauch befinden, und der farblose Zellkern sichtbar. Dieser ist nur indirekt an der Ansammlung von Chloroplasten, die den schmalen Plasmaschlauch um den Zellkern nur langsam passieren können (Stau), zu erkennen. Starklicht erwärmt das Präparat, aktiviert den Stoffwechsel und beschleunigt damit die Plasmaströmung. Mithilfe einer Stoppuhr und eines Okularmikrometers kann die Strömungsgeschwindigkeit gemessen werden. Die große zentrale Vakuole einer Zelle zeigt sich in der Aufsicht als quasi chloroplastenfreie Fläche.

Zellteilung Der pflanzliche Vegetationskörper ist aus zwei Grundtypen von Geweben aufgebaut: den Geweben, die aus sich fortlaufend mitotisch teilenden Zellen gebildet werden **(Meristeme)**, und den Geweben, die aus sich nicht mehr teilenden, auf eine bestimmte Funktion spezialisierten Zellen

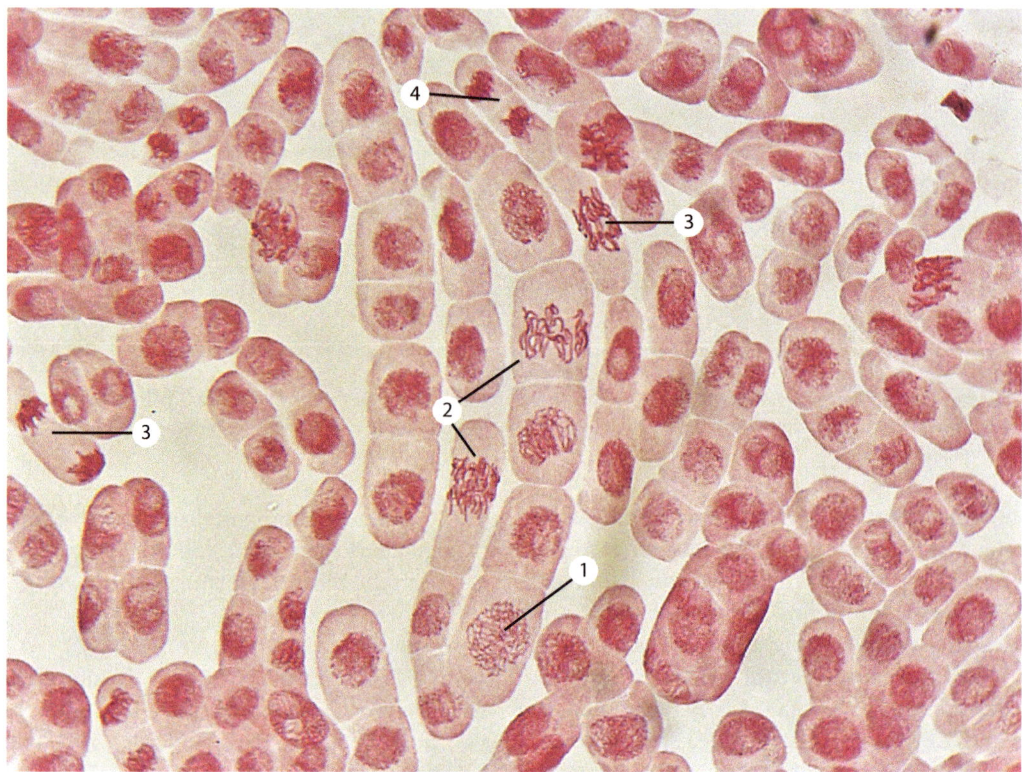

Abb. 3.3 *Allium cepa* – Küchenzwiebel, Mitosestadien in den Zellen der Wurzelspitze. *1* Prophase: Die Chromosomen können gefärbt werden und werden damit sichtbar. *2* Metaphase: Die Chromosomen sammeln sich in der Äquatorialebene. *3* Anaphase: Die Chromosomen weichen auseinander. *4* Telophase: Es bilden sich zwei neue Zellkerne und Zellen. (© Universität Leipzig)

bestehen **(Dauergewebe).** Teilungsaktive Zellen finden sich zum Beispiel in den Spitzengeweben von Spross und Wurzel. Sie zeichnen sich durch eine hohe Atmungsaktivität und das Fehlen von Chloroplasten aus (Abb. 3.3).

Mitosestadien

Lernziele/Stichwörter

Prophase – Metaphase – Anaphase – Telophase

Objekt: *Allium cepa* – Küchenzwiebel (gefärbtes Dauerpräparat aus Zellen der Wurzelspitze)

Aufgaben:

- Charakteristische Stadien der Mitose (Prophase, Metaphase, Anaphase, Telophase; zu identifizieren anhand von Ausbildung und Gestalt der Chromosomen, Abb. 3.3) zeichnen.

Anstelle eines Dauerpräparats kann man auch selbst ein Quetschpräparat der Wurzelspitze herstellen und anfärben (s. Serviceteil).

Färbung von Pflanzenzellen Pflanzliche Zellen und Gewebe können auf unterschiedliche Weise gefärbt sein. Häufige Farbstoffe sind die an der Photosynthese beteiligten **Chlorophylle** (grün, in Chloroplasten) und **Carotinoide** (gelb-braun, in Chloroplasten und Chromoplasten) sowie die rötlich-blau gefärbten **Anthocyane** (wasserlöslich, in Vakuolen) (Abb. 3.4).

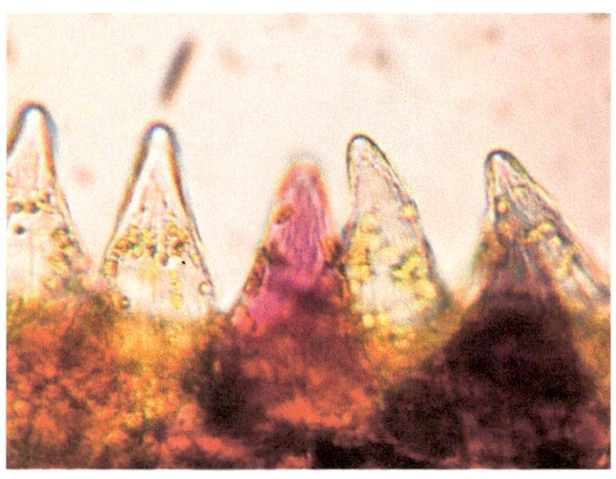

Abb. 3.4 *Viola wittrockiana* – Garten-Stiefmütterchen, papillenförmige Zellen der Blütenblattepidermis. In einigen Zellen sind die Vakuolen durch Anthocyane bläulich gefärbt. In anderen Zellen fehlt diese Färbung und Chromoplasten sind sichtbar, welche die Zellen gelblich färben. (© Universität Leipzig)

Blütenfärbungen

Lernziele/Stichwörter

Färbung von Zellen durch Chromoplasten (Carotinoide) und Anthocyane

Objekt: *Viola × wittrockiana* – Garten-Stiefmütterchen (verschieden gefärbte Blütenblätter)

Aufgaben:

- Ein unterschiedlich gefärbtes Blütenblatt mehrfach falten, davon mit der Rasierklinge kleine Streifen abschneiden und auf dem Objektträger mit einem Tropfen Wasser eindeckeln.
- Die Zellen der Blütenblattoberseite betrachten.

Die Papillenform der Zellen der Blütenblattepidermis verleiht dem Blatt die typische samtige Erscheinung. Die unterschiedliche Verteilung von Anthocyanen und Chromoplasten in den einzelnen Papillen führt zur Bildung typischer Blütenblattmuster.

3.3 Physiologische Merkmale

Wasseraufnahme Die Aufnahme und Abgabe von Wasser durch die Pflanzenzelle wird wesentlich gesteuert durch die Differenz der osmotischen Potenziale der Flüssigkeit in der Vakuole und des die Zelle umgebenden Wassers, wobei die pflanzliche Zellwand durchlässig für Wasser und darin gelöste Stoffe ist. Grundlage des Aufbaus dieser Potenzialdifferenz ist die Funktionstüchtigkeit der Cytoplasma- **(Plasmalemma)** und der Vakuolenmembran **(Tonoplast)** der lebenden Zelle. Beide sind nur für Wasser permeabel, für die darin gelösten Stoffe **(Osmotika)** nicht oder – in Abhängigkeit spezieller Transportprozesse – nur unter Energieaufwand und zeitlich verzögert. Man spricht von einer selektiven Permeabilität der Membran. Typische Osmotika einer pflanzlichen Vakuole sind Zucker, organische Säuren und anorganische Salze. Je höher deren Konzentration ist, desto höher ist die Saugkraft der Zelle, das heißt ihr Bestreben, die Vakuolenflüssigkeit durch Wasseraufnahme zu verdünnen. Die Pflanzenzelle kann also nur dann Wasser auf osmotischem Weg aus ihrer Umgebung aufnehmen, wenn sie in ihrer Vakuolenflüssigkeit eine höhere Konzentration an Osmotika aufweist als in ihrer Umgebung, also beispielsweise im Bodenwasser, vorliegt.

An Bodenstandorten muss allerdings bei der Berechnung des osmotischen Potenzials des Bodenwassers berücksichtigt werden, dass der überwiegende Teil des im Boden vorliegenden Wassers als Haft- und Kapillarwasser gebunden ist.

Das osmotische Potenzial kann innerhalb einer Pflanze in den Zellen unterschiedlicher Gewebe schwanken. In den Zellen des Wurzelparenchyms liegt es meist zwischen −0,5 und −1,9 MPa. Untersuchungen an Presssäften von Pflanzen, die an unterschiedlich gut mit Wasser versorgten Standorten siedeln, haben ebenfalls deutliche Schwankungen der osmotischen Potenziale ergeben. Bei Kulturpflanzen wurden osmotische Potenziale zwischen −0,3 und −1,3 MPa gemessen, bei Laubbäumen zwischen −0,6 und −1,8 MPa, bei Nadelbäumen zwischen −0,8 und −4,1 MPa und bei Salzmarschpflanzen zwischen −1,8 und −3,3 MPa.

Das osmotische Potenzial (π) einer Lösung hat aus physikalischen Gründen ein negatives Vorzeichen und ist proportional ihrer Konzentration (c, bei der Lösung von Salzen muss mit der Zahl der auftretenden Ionen gerechnet werden). Dabei gehen die Allgemeine Gaskontante (R) und die Versuchstemperatur (T, °K) als unter gegebenen Bedingungen konstante Faktoren in die Rechnung ein:

$$\pi = -c \times R \times T$$

Das osmotische Potenzial ist somit unter gegebenen biologischen Bedingungen wesentlich von der Konzentration, also der Zahl der gelösten Teilchen, abhängig, nicht jedoch von ihrer Art. Je mehr gelöste Teilchen die Vakuolenflüssigkeit enthält (z. B. organische Säuren, Zucker, Salze), desto stärker negativ ist ihr osmotisches Potenzial, also ihr Bestreben, sich durch Wasseraufnahme zu verdünnen. Hochkonzentrierte Lösungen üben eine höhere Saugkraft auf Wasser aus und haben ein stärker negatives osmotisches Potenzial (häufig unkorrekt als stärkeres oder höheres osmotisches Potenzial bezeichnet) als niedriger konzentrierte Lösungen (häufig unkorrekt als schwächeres oder niedrigeres osmotisches Potenzial bezeichnet). Lösungen mit identischem osmotischem Potenzial werden als **isotonisch,** Lösungen mit stärker negativem osmotischen Potenzial als eine andere als **hypertonisch** und solche mit schwächer negativem osmotischen Potenzial als eine andere als **hypotonisch** bezeichnet.

Plasmolyse – Deplasmolyse Der Verlust von Wasser aus der Vakuole wird als **Plasmolyse** bezeichnet. Er lässt sich im Experiment gut bei Zellen verfolgen, deren Vakuolenflüssigkeit durch Farbstoffe wie Anthocyane gefärbt ist. Diese sind zwar wasserlöslich, aber nicht in der Lage, mit dem Wasser die Zellmembranen zu passieren. Im Grundzustand unter natürlichen physiologischen Bedingungen verleihen die zahlreich in der Vakuolenflüssigkeit gelösten Stoffe der Vakuole ein osmotisches Potenzial (die sog. Saugkraft der Zelle), das Wasser in die Vakuole einsaugt, sodass die prall mit Flüssigkeit gefüllte Vakuole einen Innendruck auf die Zellwand ausübt **(Turgor)** und so zur Stabilität des pflanzlichen Gewebes beiträgt. Erhöht sich nun die Konzentration verschiedener Osmotika in der Umgebung der Zelle, beispielsweise bei anhaltender Trockenheit am Standort, wenn dieselbe Menge an Bodensalzen in einem geringeren Wasservolumen gelöst ist, reicht die Saugkraft der Zelle zur Wasseraufnahme nicht mehr aus und die Zelle verliert Wasser aus der Vakuole. Die Vakuole schrumpft. Dabei folgt der die Vakuole umgebende Plasmaschlauch dem abnehmenden Vakuolenvolumen und durchläuft verschiedene **Plasmolysefiguren** (Konvex- und Konkavplasmolyse, Kappenbildung). Auch treten **Hechtsche Fäden** auf. Das sind fadenförmige Cytoplasmastränge, welche die Verbindung mit dem Cytoplasma benachbarter Zellen aufrechterhalten. Wird nun durch Wasserzugabe die Konzentration der Osmotika in der Umgebungsflüssigkeit verringert, gewinnt die Saugkraft der Vakuolenflüssigkeit wieder die Oberhand und es strömt Wasser in die Vakuole, die ihren ursprünglichen Umfang wieder einnimmt **(Deplasmolyse).** In der Regel schädigen Plasmolyse und Deplasmolyse die Zellen nicht. Es sei denn, die Plasmolyse schreitet soweit fort, dass die Hechtschen Fäden und damit die Verbindungen zu den Nachbarzellen des Gewebeverbandes reißen. Dann kann durch Deplasmolyse zwar wieder Wasser in die geschrumpfte Vakuole einfließen, die Zelle ist aber im Gewebeverband isoliert (◘ Abb. 3.5).

Als Grenzplasmolyse wird eine Situation bezeichnet, bei der 50 % der in einem Gewebe vorhandenen Zellen bei Zugabe einer Salzlösung eine beginnende Plasmolyse zeigen. Die Konzentration der applizierten Lösung entspricht daher in etwa der Konzentration der Vakuolenflüssigkeit. Auf diesem Weg lassen sich Aussagen über das osmotische Potenzial einer Zelle und damit

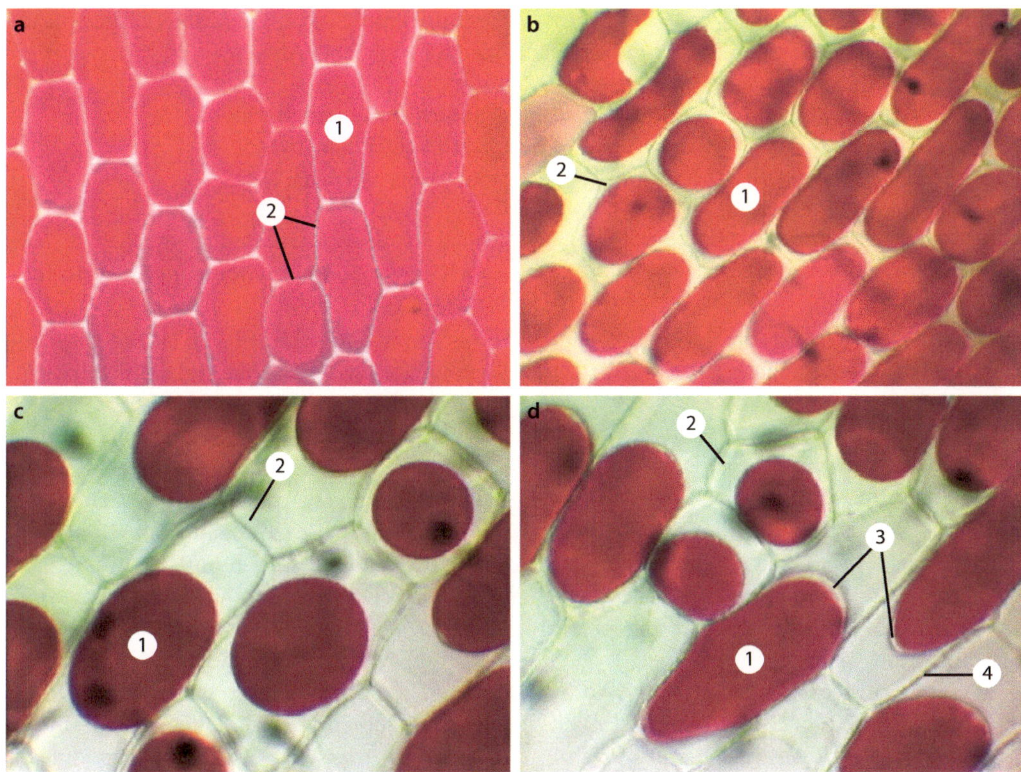

Abb. 3.5 *Allium cepa* – Küchenzwiebel, Plasmolyse von Zellen der Epidermis eines Zwiebelblatts. **a** Gewebe vor dem Beginn der Plasmolyse. Die Zellen besitzen je eine große Vakuole, deren Flüssigkeit durch Anthocyane rot gefärbt ist. Der Plasmaschlauch liegt der Zellwand an. **b** Beginn der Plasmolyse nach Zugabe von 1 M KNO_3-Lösung zum Präparat. Die Vakuole verliert Wasser. Der Plasmaschlauch folgt der schrumpfenden Vakuole. **c**, **d** Fortschreiten der Plasmolyse und weiterer Wasserverlust der Vakuole, deren Färbung sich intensiviert. Teilweise lösen sich Vakuole und Plasmaschlauch komplett von der Zellwand und kugeln sich ab, die Verbindung zu den Nachbarzellen (Plasmodesmen) ist abgebrochen. *1* Vakuole, *2* Zellwand und anliegender Plasmaschlauch, *3* Plasmaschlauch, *4* Zellwand. (© Universität Leipzig)

die Saugkraft der verschiedenen pflanzlichen Gewebe und so wiederum zum Beispiel über die Wege des Wassertransports in der Pflanze gewinnen.

In der Regel nimmt die Vakuole einer ausdifferenzierten Pflanzenzelle über 90 % des Zellvolumens ein. Sie ist prall mit Wasser gefüllt, das somit einen Innendruck (Turgor) auf die Zellwand ausübt und die Zelle stabilisiert. Bei krautigen Pflanzen, die kein ausgeprägtes verholztes Stützgewebe besitzen (z. B. Tulpen), ist dies der einzige Mechanismus, welcher der Pflanze Stabilität verleiht. Mangelt es an verfügbarem Wasser, welkt die Pflanze.

Aufgrund der geschilderten Gesetzmäßigkeiten lassen sich Lebensmittel durch Einlagern in Lösungen mit stark negativem osmotischem Potenzial haltbar machen. So können beispielsweise Früchte durch zuckerhaltige Lösungen (Marmelade) oder Fleisch und Fisch durch salzhaltige Lösungen (Pökeln) konserviert werden. Etwaige Schadorganismen (z. B. Bakterien, Pilze) sind in der Regel nicht in der Lage, in sich ein osmotisches Potenzial aufzubauen, das ihnen erlaubt, das lebensnotwendige Wasser aus der konservierenden Flüssigkeit aufzunehmen. Sie vertrocknen. Derselbe Effekt kommt beim Salzen der Straßen im Winter

3

zum Tragen: Gelangt das Salz im Frühjahr bei Tauwetter und Regen in den Boden, erhöht sich die Salzkonzentration des Bodenwassers so stark, dass für die Straßenbäume die Gefahr besteht zu vertrocknen, da das osmotische Potenzial in den Vakuolen ihrer Wurzelzellen nicht ausreichend stark negativ ist.

Plasmolysestadien

Lernziele/Stichwörter

Plasmolyse – Deplasmolyse

■ ■ Objekt: *Allium cepa* – Küchenzwiebel (rote Variante)

Aufgaben:

- Die obere (konkave) Seite eines Zwiebelblatts mit der Rasierklinge einritzen, die Epidermis mit einer Pinzette abheben und auf dem Objektträger mit einem Tropfen Wasser eindeckeln.
- Einige Zellen im Gewebeverband zeichnen; die Vakuolenflüssigkeit ist durch Anthocyane rötlich gefärbt.
- Anschließend einige Tropfen einer 1 M KNO_3-Lösung an den Rand des Deckglases geben und mithilfe eines Filterpapiers durch das Präparat hindurchsaugen.
- Verschiedene Stadien der Plasmolyse skizzieren; bei fortschreitendem Wasserverlust aus der Vakuole findet eine Farbintensivierung statt, da die Farbstoffmoleküle die Vakuolenmembran nicht ohne Weiteres passieren können.
- Danach reines Wasser durch das Präparat saugen und die Deplasmolyse beobachten, bei der wieder eine Farbaufhellung der Vakuolenflüssigkeit aufgrund der Verdünnung durch einfließendes Wasser erfolgt.

Stärkespeicherung Pflanzenzellen speichern Kohlenhydrate als Stärke in speziellen Plastiden, den **Amyloplasten.** In ausdifferenzierten Speichergeweben geschieht es häufig, dass die Amyloplasten aufreißen und damit die gebildeten Stärkekörner frei im Plasma der Zellen liegen (◘ Abb. 3.6).

Speicherung von Stärke

Lernziele/Stichwörter

Amyloplasten – Stärke

■ ■ Objekt: *Solanum tuberosum* – Kartoffel

Aufgaben:

- Von der Anschnittfläche einer Kartoffelknolle etwas Zellmaterial abkratzen und in einen Tropfen Wasser auf einen Objektträger geben; die Zellen sind mit Stärkekörnern gefüllt, vereinzelt sind noch intakte Amyloplasten zu sehen.
- Die Stärke durch Zugabe eines Tropfens I_2/KI-Lösung färben und identifizieren (Blau-Dunkelblau-Färbung, Schichtung).

In der fertig ausgebildeten Kartoffelknolle liegen die Stärkekörner in der Regel frei in den einzelnen Zellen. Wichtig ist aber zu bedenken, dass alle Stärke in Amyloplasten gebildet worden ist, die am Ende dieses Prozesses meist aufplatzen.

Die Stärkekörner haben eine typische Gestalt (Form, Schichtungen in der Stärke). Auf

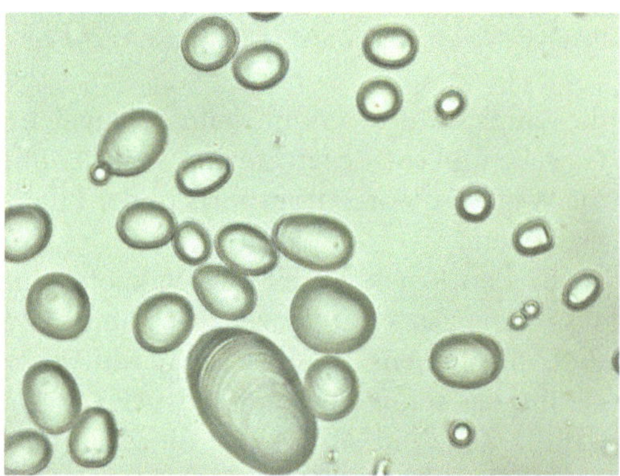

◘ **Abb. 3.6** *Solanum tuberosum* – Kartoffel, Stärkekörner nach Färbung mit I_2/KI-Lösung. Die Stärkekörner weisen eine typische Schichtung auf. (© Universität Leipzig)

diese Weise lassen sich Mehle verschiedener Herkunft (Weizen, Roggen, Mais usw.) identifizieren bzw. auf ihre Reinheit prüfen.

3.4 Lernzielkontrolle

1. Schildern Sie die lichtmikroskopisch beobachtbaren Merkmale einer ausdifferenzierten lebenden Pflanzenzelle.
2. Welche Rolle spielt die Vakuole in einer ausdifferenzierten Pflanzenzelle?
3. Welche Funktion hat die Plasmaströmung?
4. Welche Plastidenformen kennen Sie und welche Funktionen haben diese?
5. Welche Stoffe können in der Vakuolenflüssigkeit gelöst sein?
6. Mithilfe welcher Mechanismen nimmt ein pflanzliches Gewebe Wasser auf?
7. Worin liegt die konservierende Wirkung von Salzlauge?
8. Welche Gefahr besteht beim Salzen der Straßen im Winter?
9. Was versteht man unter Grenzplasmolyse?
10. Wie werden zwei Medien mit identischem osmotischem Potenzial bezeichnet?
11. Begründen Sie, warum es unwahrscheinlich ist, dass sich alle Zellen eines teilungsaktiven Gewebes in derselben Mitosephase befinden.

Pflanzliche Gewebe

W. Reißer, F.-M. Dux, M. Möschke, M. Hofmeister, *Pflanzenanatomischer Grundkurs*,
https://doi.org/10.1007/978-3-662-58719-5_4

4.1 1. Kurstag – Meristeme und Parenchyme

Definitionen Ein pflanzliches **Gewebe** wird als eine Gruppe gleichartig differenzierter Zellen definiert, die durch Teilung auseinander hervorgegangen sind. Dabei werden **Dauergewebe** von **Bildungsgeweben (Meristemen)** unterschieden. Während in Dauergeweben praktisch keine Zellteilungen mehr erfolgen, die Zellen also den Zellzyklus verlassen haben, bestehen Meristeme aus Zellen, die sich fortwährend teilen, also den kompletten Zellzyklus durchlaufen (▣ Abb. 4.1). Die Zellen der Meristeme sind dicht und ohne Interzellularen gepackt, relativ klein, mit großen Zellkernen versehen, frei von Vakuolen und Chloroplasten, dünnwandig und stoffwechselphysiologisch sehr aktiv mit hoher Atmungsaktivität.

Man unterscheidet primäre von sekundären Meristemen. **Primäre Meristeme,** wie die **Spitzenmeristeme (Apikalmeristeme)** von Spross und Wurzel (▣ Abb. 4.2 und 4.3), sind schon im Embryo vorhanden und in der Regel lebenslang in der Pflanze aktiv. **Sekundäre Meristeme** gehen durch Embryonalisierung **(Remeristematisierung)** schon ausdifferenzierter Zellen aus bereits vorliegenden Dauergeweben hervor, wie es bei der Bildung des **interfaszikulären Cambiums** (▣ Abb. 4.4) der Fall ist. Als **Cambium** wird ein Meristem bezeichnet, das aus einer einzigen Lage nebeneinander angeordneter teilungsaktiver Zellen besteht.

Als **Meristemoide** gelten Gruppen von teilungsaktiven Zellen, die durch inäquale Zellteilung aus Zellen eines Dauergewebes hervorgegangen sind. Sie sind zum Beispiel an der Ausbildung von Spaltöffnungen beteiligt (▣ Abb. 4.5).

Die Meristeme gliedern Zellen ab, welche den Zellzyklus verlassen können und meist in der G_1-Phase verbleiben. Diese bilden Dauergewebe aus, deren Zellen entsprechend ihrer aufgabenspezifischen Funktionen unterschiedliche Größe, Gestalt und Stoffwechselleistungen aufweisen können. Prinzipiell unterscheidet man bei den Dauergeweben **Grundgewebe** (Parenchyme, ▣ Abb. 4.6), **Abschlussgewebe, Festigungsgewebe, Leitgewebe, Absorptionsgewebe** und **Drüsengewebe.**

Die genannten Gewebe werden auch als **echte Gewebe** bezeichnet, deren Zellen also durch Teilung auseinander hervorgegangen und die in der Regel durch plasmatische Verbindungen (Plasmodesmen) miteinander in Kontakt sind. Im Gegensatz dazu bilden sich **unechte Gewebe** (Pseudoparenchyme, Plectenchyme), wie sie bei einer Gruppe der Algen, den Rotalgen, auftreten, durch ein sekundäres Verkleben ursprünglich unabhängiger Zellfäden, die auf diese Weise einen massiven Vegetationskörper aufbauen.

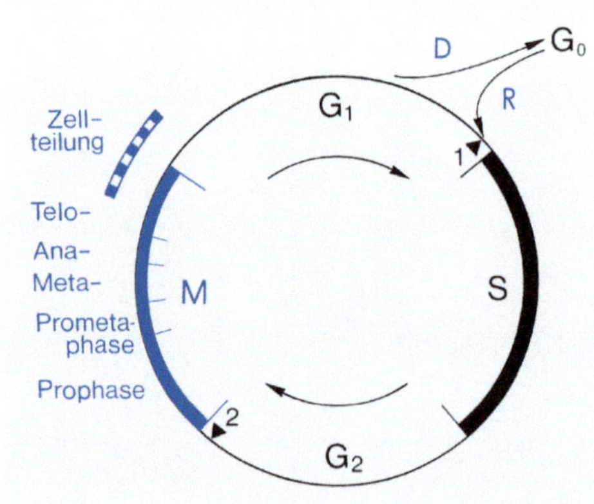

▣ **Abb. 4.1** Schematischer Verlauf des Zellzyklus. *M* = Mitose; *G1* = postmitotische Wachstumsphase; *D* = Differenzierung zu Gewebezellen, deren DNA unrepliziert bleibt (*G0*); *R* = Reembryonalisierung, zum Beispiel bei der Regeneration; *S* = Replikation der DNA; *G2* = prämitotische Phase; Pfeilköpfe *1* u. *2*: Kontroll- und Steuerungspunkte. (© Kadereit et al. 2014)

4.1.1 Meristeme

Primäre Meristeme Die **Apikalmeristeme** von Spross und Wurzel sind primäre Meristeme. Das Apikalmeristem des Sprosses weist einen charakteristischen Aufbau auf:

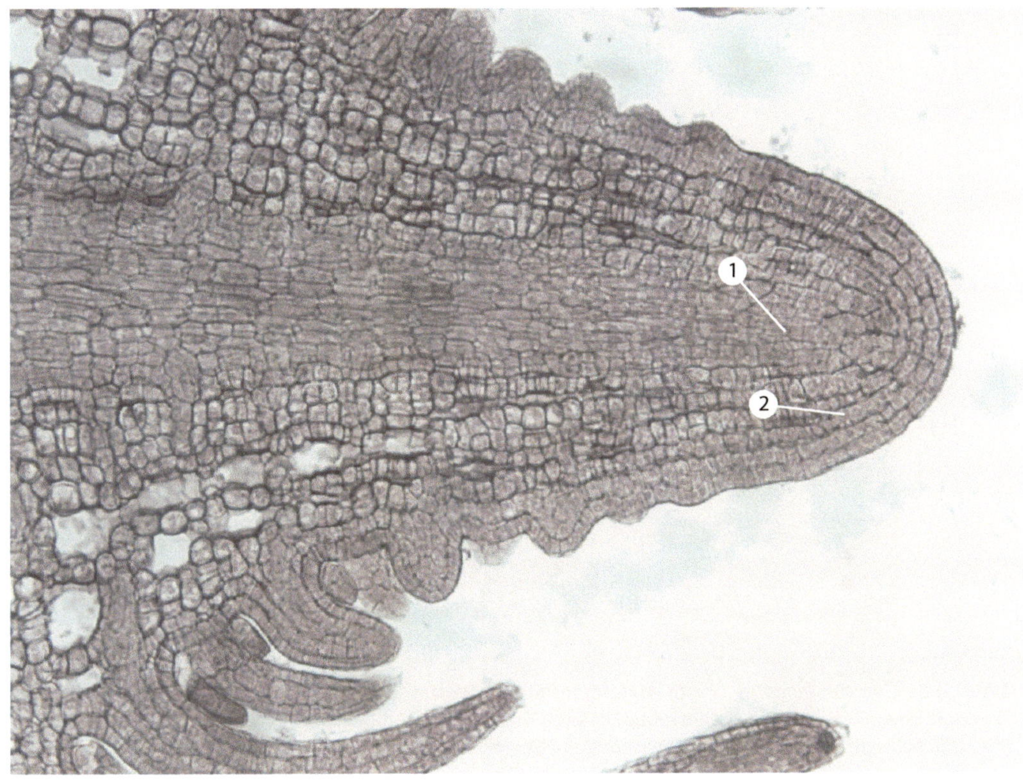

Abb. 4.2 *Hippuris vulgaris* – Tannenwedel, Apikalmeristem des Sprosses. Die Bildung der Blattprimordien und der Seitenverzweigung erfolgt exogen durch erneute Teilungsaktivität von Tunicazellen. *1* Corpus, *2* Tunica (fünfschichtig). (© Universität Leipzig)

Eine Gruppe teilungsaktiver Zellen, die sich sowohl parallel (periklin) als auch im rechten Winkel (antiklin) zur Meristemoberfläche teilen können, bilden den **Corpus.** Der Corpus wird von mehreren Schichten von Zellen, die sich nur antiklin teilen können, ummantelt **(Tunica).** Zellen, die von der Tunica abgegliedert werden, differenzieren sich in Epidermis- und Rindenzellen und leiten die Seitenverzweigung des Sprosses und die Blattbildung (Blattprimordien) ein. Zellen, welche aus dem Corpus stammen, sind verantwortlich für die Bildung des Leitgewebes und anderer zentraler Gewebe.

Das Apikalmeristem der Wurzel weist keine dem Spross vergleichbare Gliederung in Tunica und Corpus auf. Charakteristisch ist auch, dass die an der Wurzelspitze liegenden Zellen des Apikalmeristems nicht nur in Richtung des Wurzelkörpers, sondern auch in Wuchsrichtung, nach vorne, Zellen abgliedern, welche die Wurzelhaube **(Kalyptra)** bilden. Die Kalyptra hat wahrscheinlich eine zweifache Funktion: Zum einen schützt sie die dünnwandigen Zellen des Apikalmeristems beim Vordringen der Wurzel im Erdreich, was auch durch das Verschleimen außen liegender Kalyptrazellen erleichtert wird. Zum anderen befinden sich in einigen Zellen **(Statocyten)** der Kalyptra Stärkekörner **(Statolithen),** die wahrscheinlich einen Schwerkraftreiz auf intrazelluläre Membransysteme ausüben, der zur Folge hat, dass die ungestörte Wurzel in der Regel nach unten, also in Richtung des Erdmittelpunktes, wächst.

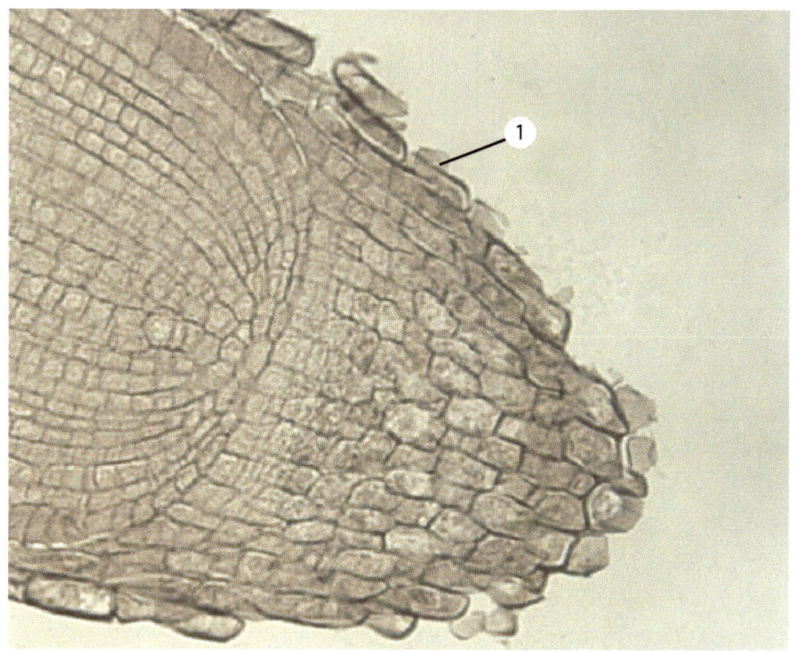

Abb. 4.3 *Hordeum vulgare* – Gerste, Apikalmeristem der Wurzel. Die außenliegenden Zellen der Kalyptra (*1*) verschleimen. Das Apikalmeristem gibt Zellmaterial sowohl zum Aufbau der Wurzel als auch – in entgegengesetzter Richtung – zur Bildung der Kalyptra ab. (© Universität Leipzig)

Weitere primäre Meristeme sind zum Beispiel das **faszikuläre Cambium** in offen-kollateralen Leitbündeln.

Apikalmeristem des Sprosses

Lernziele/Stichwörter

Spross: primäres Meristem – Corpus – Tunica

▪▪ Objekt: *Hippuris vulgaris* – Tannenwedel

Aufgaben:

- Ein Schnitt (Präparat) durch den Vegetationskegel zeichnen; unter anderem auf exogene Seitenverzweigung und Blattprimordien achten.

Charakteristisch für das Apikalmeristem ist die enge Packung der Zellen, zwischen denen sich keine Interzellularräume befinden. Die Zellen sind dünnwandig, haben große Zellkerne, keine Chloroplasten und keine größeren Vakuolen. Die Zahl der Tunicaschichten ist kein strenges taxonomisches Merkmal. Die vom teilungsaktiven Zentrum abgegliederten Zellen der Tunica werden einige Zeit nach ihrer Bildung erneut teilungsaktiv und bilden Blattprimordien und die Seitenverzweigungen des Sprosses (exogene Seitenverzweigung).

Apikalmeristem der Wurzel

Lernziele/Stichwörter

Wurzel: primäres Meristem – Wurzelhaube (Kalyptra)

▪▪ Objekt: *Hordeum vulgare* – Gerste

Aufgaben:

- Gerstensamen in einer Petrischale auf feuchtem Filterpapier auslegen und keimen lassen (bei Zimmertemperatur ca. 1 Woche).
- Ansicht der Keimwurzel mit Kalyptra, Meristem, Streckungs- und Wurzelhaarzone (► Abschn. 7.2) zeichnen. Wie beim Spitzenmeristem des Sprosses finden sich

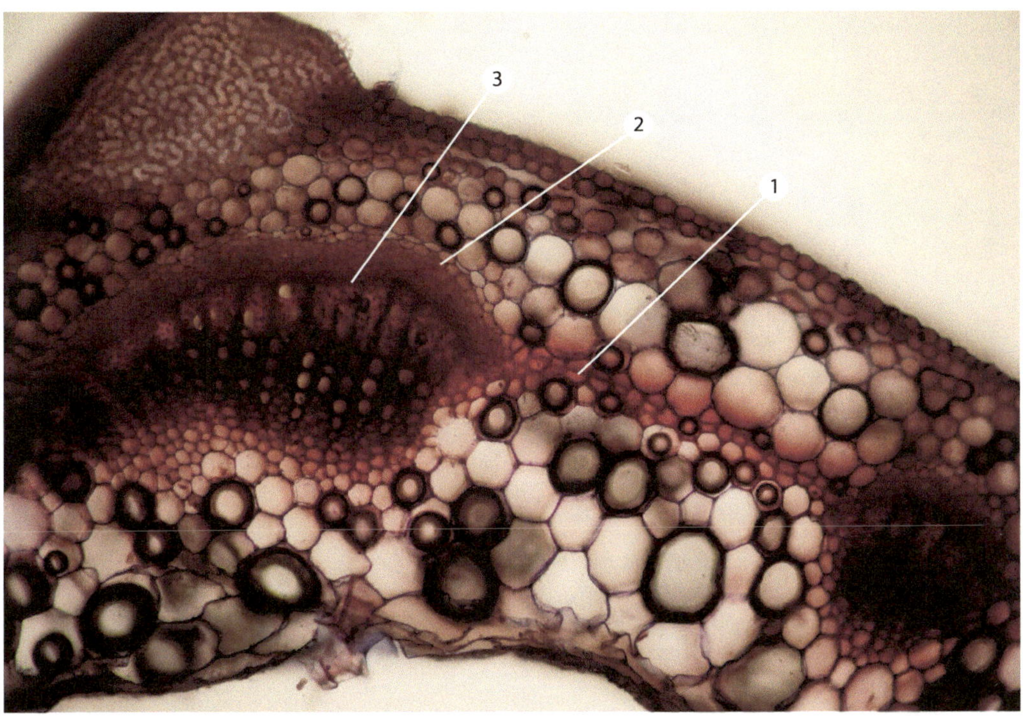

Abb. 4.4 *Lamium album* – Weiße Taubnessel, Spross, Färbung mit FSA. Bildung eines interfaszikulären Cambiums, das die faszikulären Cambien in den Leitbündeln miteinander verbindet. *1* interfaszikuläres Cambium, *2* Leitbündel mit faszikulärem Cambium (*3*). (© Universität Leipzig)

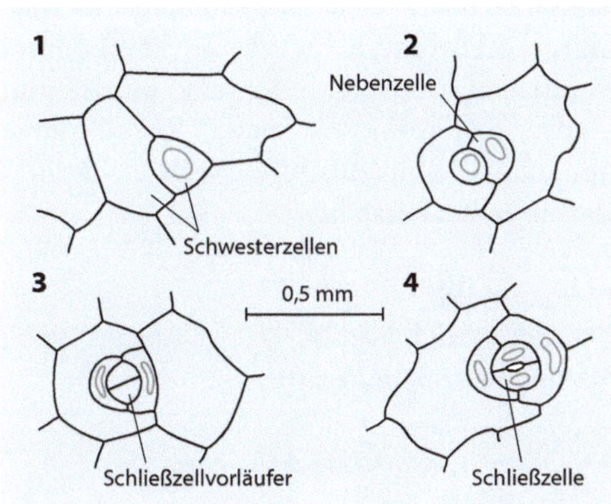

Abb. 4.5 Schematischer Ablauf der Stomatabildung durch inäquale Zellteilung. Aus einer remeristematisierten Epidermiszelle sind nach inäqualer Teilung eine teilungsinaktive Tochterzelle und eine kleinere teilungsaktive Zelle entstanden (*1*). Letztere teilt sich weiter (*2, 3*) und bildet schließlich einen Spaltöffnungsapparat, aus zwei Schließzellen und zwei Nebenzellen besteht (*4*)

auch hier die typischen Merkmale: eng gepackte, dünnwandige Zellen mit großen Zellkernen. Zusätzlich sind hier aber die Bildung einer Wurzelhaube und keine deutliche Trennung in Tunica und Corpus festzustellen.

Sekundäre Meristeme Sekundäre Meristeme entstehen durch **Remeristematisierung** ausdifferenzierter Zellen, die aus ihrer Spezialisierung heraus wieder in einen teilungsaktiven Zustand übergegangen sind. Zu den sekundären Meristemen gehören das im Zuge des sekundären Dickenwachstums auftretende **interfaszikuläre Cambium** von Spross und Wurzel sowie das **Phellogen** (Korkcambium), das für die Ausbildung eines sekundären Abschlussgewebes und letztlich für die Borkenbildung verantwortlich ist.

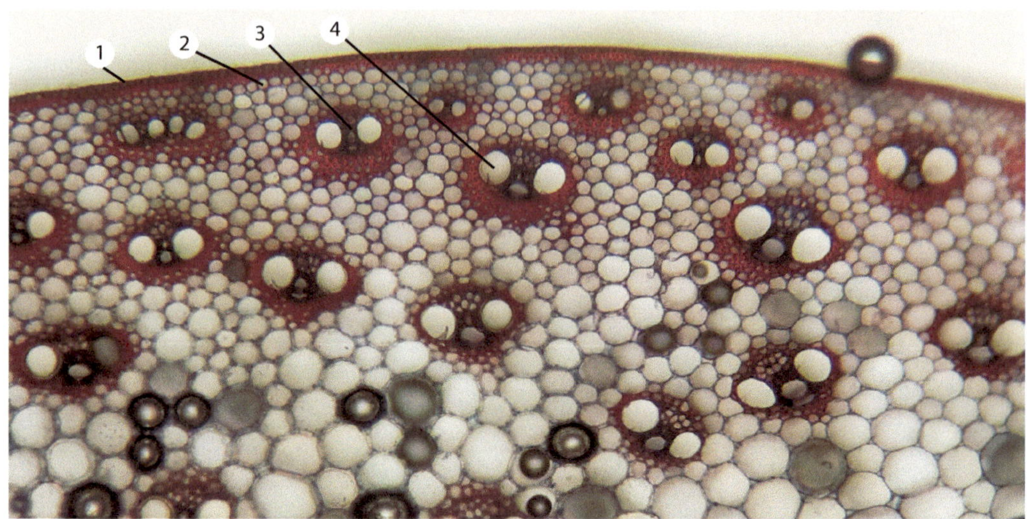

Abb. 4.6 *Zea mays* – Mais, Parenchym im Spross, Färbung mit FSA. *1* Epidermis, *2* Hypodermis, *3* Phloem, *4* Xylem. (© Universität Leipzig)

Sekundäres Meristem im Spross
Lernziele/Stichwörter
sekundäres Meristem – sekundäres Dickenwachstum

Objekt: *Lamium album* – Weiße Taubnessel

Aufgaben:

- Spross quer schneiden.
- Schnitt mikroskopieren und Ausschnitt zeichnen.

Das interfaszikuläre Cambium bildet sich auf der Höhe der faszikulären Cambien der benachbarten Leitbündel durch Remeristematisierung ausdifferenzierter parenchymatischer Zellen, sodass sich ein geschlossener Ring cambialer Zellen ergibt. Generell ist wahrscheinlich die Fähigkeit, ausdifferenzierte Zellen in einen teilungsaktiven embryonalen Zustand zurückzuholen, ein typisch pflanzliches Merkmal. Die Cambiumzellen teilen sich und gliedern zur Sprossoberseite und zum Sprossinneren Zellen ab, die sich dann entsprechend ihrer Lage und unter Einfluss von Phytohormonen für verschiedene Aufgaben differenzieren können.

Meristemoid Einzelne ausdifferenzierte Zellen können durch inäquale Teilung eine wieder teilungsaktive Tochterzelle hervorbringen. Auch hier handelt es sich im Prinzip um eine Remeristematisierung. Die neu entstandene Zelle kann in nun folgenden äqualen Teilungen weitere aktive Tochterzellen bilden. Dieser neu entstandene, teilungsaktive Zellverband wird als **Meristemoid** bezeichnet. Beispiele für ein Meristemoid sind Spaltöffnungen bzw. Spaltöffnungsapparate, die aus ausdifferenzierten Blattepidermiszellen entstehen.

Meristemoid
Lernziele/Stichwörter
Bildung von Spaltöffnungen

Objekt: *Kalanchoe daigremontiana* – Brutblatt

Aufgaben:

- Epidermis abziehen und mikroskopieren.
- Blattepidermis: verschiedene Stadien der Spaltöffnungsbildung zeichnen.

Einzelne ausdifferenzierte Zellen der Blattepidermis werden remeristematisiert, also wieder teilungsaktiv, und durchlaufen eine inäquale Zellteilung, deren Produkte nicht gleichwertig sind. In der Regel werden die direkt an eine bereits vorhandene Spaltöffnung grenzenden Zellen nicht remeristematisiert (biologische Musterbildung).

4.1.2 Dauergewebe

Parenchyme **Parenchyme** (Grundgewebe) bestehen aus lebenden stoffwechselphysiologisch aktiven und meist dünnwandigen vakuolisierten Zellen. Die Gewebe weisen oft Interzellularen auf und werden in der Regel entsprechend ihrer Aufgabenstellung (z. B. Assimilationsparenchym, Speicherparenchym) oder ihrer Lokalisation (z. B. Markparenchym, Rindenparenchym) klassifiziert. Bei krautigen Pflanzen haben parenchymatische Gewebe aufgrund ihrer Turgeszenz oft auch eine Festigungsfunktion.

Parenchyme
Lernziele/Stichwörter
Parenchym – Interzellulare

Objekt: *Zea mays* – Mais
Aufgaben:
- Spross quer schneiden.
- Schnitt mikroskopieren und Ausschnitt zeichnen.

Das Parenchym besteht aus dünnwandigen, lebenden Zellen unterschiedlicher Größe mit Interzellularen im Gewebe. Die Zellen sind hier chloroplastenfrei und haben neben Festigungs- auch Speicherfunktionen. Auffällig ist, dass die zur Peripherie des Sprosses orientierten parenchymatischen Zellen kleiner werden und dort vermehrt eine stabilisierende Funktion haben.

4.1.3 Lernzielkontrolle I

1. Wie unterscheiden sich Meristeme von Dauergeweben?
2. Vergleichen Sie die Apikalmeristeme von Wurzel und Spross.
3. Definieren Sie primäre und sekundäre Meristeme.
4. Was versteht man unter einem Meristemoid?

4.2 2. Kurstag – Festigungs- und Leitgewebe

Gewebetypen Neben den Parenchymen haben **Festigungs-** und **Leitgewebe** den größten Anteil an den Dauergeweben, wobei sich funktionelle Überschneidungen zwischen beiden ergeben können. Festigungsfunktionen können auch von einem Teil des Leitgewebes übernommen werden und in krautigen Pflanzen können turgeszente Parenchyme auch eine Stützfunktion haben.

4.2.1 Festigungsgewebe

Kollenchyme Festigungsgewebe, die aus lebenden, oft auch noch wachsenden Zellen aufgebaut sind, werden als **Kollenchyme** bezeichnet. Sie besitzen in charakteristischer Weise durch Cellulose- und Pektineinlagerungen verdickte Primärwände. Je nach Lokalisation der Wandverdickung unterscheidet man **Ecken-** oder **Kantenkollenchyme** von **Plattenkollenchymen** (◘ Abb. 4.7). Kollenchyme finden sich häufig in krautigen und wachsenden Pflanzenorganen, im Spross zum Beispiel oft als hypodermale Gewebe in der Peripherie, wo sie eine besondere Biegefestigkeit garantieren.

Eckenkollenchym
Lernziele/Stichwörter
Parenchym – Kollenchym

Objekt: *Begonia rex* – Königsbegonie
Aufgaben:
- Blattstiel quer schneiden.
- Schnitt mikroskopieren und mit FSA färben.
- Ausschnitt der Epidermis bis zum Übergangsbereich Parenchym/Eckenkollenchym zeichnen.

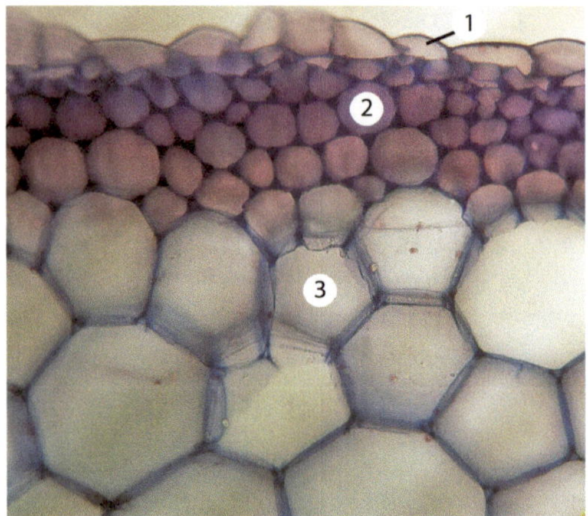

Abb. 4.7 *Begonia rex* – Königsbegonie, Blattstiel mit Kantenkollenchym, Färbung mit FSA. *1* Epidermis, *2* Kantenkollenchym, *3* Parenchym. (© Universität Leipzig)

Beim Kollenchym handelt es sich um lebendes Festigungsgewebe, das nicht lignifiziert ist (mit FSA keine Rotfärbung von Lignin, sondern eine Blaufärbung von Cellulose). Hier deutlich als Kantenkollenchym ausgebildet, liegt das Kollenchym als mehrlagige Gewebeschicht in der Peripherie des Blattstiels direkt unter der Epidermis. Die zum Stielinneren liegenden Parenchymzellen sind deutlich dünnwandiger und größer als die Kollenchymzellen.

Sklerenchym Als **Sklerenchyme** werden Festigungsgewebe bezeichnet, die aus abgestorbenen und englumigen Zellen aufgebaut sind, welche eine stark verdickte Sekundärwand besitzen (Abb. 4.8 und 4.9). Die Zellen treten in isodiametrischer Form mit lignifizierten (verholzten) Zellwänden als **Steinzellen** (Sklereiden) einzeln oder zu mehreren auf oder haben eine faserförmige Gestalt. Steinzellen sind zum Beispiel Teil der verholzten Fruchtwand von Früchten. **Fasern** treten beispielsweise im Spross bei Zugbelastung häufig als unverholzte Weichfasern, bei Druckbelastung als verholzte Hartfasern auf.

Abb. 4.8 *Hoya carnosa* – Wachsblume, Spross mit Steinzellen, Färbung mit FSA. *1* Parenchym, *2* Steinzelle mit stark verdickter lignifizierter Sekundärwand. (© Universität Leipzig)

Sklerenchym: Steinzellen

Lernziele/Stichwörter

Sklerenchym – Steinzellen

Objekt: *Hoya carnosa* – Wachsblume

Aufgaben:

- Spross quer schneiden.
- Schnitt mikroskopieren und mit FSA färben.
- Ausschnitt zeichnen.

Die Steinzellen (Sklereiden) sind abgestorbene Zellen mit einer stark verdickten, lignifizierten Sekundärwand (Rotfärbung mit FSA). Das Zelllumen ist bis auf einen geringen Rest geschrumpft. Bei stärkerer Vergrößerung sind offen gebliebene Tüpfelkanäle zu erkennen.

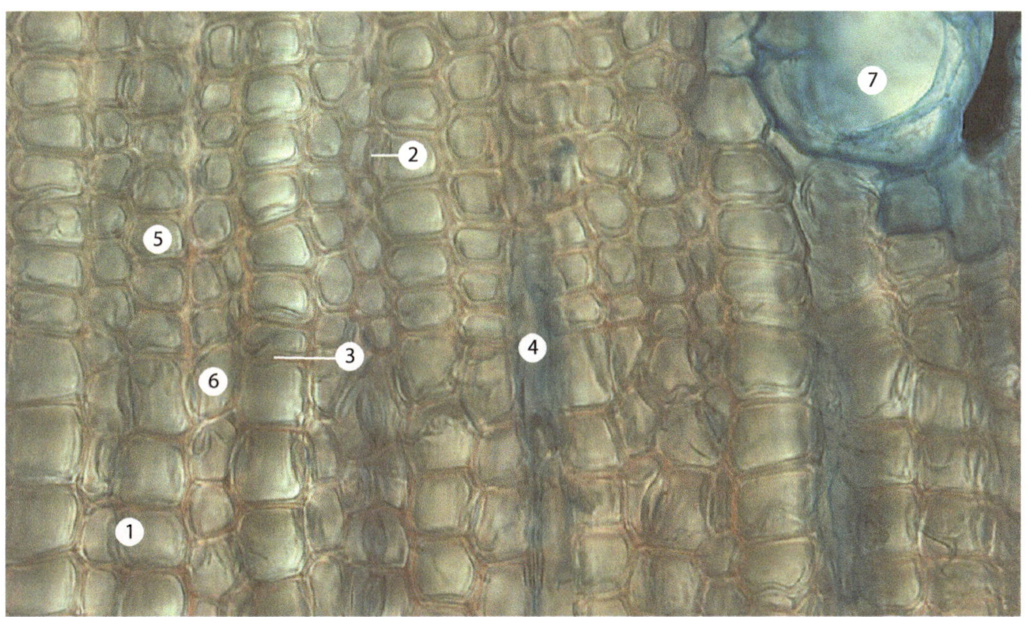

Abb. 4.9 *Pinus nigra* – Schwarz-Kiefer, Querschnitt durch das Holz, Färbung mit FSA. *1* Frühholz, *2* doppelt behöfter Tüpfel, *3* Jahresringgrenze, *4* Markstrahl mit parenchymatischen Zellen, *5* Spätholz, *6* Tracheide, *7* Harzkanal. (© Universität Leipzig)

Sklerenchym: Tracheiden

Lernziele/Stichwörter

Sklerenchym – Tracheiden – Frühholz – Spätholz

Objekt: *Pinus nigra* – Schwarz-Kiefer

Aufgaben:

- Übergangsbereich vom Spätholz des Vorjahres zum Frühholz des folgenden Jahres quer schneiden.
- Schnitt mikroskopieren und mit FSA färben.
- Ausschnitt zeichnen.

Das Holz der Gymnospermen besteht fast ausschließlich aus Tracheiden, die im Frühjahr weitlumig und dünnwandig sind (primäre Aufgabe: vertikaler Wassertransport) und im Jahresverlauf immer dickwandiger und englumiger werden (primäre Aufgabe: Stützfunktion). Die Jahresringgrenze verläuft zwischen dem Spätholz des Vorjahres und dem Frühholz des folgenden Jahres. Tracheiden sind lignifizierte abgestorbene Zellen. Zwischen parallel verlaufenden Tracheiden treten doppelt behöfte Tüpfel auf. Im Querschnitt sind oft auch Markstrahlen sichtbar, die aus dünnwandigen, nicht lignifizierten parenchymatischen Zellen (Speicherung) und lignifizierten abgestorbenen Zellen (tracheidale Markstrahlzellen, horizontaler Wassertransport) bestehen.

4.2.2 Leitgewebe

Der Transport von Wasser und darin gelöster Substanzen über größere Entfernungen wird in Landpflanzen durch besondere Leitgewebe bewerkstelligt, die in zwei Varianten, als **Xylem** (Holzteil) und als **Phloem** (Siebteil), auftreten. Die Beobachtung, dass Xylem und Phloem in der Regel in enger räumlicher Nachbarschaft zu einem **Leitbündel** (s. u.) vereinigt vorliegen, ist Basis der Druckstromtheorie. Diese sieht als wesentliches Element der Transportvorgänge im Phloem einen Druckgradienten an, der durch Ein- und Ausströmen von Xylemwasser erzeugt wird.

4

Xylem Der vom Transpirationssog getriebene Transport von Wasser erfolgt durch röhrenförmig hintereinandergeschaltete, abgestorbene Zellen, deren Zellwände lignifiziert sind. Sie sind apoptotisch entstanden und liegen entweder als englumige Zellen vor, die an ihren Zellenden schräg auslaufende Wände mit zahlreichen Tüpfeln besitzen **(Tracheiden),** oder als weitlumige röhrenförmige Zellen, deren Querwände meist aufgelöst sind **(Tracheen, Gefäße).** Bei Farnen und Gymnospermen finden sich überwiegend Tracheiden im Xylem. Sie übernehmen im Gymnospermenholz zusätzliche Stützfunktion **(Frühholz/Spätholz).** Bei Angiospermen werden zusätzlich zu den Tracheiden auch Tracheen gebildet, die eine wesentliche höhere Wassertransportkapazität besitzen und durch unterschiedlich ausgeformte Wandverdickungen (z. B. netzförmig) vor dem Kollabieren geschützt sind.

Phloem Der Transport organischer Verbindungen, primär der Assimilate, erfolgt durch röhrenförmig hintereinandergeschaltete, lebende, allerdings kernlose Zellen, die durch große Plasmodesmen, die Siebporen, miteinander verbunden sind. Bei den meisten Gymnospermen liegen diese Zellen als relativ englumige **Siebzellen** vor, bei den Angiospermen sind überwiegend größerlumige durch ganze Siebplatten miteinander verbundene **Siebröhrenzellen** anzutreffen. Letztere sind immer mit einer kernhaltigen, mitochondrienreichen **Geleitzelle** assoziiert, mit der sie infolge einer inäqualen Zellteilung aus einer Mutterzelle hervorgehen. Die Siebzellen sind nicht mit derartigen Geleitzellen assoziiert, jedoch sind sie eng verbunden mit plasmareichen parenchymatischen Zellen, den **Strasburger-Zellen**. Wahrscheinlich spielen Geleit- und Strasburger-Zellen für den Stofftransport in den Siebröhren- bzw. in den Siebzellen eine vergleichbar unterstützende Rolle.

Leitbündel Phloem und Xylem treten in der Regel zusammen auf und bilden ein **Leitbündel,** wobei ihre Position zueinander die verschiedenen **Leitbündeltypen** definiert (▫ Abb. 4.10). So werden Leitbündel, bei denen entweder das Xylem das Phloem umgibt oder umgekehrt, als konzentrisch bezeichnet. Konzentrische Leitbündel mit Innenxylem sind häufig bei Farnen anzutreffen, mit Außenxylem bei Rhizomen. Bei kollateralen Leitbündeln liegen Xylem und Phloem nebeneinander, und zwar so, dass das Phloem nach außen, also zum Beispiel zur Sprossoberfläche zeigt. Grenzen Xylem und Phloem direkt aneinander, spricht man von geschlossen-kollateralen Leitbündeln (Monokotyledonen, ▫ Abb. 4.11), sind sie durch eine cambiale Zellschicht (faszikuläres Cambium) voneinander getrennt, liegt ein offen-kollaterales Leitbündel vor (Gymnospermen, Dikotyledonen, ▫ Abb. 4.12). Einige Gruppen der Dikotyledonen (u. a. Solanaceae, Cucurbitaceae) haben bikollaterale Leitbündel, bei denen unterhalb des Xylems noch ein weiteres Phloem ausgebildet wird. In radiären

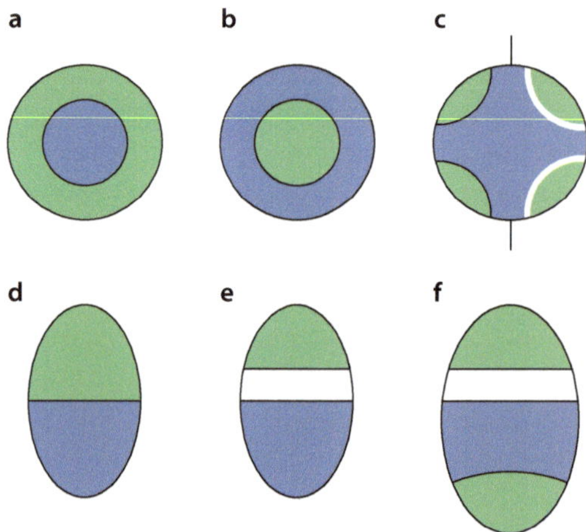

▫ **Abb. 4.10** Leitbündeltypen. Verteilung von Xylem *(blau)*, Phloem *(grün)* und Cambium *(weiß)* in Querschnitten. **a** Konzentrisches Leitbündel mit Innenxylem (z. B. Farne). **b** Konzentrisches Leitbündel mit Außenxylem (z. B. Rhizome der Monokotyledonen). **c** Radiäres Leitbündel, links: geschlossen, rechts: offen (Wurzeln). **d** Geschlossen-kollaterales Leitbündel (Monokotyledonen). **e** Offen-kollaterales Leitbündel (Gymnospermen, Dikotyledonen). **f** Offen-bikollaterales Leitbündel (Dikotyledonen). (© Kadereit et al. 2014)

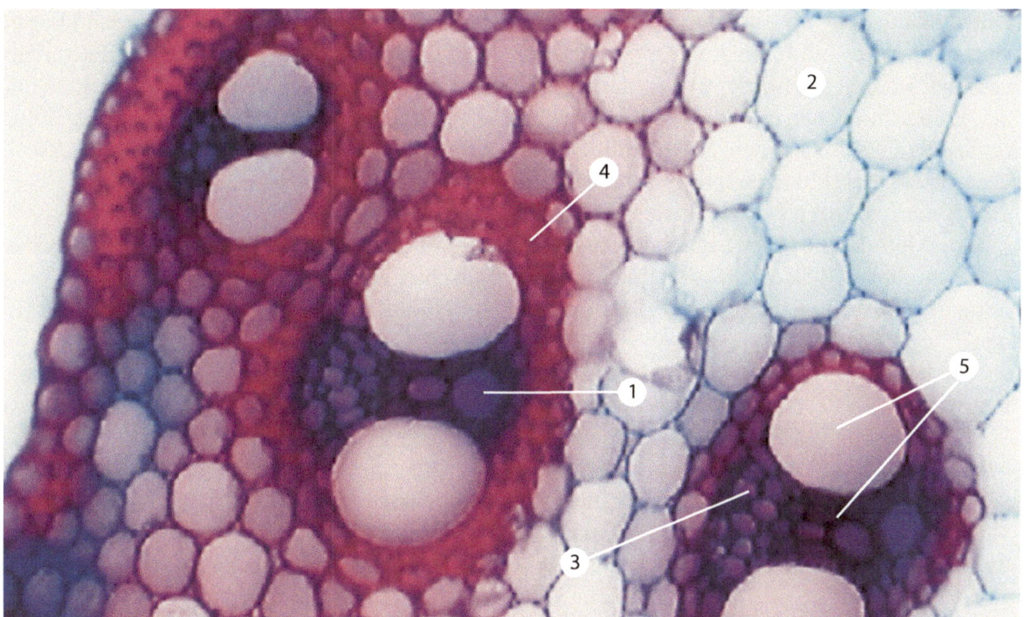

Abb. 4.11 *Zea mays* – Mais, Querschnitt durch einen Spross mit geschlossen-kollateralen Leitbündeln, Färbung mit FSA. *1* Interzellularraum, *2* Parenchym, *3* Phloem mit Siebröhren und Geleitzellen, *4* Sklerenchym, *5* Xylem mit Tracheen und Tracheiden. (© Universität Leipzig)

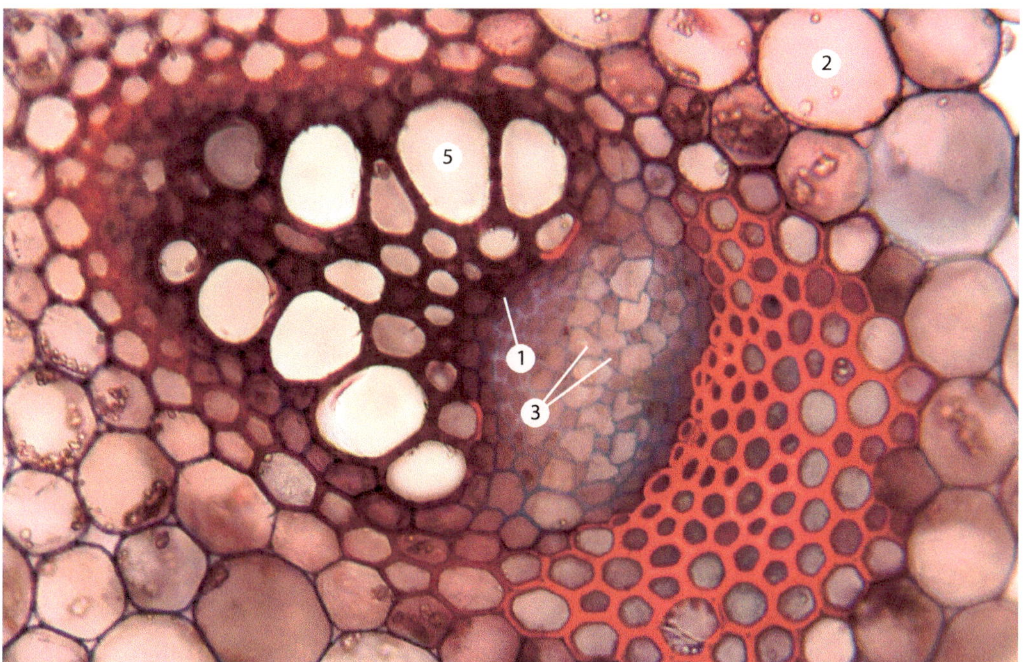

Abb. 4.12 *Ranunculus repens* – Kriechender Hahnenfuß, offen-kollaterales Leitbündel, Färbung mit FSA. *1* faszikuläres Cambium, *2* Parenchym, *3* Phloem mit Siebröhren und Geleitzellen, *4* Sklerenchym, *5* Xylem mit Tracheen, Tracheiden und Xylemparenchym. (© Universität Leipzig)

4

Leitbündeln wie sie in den Wurzeln der Gymnospermen und der Angiospermen ausgebildet werden (▫ Abb. 4.13), ist das Xylem im Querschnitt stern- oder strahlenförmig organisiert. Zwischen den Xylemstrahlen liegen Anteile des Phloems, entweder direkt an das Xylem grenzend (geschlossene Organisation: Monokotyledonen) oder davon durch eine cambiale Zellschicht getrennt (offene Organisation: Gymnospermen, Dikotyledonen).

Zu beachten ist, dass in der Literatur der Begriff Leitbündel häufig auf die gesamte Funktionseinheit von Leitgewebe und unmittelbar angrenzenden Geweben ausgedehnt wird. So bildet sich oft eine Schicht sklerenchymatischer Zellfasern kappen- oder ringförmig um Xylem und Phloem, teilweise auch zusätzlich eine Endodermis, die den Komplex vom Sprossparenchym abgrenzt (▫ Abb. 4.11 und 4.12). Das sklerenchymatische Material verleiht dem Leitbündel eine besondere Stabilität und Zugfestigkeit (Beispiele: Spross von *Zea mays*, Grasblatt, siehe auch ► Kap. 5 „Sprossachse I“ und ► Kap. 8 „Blatt“).

Organisation und Elemente eines geschlossen-kollateralen Leitbündels

Lernziele/Stichwörter

Xylem – Phloem – Tracheen – Tracheiden – Siebröhren – Geleitzellen – sklerenchymatische Scheide

▪▪ Objekt: *Zea mays* – Mais

Aufgaben:
- Spross quer schneiden.
- Schnitt mikroskopieren und mit FSA färben.
- Ausschnitt zeichnen.

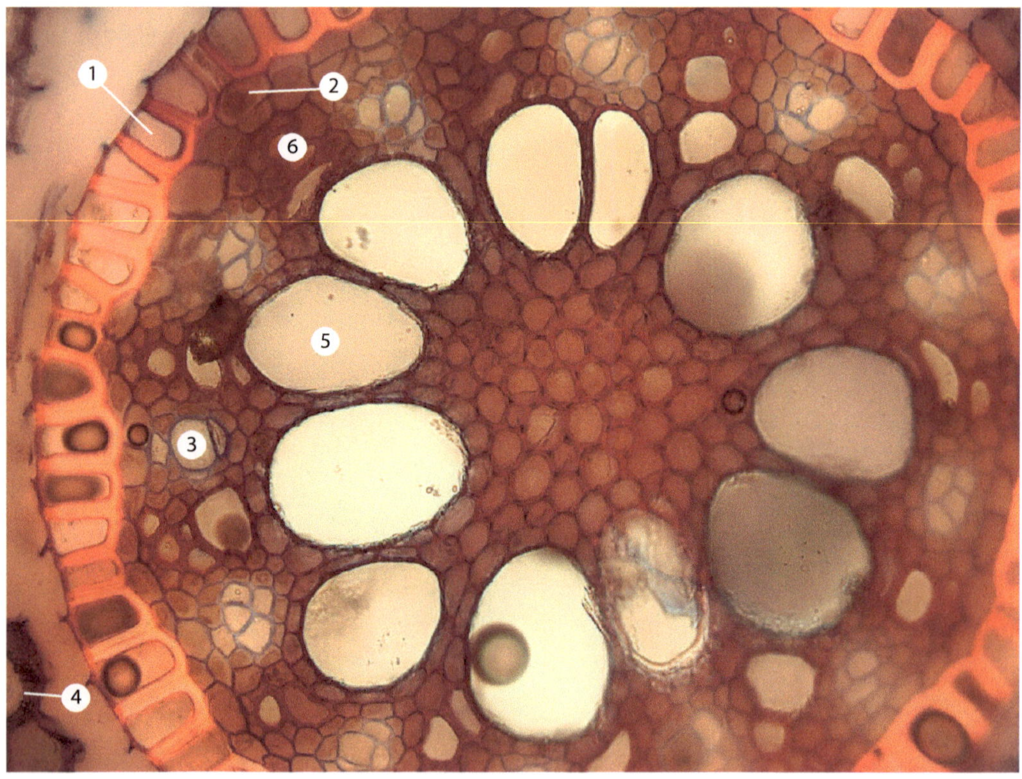

▫ **Abb. 4.13** *Iris germanica* – Deutsche Schwertlilie, Zentralzylinder der Wurzel mit radiärem Leitbündel, Färbung mit FSA. *1* Endodermis, *2* Perizykel, *3* Phloem, *4* Rindenparenchym, *5* Trachee, *6* Xylem. (© Universität Leipzig)

Im geschlossen-kollateralen Leitbündel, das charakteristisch für die Monokotyledonen ist, grenzen Xylem und Phloem direkt aneinander, wobei das Phloem immer nach außen zeigt. Typisch sind hier die beiden großen Tracheen und ein bei älterem Material aufreißender Interzellularraum. Vor allem in der Peripherie des Sprosses sind die Leitbündel von einer Scheide aus sklerenchymatischem Material eingefasst. Generell beobachtet man, dass der Außenbereich des Sprosses durch das gehäufte Auftreten von Leitbündeln und sklerenchymatischem Gewebe mechanisch verstärkt ist und somit eine besondere Biegefestigkeit erhält.

Organisation und Elemente eines offen-kollateralen Leitbündels

Lernziele/Stichwörter

Xylem – Phloem – Tracheen – Tracheiden – Siebröhren – Geleitzellen – sklerenchymatische Scheide

▪▪ Objekt: *Ranunculus repens* – Kriechender Hahnenfuß

Aufgaben:
- Spross quer schneiden.
- Schnitt mikroskopieren und mit FSA färben.
- Ausschnitt zeichnen.

Im offen-kollateralen Leitbündel, das charakteristisch für Gymnospermen und Dikotyledonen ist, sind Phloem und Xylem durch ein faszikuläres Cambium voneinander getrennt, das später bei Einsetzen des sekundären Dickenwachstums nach innen sekundäres Xylem (Holz) und nach außen sekundäres Phloem (Bast) produziert. Im Xylem sind Tracheen und Tracheiden vorherrschend, im Phloem (nicht lignifiziert!) Siebröhren und Geleitzellen. Wie bei *Zea mays* bildet sich auch hier ein Ring sklerenchymatischen Materials um das Leitbündel, primär über Phloem und Xylem.

Radiäres Leitbündel einer Wurzel

Lernziele/Stichwörter

Xylem – Phloem – Tracheen – Tracheiden – Siebröhren – Geleitzellen – sklerenchymatische Scheide

▪▪ Objekt: *Iris germanica* – Deutsche Schwertlilie

Aufgaben:
- Zentralzylinder der Wurzel mit polyarchem Leitbündel quer schneiden (vgl. ► Kap. 7 „Wurzel“).
- Schnitt mikroskopieren und mit FSA färben.
- Ausschnitt zeichnen.

Typisch für die Wurzel ist der radiäre Aufbau des Leitbündels, hier in der für die Monokotyledonen charakteristischen polyarchen Ausbildung: Zwischen einer Vielzahl von sternförmig angeordneten Xylemeinheiten liegen in der Peripherie, unterhalb des Perizykels (äußerste Schicht des Zentralzylinders), die Phloemeinheiten. Der Zentralzylinder ist von der parenchymatischen Wurzelrinde (innerste Schicht: Endodermis) umgeben. Aus biomechanischer Sicht interessant ist, dass das Leitbündel aufgrund seiner zentralen Lage der Wurzel eine besondere Zugfestigkeit nach dem Konstruktionsprinzip eines Kabels verleiht. Hingegen ging beim Spross die evolutionäre Entwicklung mehr in Richtung einer Biegefestigkeit (Festigungselemente in der Peripherie, vgl. *Zea mays*).

4.2.3 Lernzielkontrolle II

1. Welche Leitbündeltypen treten bei Gymnospermen, Monokotyledonen und Dikotyledonen auf?
2. Wodurch unterscheiden sich Kollenchyme von Sklerenchymen?
3. Welche Gewebe der Landpflanzen können Festigungsfunktionen übernehmen?
4. Begründen Sie die höhere Wassertransportkapazität von Tracheen gegenüber Tracheiden.

4

4.3 3. Kurstag – Abschlussgewebe

Definition Pflanzliche Abschlussgewebe grenzen den Vegetationskörper entweder nach außen hin als primäre (Epidermis) oder als sekundäre Gewebe (Periderm) ab oder sie bewirken im Inneren als Endodermis eine funktionelle Gliederung, wie im Nadelblatt die Trennung von Grund- und Leitgewebe oder in der Wurzel die Trennung von Rindengewebe und Zentralzylinder.

4.3.1 Primäre Abschlussgewebe

Die primären pflanzlichen Abschlussgewebe sind in der Regel einlagig und besitzen keine Interzellularen und keine Chloroplasten.

Epidermis Die Epidermis von Spross und Blatt ist aus eng miteinander verzahnten Zellen aufgebaut (◘ Abb. 4.14) und besitzt damit eine große Reißfestigkeit. Sie ist in der Regel von einer **Cuticula** überzogen, einer wachs- und cutinhaltigen Schicht, die als Verdunstungsschutz dient und – unterstützt durch eine oft auftretende Auffältelung – auch Wassertropfen abperlen lässt. Epidermiszellen von Spross und Blatt können infolge einer Remeristematisierung eine inäquale Zellteilung durchlaufen, die zur Bildung einer **Spaltöffnung** bzw. eines **Spaltöffnungsapparats** führt. Weiter können Epidermiszellen auch zu ein- oder auch wieder durch Remeristematisierung zu mehrzelligen **Trichomen** (Haaren) auswachsen. Diese können sehr unterschiedliche Funktionen wahrnehmen und damit der Epidermis zusätzliche Aufgaben übertragen. Die Trichome dienen zum Beispiel als Absorptionshaare (z. B. Wurzelhaare), als Drüsenhaare, als Samenhaare, als Klimmhaare usw. (◘ Abb. 4.15 und 4.16).

Von den Trichomen zu unterscheiden sind die **Emergenzen**, bei deren Ausbildung neben Trichomen auch subepidermale Gewebeschichten beteiligt sind, wie beim **Brennhaar** der Brennnessel (◘ Abb. 4.17).

Die Epidermis der Wurzel wird in dem Bereich, in dem die Epidermiszellen keine Cuticula besitzen und Trichome (Wurzelhaare) bilden, als Rhizodermis bezeichnet. Die Wurzelhaare dienen der Aufnahme von Wasser und darin gelöster Nährstoffe. Sie sind nur eine begrenzte Zeit lang aktiv und stellen dann ihre Tätigkeit ein. Parallel dazu wird durch die primäre Wurzel ein neues Abschlussgewebe,

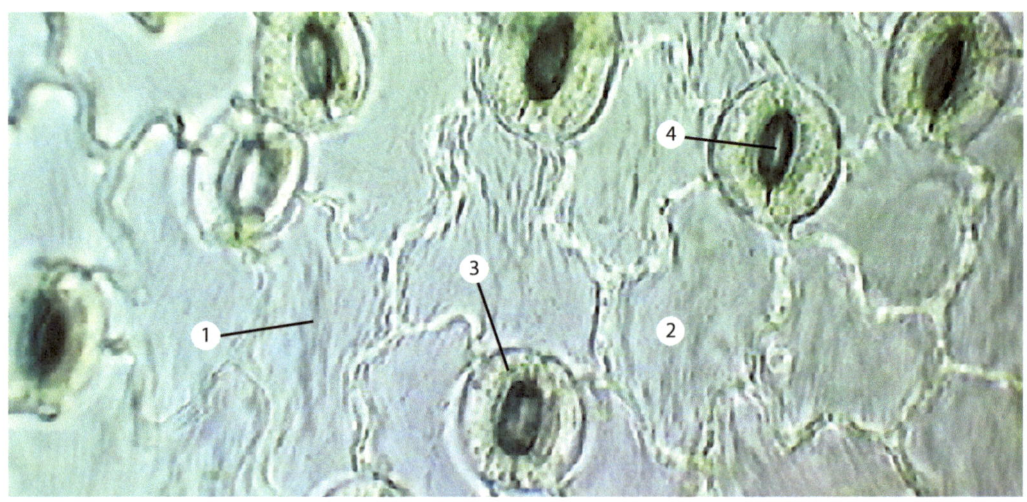

◘ **Abb. 4.14** *Helleborus niger* – Christrose, untere Blattepidermis mit Stomata. *1* Cuticularfalten, *2* Epidermiszelle, *3* Schließzelle, *4* Zentralspalt. (© Universität Leipzig)

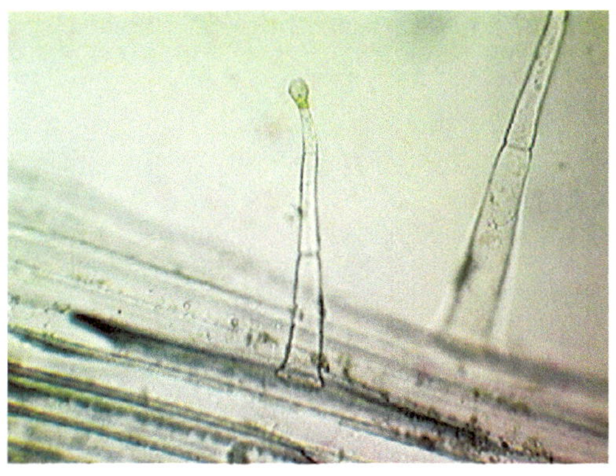

Abb. 4.15 *Nicotiana tabacum* – Tabak, mehrzellige Trichome. (© Universität Leipzig)

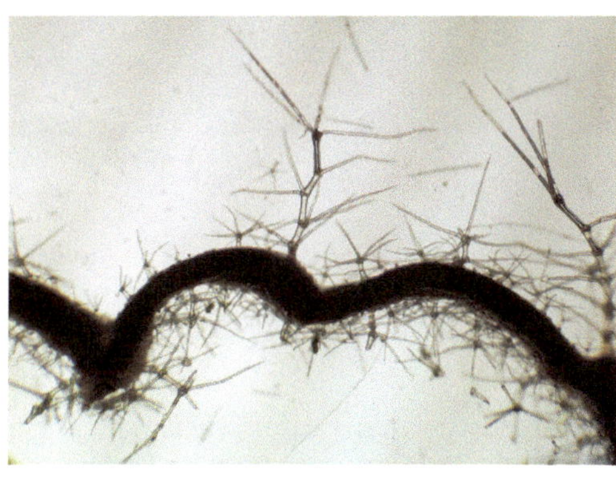

Abb. 4.16 *Verbascum* sp. – Königskerze, mehrzellige Trichome. (© Universität Leipzig)

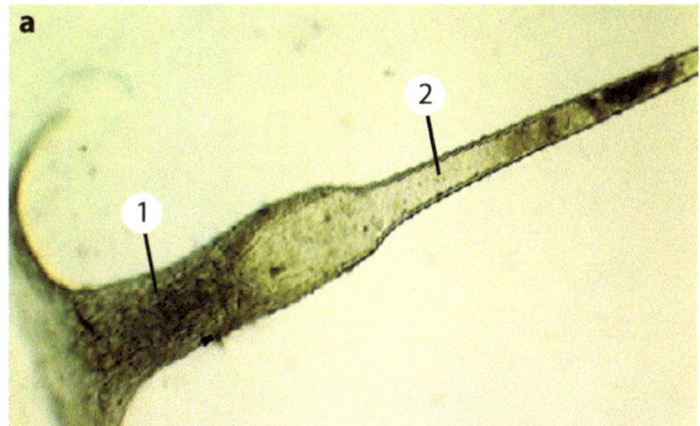

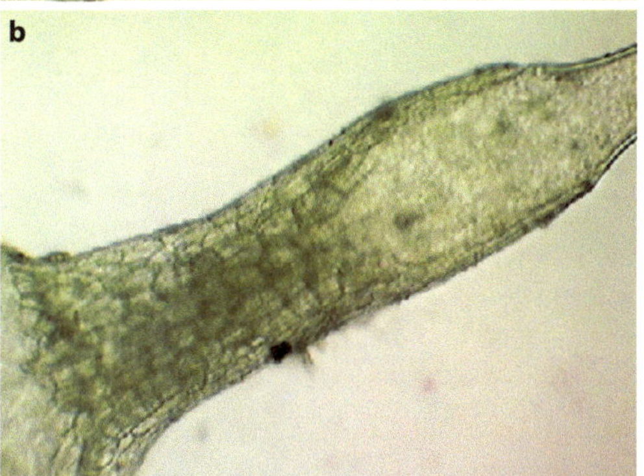

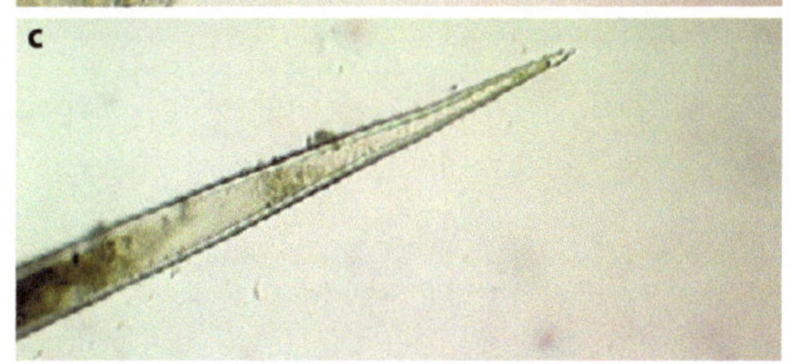

Abb. 4.17 *Urtica urens* – Kleine Brennnessel, Ansicht Brennhaar (Emergenz). **a** Der basale Teil des Trichoms wird von subepidermalem Gewebe eingefasst. **b** Oberhalb des basalen Teils wird die Wand des Trichoms durch Kalkeinlagerung versteift. **c** An der Spitze des Trichoms befindet sich eine verkieselte Sollbruchstelle, an der das Köpfchen abbricht. *1* Gewebesockel, *2* Trichom. (© Universität Leipzig)

die Exodermis, gebildet, das mehrschichtig sein kann (Abb. 4.18 und 4.19).

Epidermis

Lernziele/Stichwörter

Epidermis – Stomata

Objekt: *Helleborus niger* – Christrose

Aufgaben:

- Blattunterseite mit einer Rasierklinge vorsichtig anritzen, ein kleines Gewebestück mit einer Pinzette abziehen.
- Präparat mikroskopieren.
- Epidermiszellen mit zwei bis drei Stomata zeichnen.

Interessant ist die Gestalt der Epidermiszellen, wie sie sich nur in der Aufsicht zeigt: Die Zellen sind ähnlich geformt wie die Teilchen eines Puzzles. Durch die enge Verzahnung der Zellen miteinander erhält das Blatt eine enorme Reißfestigkeit. Selbst bei stärkster mechanischer Belastung, etwa in einem Sturm, löst sich eher das gesamte

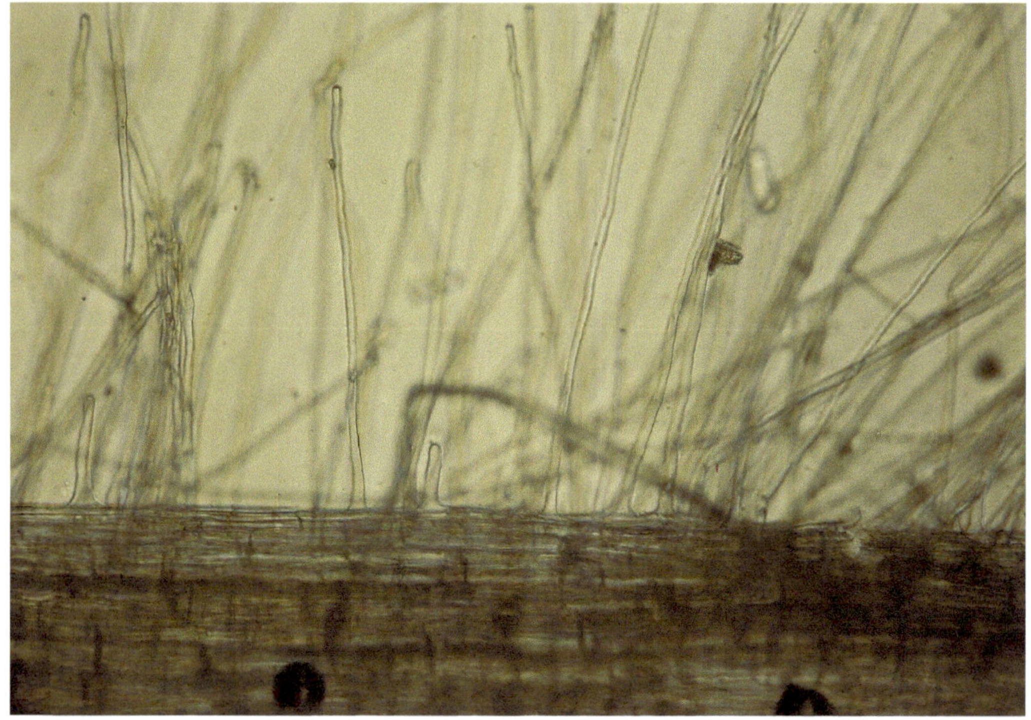

■ **Abb. 4.18** *Hordeum vulgare* – Gerste, Rhizodermis mit Wurzelhaaren. (© Universität Leipzig)

Blatt am Blattstiel vom Spross ab, als dass die Blattspreite reißt.

Trichom

Lernziele/Stichwörter

Trichom

■ ■ Objekte: *Nicotiana tabacum* – Tabak, *Verbascum* sp. – Königskerze

Aufgaben:

- Blattunterseite mit einer Rasierklinge vorsichtig anritzen, ein kleines Gewebestück mit mehrzelligen Haaren mit einer Pinzette abziehen.
- Präparat mikroskopieren und ein- und mehrzellige Haare zeichnen.

Es handelt sich jeweils um ein- und mehrzellige Trichome. Nicht alle Trichome haben eine exakt zu definierende Funktion, wie sie Wurzelhaare, Drüsenhaare, Klebehaare, Klimmhaare usw. besitzen. Viele Haare dienen wahrscheinlich auch dazu, auf der Blattoberfläche einen strömungsberuhigten Raum zu schaffen, der den durch Lufströmungen bedingten Verlust von Wasserdampf über die Stomata minimieren soll.

Emergenz

Lernziele/Stichwörter

Brennhaar

■ ■ Objekt: *Urtica urens* – Kleine Brennnessel

Aufgaben:

- Zunächst mit der Handlupe oder dem Stereomikroskop Brennhaare identifizieren.
- An den Blattadern Abzugspräparat herstellen und mikroskopieren.
- Ein Brennhaar (Emergenz) zeichnen.

Das Brennhaar ist ein klassisches Beispiel für eine Emergenz. Das Trichom selbst ist

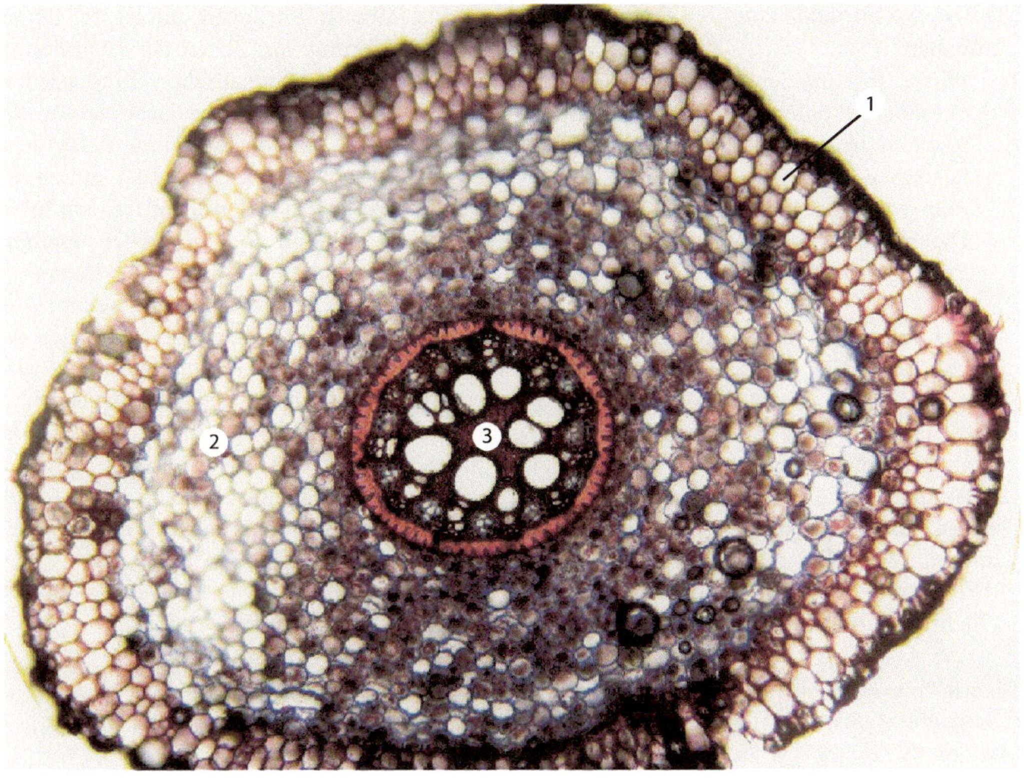

Abb. 4.19 *Iris germanica* – Deutsche Schwertlilie, Exodermis, Färbung mit FSA. *1* Exodermis, *2* Wurzelrinde, *3* Zentralzylinder. (© Universität Leipzig)

einzellig und ähnelt in seiner Form einer bauchigen Flasche. Der basale Teil des Trichoms (Bulbus) ist als Widerlager von einem subepidermalen Gewebesockel eingefasst. Der langgestreckte halsförmige Teil besitzt eine durch Einlagerung von $CaCO_3$ versteife Zellwand. An der Spitze des Halsteils befindet sich das Köpfchen, unterhalb dessen die Zellwand durch Silikateinlagerungen spröde ist (Sollbruchstelle). Wird nun das Brennhaar an der Spitze berührt, bricht das Köpfchen ab und hinterlässt eine gezackte Bruchstelle, die sich beispielsweise in die Haut bohrt. Der dabei erzeugte Druck wird durch die starre Zellwand des Halsteils an den Bulbus weitergeleitet, der – eingefasst im Gewebesockel – nicht ausweichen kann, also zusammengedrückt wird. Infolgedessen wird der Inhalt des Bulbus wie durch eine Kanüle in die Wunde gepresst und erzeugt dort aufgrund seines Gehalts an Ameisensäure, Histamin und Acetylcholin das brennende Gefühl.

Ein weiteres Beispiel für eine Emergenz sind die Stacheln von Rose und Brombeere. Im Gegensatz zu Stacheln, die immer von der Rinde zugehörigem Gewebe gebildet werden und sich deshalb auch leicht ablösen lassen, stellen Dornen umgewandelte (metamorphosierte) Blätter, Sprosse oder Wurzeln dar (▶ Kap. 11). Ein Beispiel für die Ausbildung von Sprossdornen ist die Schlehe (*Prunus spinosa*), bei der Kurztriebe verdornt sind.

Rhizodermis

Lernziele/Stichwörter

Epidermis – Wurzelhaare

▪▪ Objekt: *Hordeum vulgare* – Gerste

Aufgaben:

- Wurzel abschneiden, auf dem Objektträger mit einem Tropfen Wasser eindeckeln und leicht zwischen Deckglas und Objektträger quetschen.
- Präparat mikroskopieren.
- Die Entwicklung der Wurzelhaare an der Rhizodermis zeichnen.

Die Epidermis der Landpflanzen wird im Bereich der Wurzel als Rhizodermis bezeichnet. Die Wurzelhaare sind in der Regel einzellig und stellen Trichome dar, deren Zellwände nicht cutinisiert sind. Wichtig ist, dass die Lebensdauer der Wurzelhaare begrenzt ist. Die Wurzel muss also wachsen, um neue Wurzelhaare bilden zu können. Die Rhizodermis wird durch die meist mehrschichtige Exodermis abgelöst.

Exodermis

Lernziele/Stichwörter

Exodermis

▪▪ Objekt: *Iris germanica* – Deutsche Schwertlilie

Aufgaben:

- Wurzel quer schneiden und mikroskopieren.
- Ausschnitt der Exodermis (mehrere Zellschichten, Zellwandleisten) zeichnen.

Bei der älteren primären Wurzel wird die Rhizodermis nach Absterben der Wurzelhaare durch eine neue Epidermis, die Exodermis, ersetzt, die auch mehrschichtig sein kann.

4.3.2 Sekundäre Abschlussgewebe

Periderm Sekundäre Abschlussgewebe lösen die primären Abschlussgewebe von Spross und Wurzel zum Ende der ersten Vegetationsperiode ab. Dies erfolgt durch die Bildung eines sekundären Cambiums (Korkcambium, Phellogen) infolge der Remeristematisierung von Zellen der Hypodermis oder von parenchymatischen Rindenzellen. Das **Phellogen** produziert nach innen hin eine wenige Lagen dicke lebende Zellschicht, das **Phelloderm** (Korkrinde), nach außen hin das Korkgewebe (Phellem), das frei von Interzellularen ist und in Einzelfällen mehrere Zentimeter dick sein kann. Die Gesamtheit von Phellogen, Phelloderm und **Phellem** wird auch als **Periderm** bezeichnet. Die Zellen des Phellems verkorken, das heißt, ihnen wird eine wasserundurchlässige Schicht von Suberin aufgelagert. Die Zellen sterben ab und füllen sich mit Luft, weshalb Kork nicht nur wasserundurchlässig ist, sondern auch schall- und temperaturisolierend wirkt (▫ Abb. 4.20).

Periderm

Lernziele/Stichwörter

Phellogen – Phelloderm – Phellem

▪▪ Objekt: *Sambucus nigra* – Schwarzer Holunder

Aufgaben:

- Zwei Flächenschnitte über die äußersten peripheren Zellschichten des Rindenkörpers anfertigen.
- Schnitte mikroskopieren; einen Schnitt mit Sudan III, den anderen mit FSA färben.
- Schichten des Oberflächenperiderms einschließlich des Rindenparenchyms bzw. -kollenchyms identifizieren und in einer Breite von ca. vier bis fünf Epidermiszellen zeichnen.

Beim Spross wird das primäre Abschlussgewebe, die Epidermis, ersetzt durch ein sekundäres Abschlussgewebe, das Periderm. Dieses wird durch ein sekundäres Cambium, das Phellogen (Korkcambium), das durch Remeristematisierung von Rindenzellen entsteht, gebildet. Das Phellogen produziert zum Sprossinneren hin etwas Zellmaterial, das Phelloderm (Korkrinde, bei *Sambucus* kollenchymatisch), und zur Sprossaußenseite hin das Phellem (Kork), dessen Zellen verkorken und ein Schutzgewebe gegen

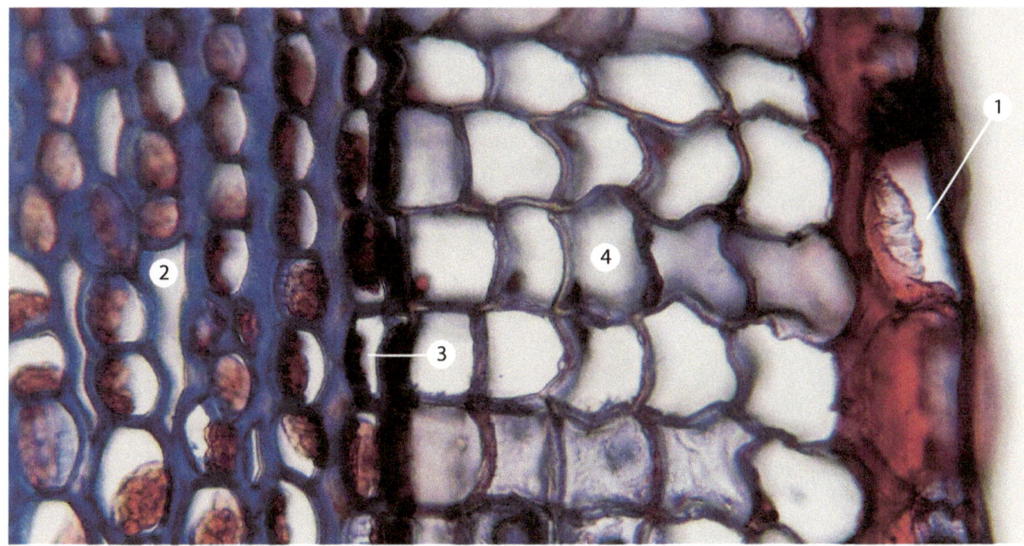

Abb. 4.20 *Sambucus nigra* – Schwarzer Holunder, Periderm, Färbung mit FSA und Sudan III. *1* Epidermis, *2* Phelloderm (ausgebildet als Plattenkollenchym), *3* Phellogen, *4* Phellem. (© Universität Leipzig)

Wasserverlust und mechanische Belastung darstellen. Da das Phellogen nur für eine begrenzte Zeit aktiv ist, muss es bei weiterem Wachstum des Sprosses durch ein weiter innen neu gebildetes Phellogen ersetzt werden, wobei alle Gewebe, die außerhalb des jüngsten Phellogens liegen, aufgrund der Sperrfunktion des jeweils neuen Phellems absterben. Es bildet sich Borke.

Borke Das Phellogen ist in der Regel nur eine begrenzte Zeit lang aktiv und muss durch ein neu und in tieferen Rindenschichten angelegtes Phellogen ersetzt werden. Der von diesem produzierte neue Kork führt dazu, dass die Versorgung der darüberliegenden Gewebeschichten (Rindenparenchym, Phelloderm) unterbrochen wird, wodurch diese absterben. So entstehen im Laufe der Zeit mehrere Lagen von Peridermen, wobei das am weitesten innen liegende Phellogen das jüngste und gerade aktive ist. Die Gesamtheit der Peridermen und dazwischenliegender weiterer Zellschichten wird auch als **Borke** bezeichnet, wobei sich – je nach Positionierung der einzelnen Phellogene – unterschiedliche **Borkentypen** unterscheiden lassen wie Ringelborke, Schuppenborke usw. (Abb. 4.21).

Borke
Lernziele/Stichwörter
Periderm – Borke

Objekt: *Robinia pseudoacacia* – Robinie
Aufgaben:

- Bei einem Sprossstück den Bereich der Borkenbildung quer schneiden.
- Schnitt mikroskopieren und mit Sudan III färben.
- Die Anlage mehrerer Tiefenperiderme bis einschließlich sekundäre Rinde (Bast) identifizieren und einen Ausschnitt zeichnen.

4.3.3 Lernzielkontrolle III

1. Definieren Sie die Begriffe Epi-, Exo- und Endodermis.
2. Was ist der Unterschied zwischen Trichom und Emergenz?

Abb. 4.21 *Robinia pseudoacacia* – Robinie, Borke, Färbung mit FSA und Sudan III. *1, 2* Phellem älterer Peridermen, *3* aktives Phellogen, *4* junges Phellem, *5* abgestorbenes Zellmaterial. (© Universität Leipzig)

3. Nennen Sie Beispiele und Funktionen von Trichomen und Emergenzen.
4. Nennen Sie das Abschlussgewebe eines einjährigen und das eines mehrjährigen Sprosses.
5. Wenn Sie ein Herz in den Stamm einer Linde schnitzen, haben Sie dann die Rinde oder die Borke vor sich?

4.4 Arbeitsblätter

Arbeitsblatt 4.1, *Hippuris vulgaris:* Apikalmeristem des Sprosses (Abb. 4.22)
Arbeitsblatt 4.2, *Hordeum vulgare:* Apikalmeristem der Wurzel (Abb. 4.23)
Arbeitsblatt 4.3, *Lamium album:* Spross, quer (Abb. 4.24)
Arbeitsblatt 4.4, *Zea mays:* Spross, quer (Abb. 4.25)
Arbeitsblatt 4.5, *Pinus nigra:* Holz, quer (Abb. 4.26)
Arbeitsblatt 4.6, *Zea mays:* geschlossen-kollaterales Leitbündel (Abb. 4.27)
Arbeitsblatt 4.7, *Ranunculus repens:* offen-kollaterales Leitbündel (Abb. 4.28)
Arbeitsblatt 4.8, *Iris germanica:* radiäres Leitbündel (Abb. 4.29)
Arbeitsblatt 4.9, *Helleborus niger:* Epidermis, Aufsicht (Abb. 4.30)
Arbeitsblatt 4.10, *Urtica urens:* Brennhaar (Abb. 4.31)
Arbeitsblatt 4.11, *Hordeum vulgare:* Wurzelhaare (Abb. 4.32)
Arbeitsblatt 4.12, *Iris germanica:* Wurzel, quer mit Exodermis (Abb. 4.33)
Arbeitsblatt 4.13, *Sambucus nigra:* Periderm (Abb. 4.34)
Arbeitsblatt 4.14, *Robinia pseudoacacia:* Borke (Abb. 4.35)

Pflanzenanatomischer Grundkurs

Arbeitsblatt 4.1 | ***Hippuris vulgaris*: Apikalmeristem des Sprosses**

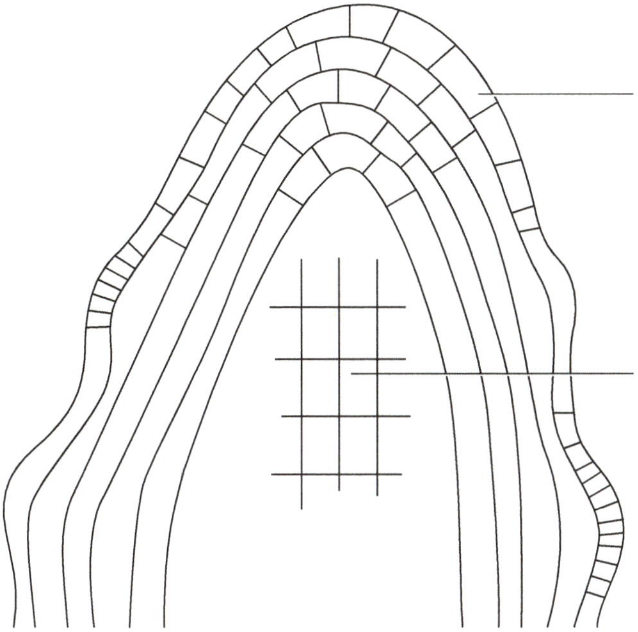

Abb. 4.22 *Hippuris vulgaris:* Apikalmeristem des Sprosses

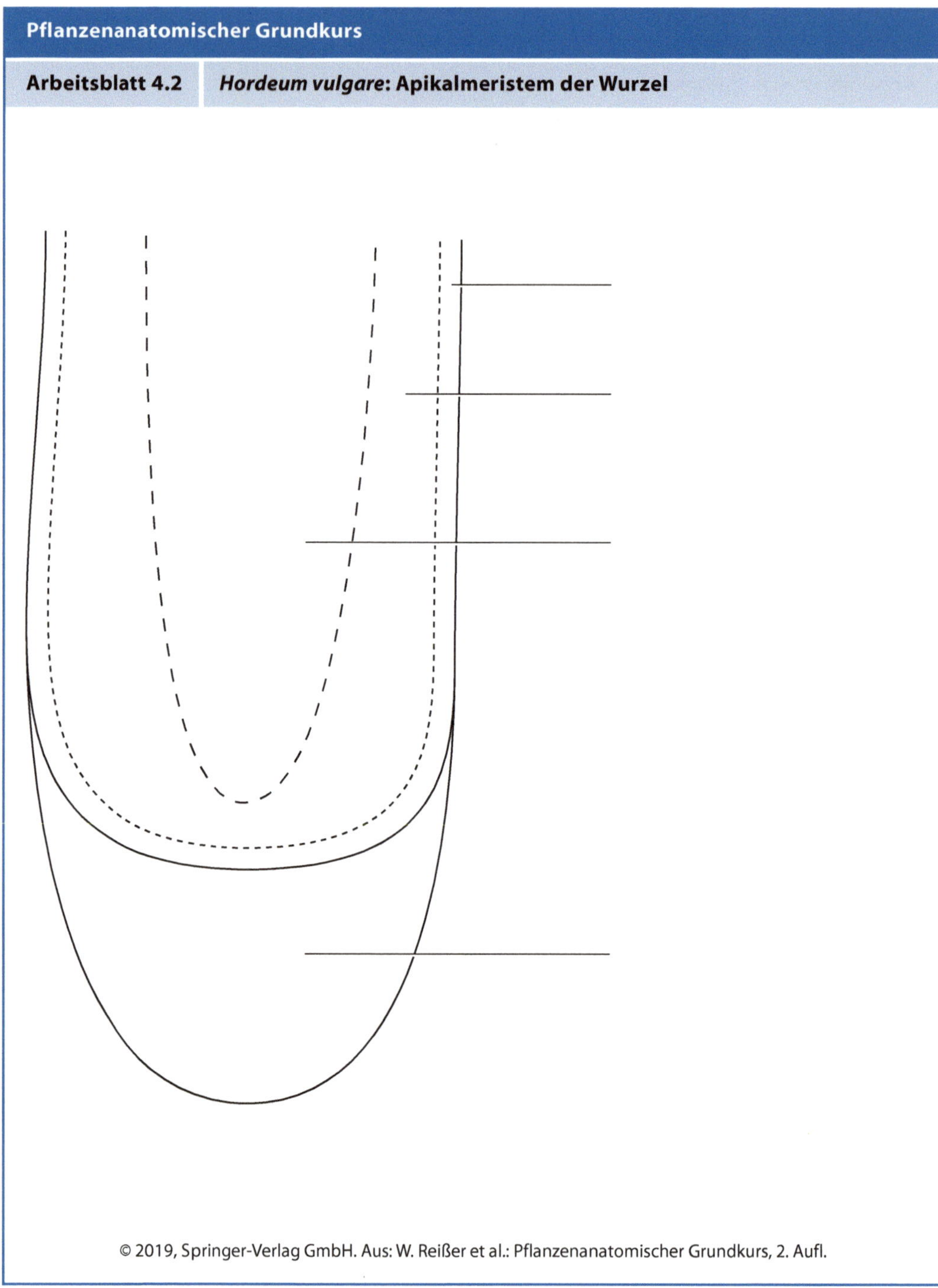

Abb. 4.23 *Hordeum vulgare:* Apikalmeristem der Wurzel

Pflanzenanatomischer Grundkurs

Arbeitsblatt 4.3	*Lamium album*: Spross quer

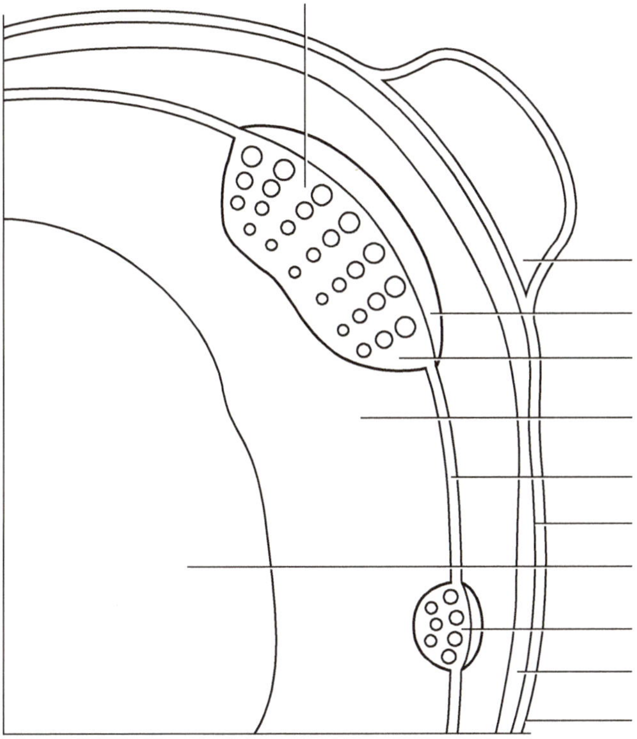

Abb. 4.24 *Lamium album:* Spross, quer

Pflanzenanatomischer Grundkurs

Arbeitsblatt 4.4 | ***Zea mays*: Spross quer**

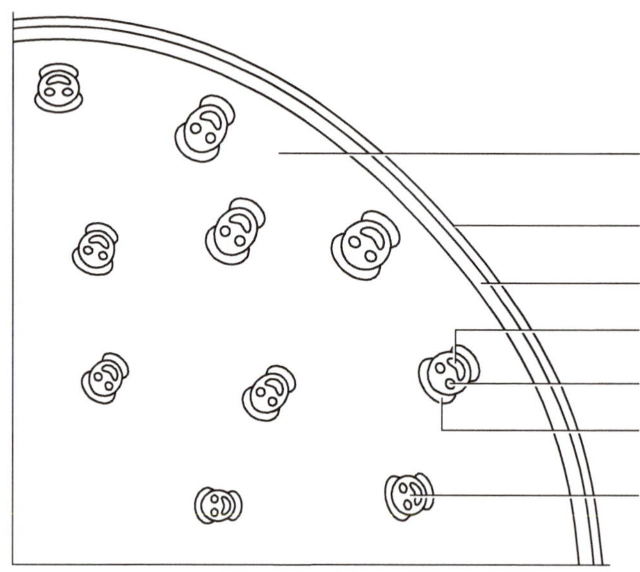

Abb. 4.25 *Zea mays:* Spross, quer

Pflanzenanatomischer Grundkurs

Arbeitsblatt 4.5 | ***Pinus nigra*: Holz quer**

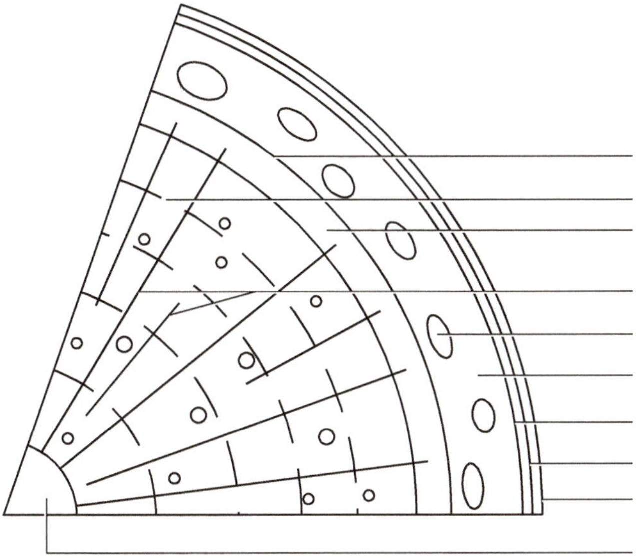

■ **Abb. 4.26** *Pinus nigra:* Holz, quer

Abb. 4.27 *Zea mays:* geschlossen-kollaterales Leitbündel

Pflanzenanatomischer Grundkurs

Arbeitsblatt 4.7 ***Ranunculus repens*: offen-kollaterales Leitbündel**

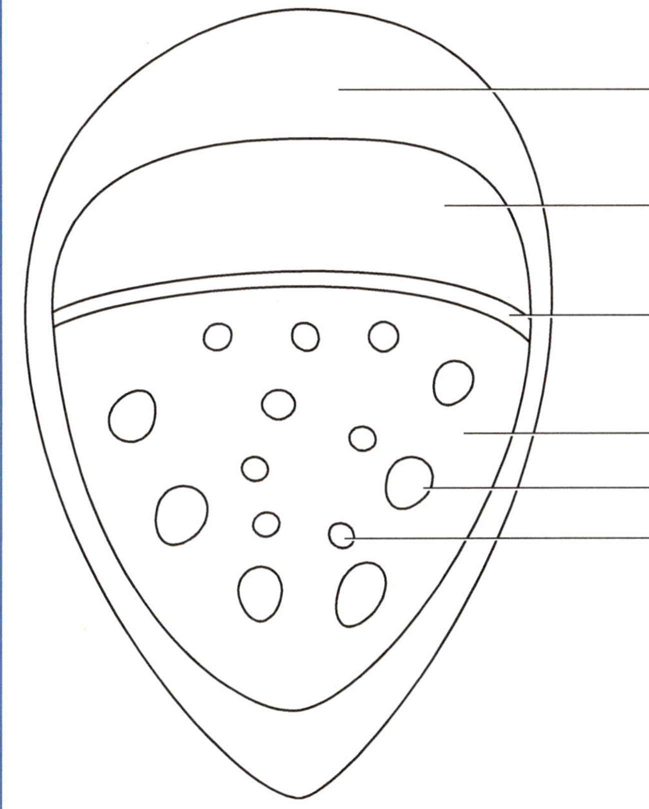

Abb. 4.28 *Ranunculus repens:* offen-kollaterales Leitbündel

Pflanzenanatomischer Grundkurs

Arbeitsblatt 4.8	***Iris germanica*: radiäres Leitbündel**

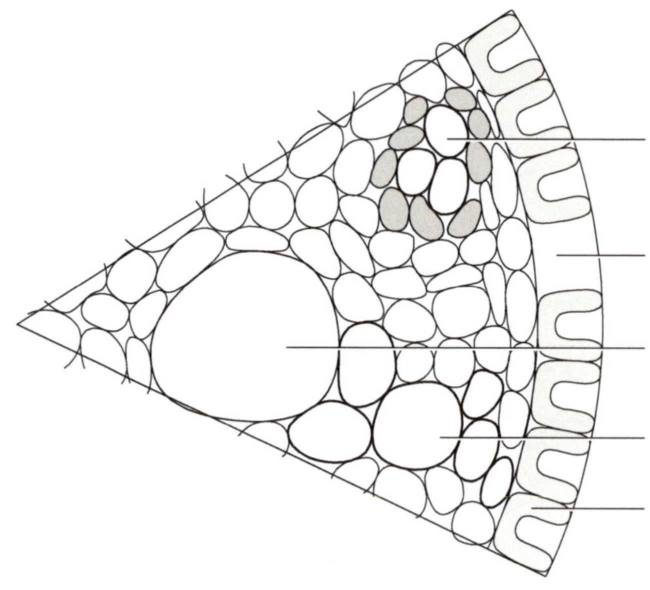

Abb. 4.29 *Iris germanica:* radiäres Leitbündel

Pflanzenanatomischer Grundkurs

Arbeitsblatt 4.9	***Helleborus niger*: Epidermis, Aufsicht**

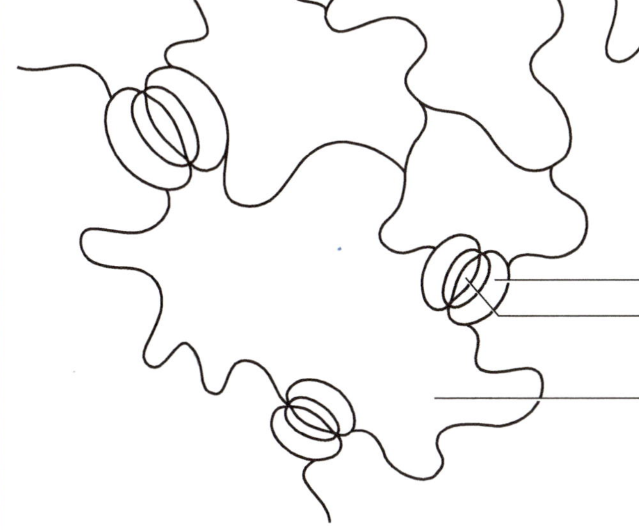

Abb. 4.30 *Helleborus niger:* Epidermis, Aufsicht

4

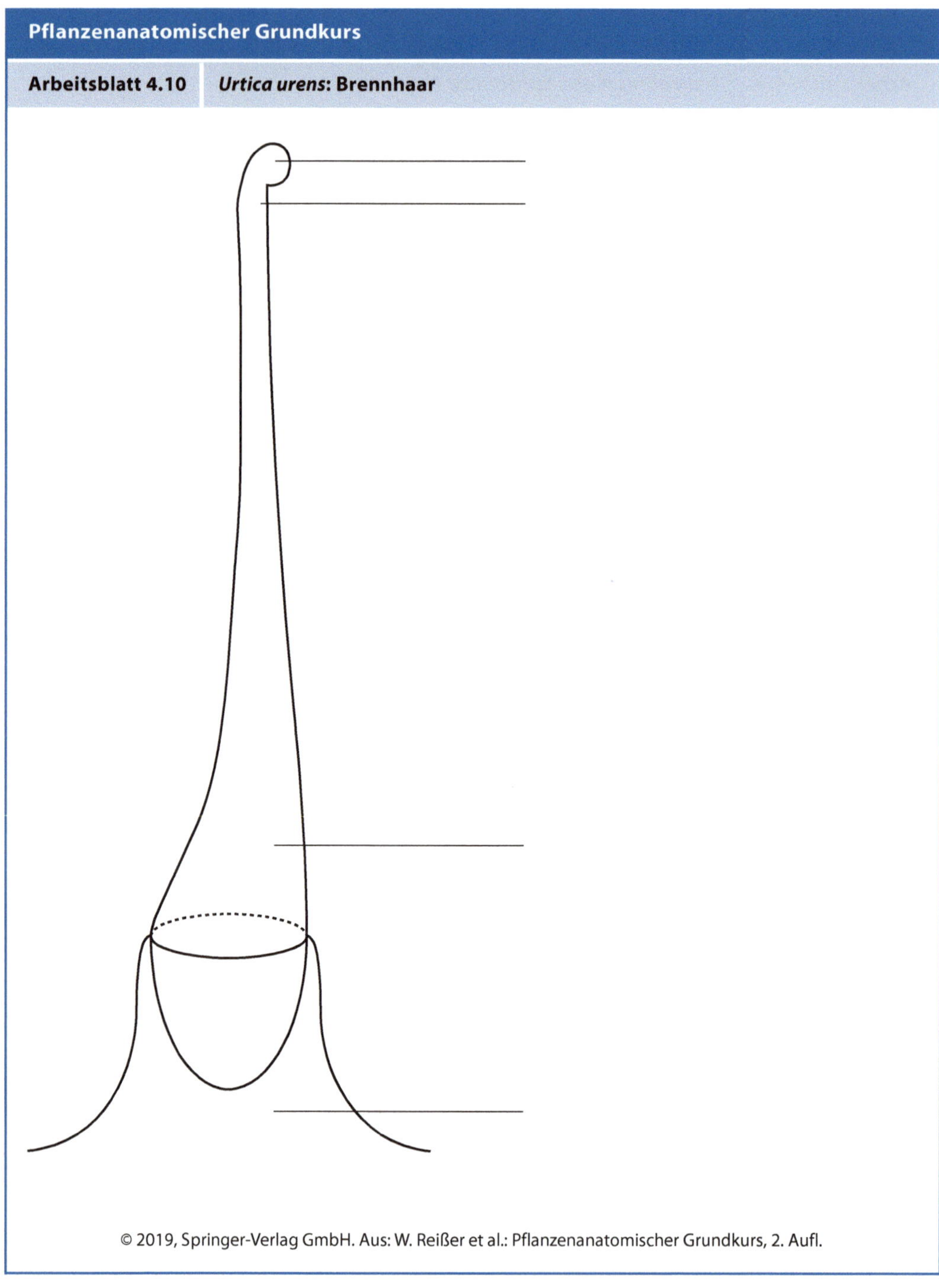

Abb. 4.31 *Urtica urens:* Brennhaar

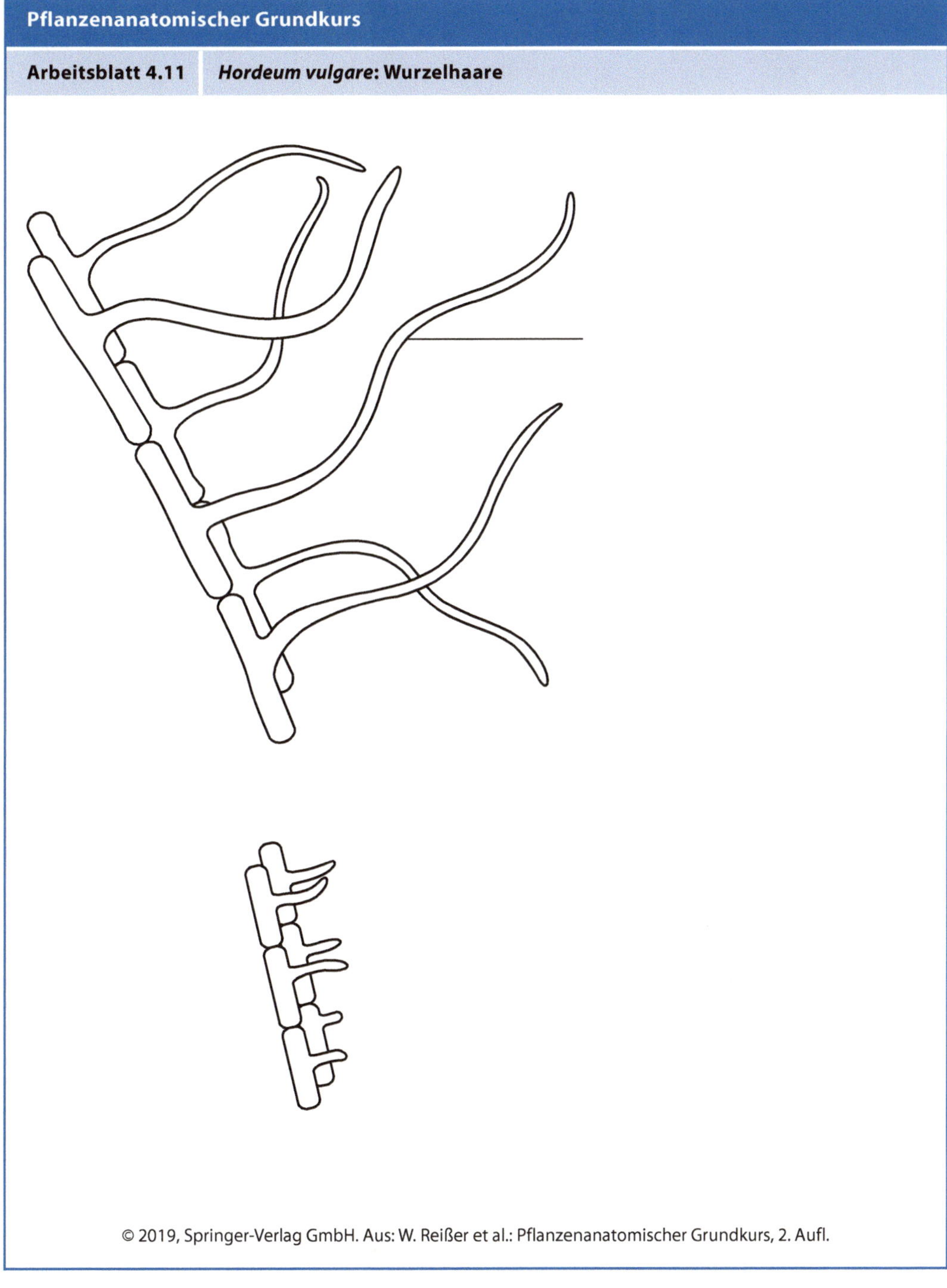

Abb. 4.32 *Hordeum vulgare:* Wurzelhaare

4

Abb. 4.33 *Iris germanica:* Wurzel, quer mit Exodermis

Pflanzenanatomischer Grundkurs

Arbeitsblatt 4.13	***Sambucus nigra*: Periderm**

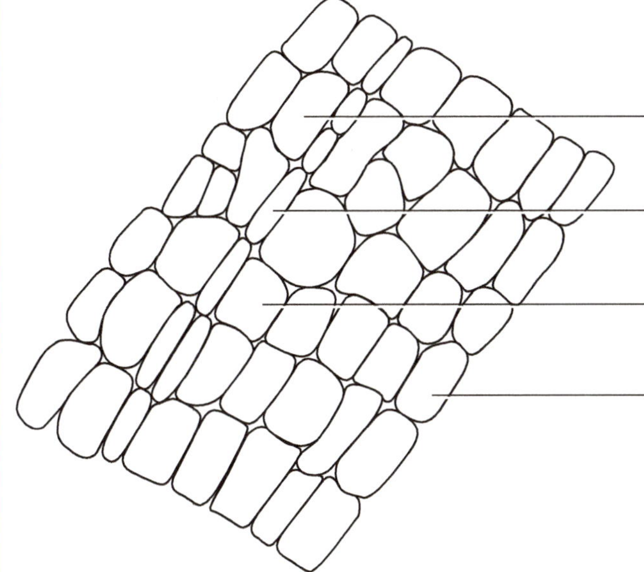

Abb. 4.34 *Sambucus nigra:* Periderm

4

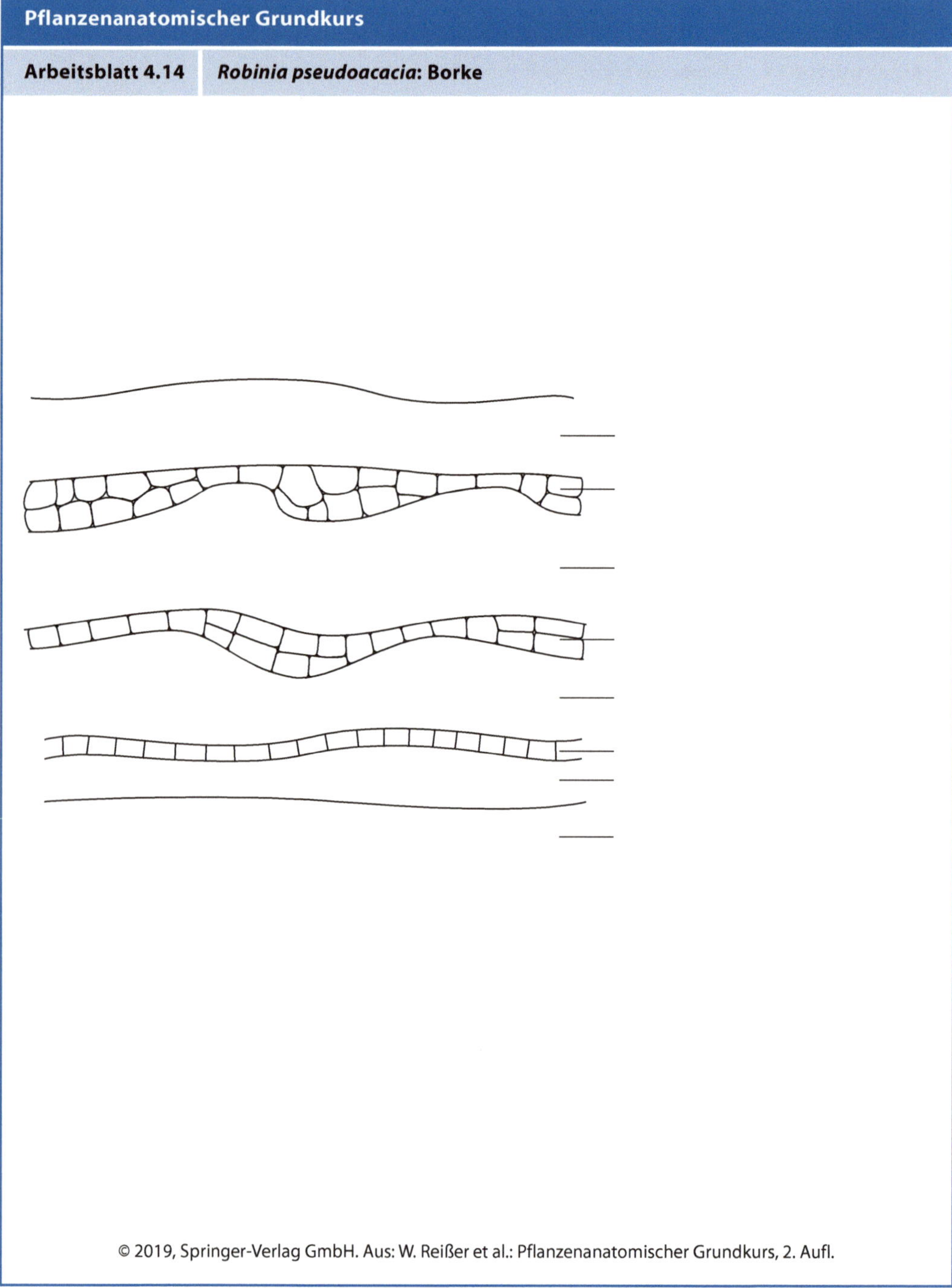

Abb. 4.35 *Robinia pseudoacacia:* Borke

Sprossachse I

W. Reißer, F.-M. Dux, M. Möschke, M. Hofmeister, *Pflanzenanatomischer Grundkurs*,
https://doi.org/10.1007/978-3-662-58719-5_5

5

5.1 Einführung

Funktion Die **Sprossachse** gehört neben **Blatt** und **Wurzel** zu den drei Grundorganen des Vegetationskörpers der Landpflanzen. An ihr inserieren die Blätter. Entsprechend hat sie die Funktion, die Blätter über das Substrat zu erheben und damit, sozugagen durch Erschließen der dritten Dimension, die Ausbildung einer möglichst großen photosynthetisch aktiven Fläche zu ermöglichen. Die Blattfläche z. B. einer 100-jährigen Buche mit einem Kronendurchmesser von ca. 15 m wird auf etwa 1600 m^2 geschätzt. Das entspricht der Dachfläche von ca. 5–8 Einfamilienhäusern. Zusätzlich versorgen die im Spross befindlichen Leitungssysteme die Photosynthese der Blätter mit Wasser (**Xylem,** Transpirationssog) und transportieren die in der Photosynthese gebildeten organischen Verbindungen ab **(Phloem, Druckstromtheorie).**

Jüngere Sprossachsen betreiben in den Zellen ihres Rindengewebes oft auch selbst **Photosynthese.** Ältere verholzte Sprossachsen übernehmen häufig neben der **Stützfunktion** auch **Speicherfunktionen,** indem sie Kohlenhydrate in Form von Stärke in den Amyloplasten der parenchymatischen Zellen ihrer Markstrahlen speichern.

Die Sprossachse wächst mithilfe eines an ihrer Spitze befindlichen teilungsaktiven Gewebes (**Apikalmeristem,** primäres Meristem), das eine typische Gliederung aufweist (◘ Abb. 5.1). Die außen liegenden Zellen teilen sich immer im rechten Winkel zur Sprossoberfläche und bilden die **Tunica.** Sie sind für die Ausbildung des Seitenverzweigungen und der Blätter verantwortlich. Man spricht von einer **exogenen Seitenverzweigung.** Die im Zentrum des Apikalmeristems liegenden Zellen teilen sich sowohl senkrecht (antiklin) als auch parallel (periklin) zur Sprossoberfläche. Sie werden als **Corpus** bezeichnet und sind unter anderem verantwortlich für die Bildung von Leitgeweben.

Aufbau Die Organisation der Sprossachse der **Gymnospermen** und der **dikotylen Angiospermen** in ihrem ersten Lebensjahr wird als ihr **primärer Bau** bezeichnet. In den folgenden Lebensjahren liegt dann der **sekundäre Bau** vor, der durch das **sekundäre Dickenwachstum** (s. u.) bestimmt ist.

Die **monokotylen Angiospermen** sind überwiegend einjährig und entwickeln entsprechend in der Regel keinen sekundären Bau. Ausnahmen sind unter anderem einige Liliengewächse, zum Beispiel *Dracaena* sp. und *Yucca* sp., welche mehrjährig werden können. Sie organisieren ihren sekundären Bau jedoch anders als die Gymnospermen und Dikotyledonen, nämlich durch einen peripheren Cambiumring, der nach innen vollständige Leitbündel produziert (s. u.). Andere Monokotyledonen wie die Palmengewächse erzeugen ihr mehrjähriges Erstarkungswachstum allein durch primäres Dickenwachstum mithilfe ihres Apikalmeristems.

5.2 Primärer Bau bei Monokotyledonen

Aufbau der Sprossachse In der Sprossachse der Monokotyledonen sind die **geschlossen-kollateralen Leitbündel** unregelmäßig über den gesamten Sprossquerschnitt verteilt (sog. **zerstreute Anordnung**) und weder Mark- noch Rindenbereich sind eindeutig abgeteilt. Die **Rinde** besteht aus der Epidermis und darunterliegendem parenchymatischem und photosynthetisch aktivem Zellmaterial. Es folgt eine Zone unregelmäßig stark ausgebildeten sklerenchymatischen Zellmaterials, das in den Leitbündelbereich übergeht. Die einzelnen Leitbündel sind meist von einer sklerenchymatischen **Leitbündelscheide** umgeben, die besonders stark bei den außen liegenden Leitbündeln ausgeprägt ist. Dadurch erhält die Peripherie der Sprossachse eine besondere Stabilität und vor allem **Biegefestigkeit.** Das Bauprinzip ist

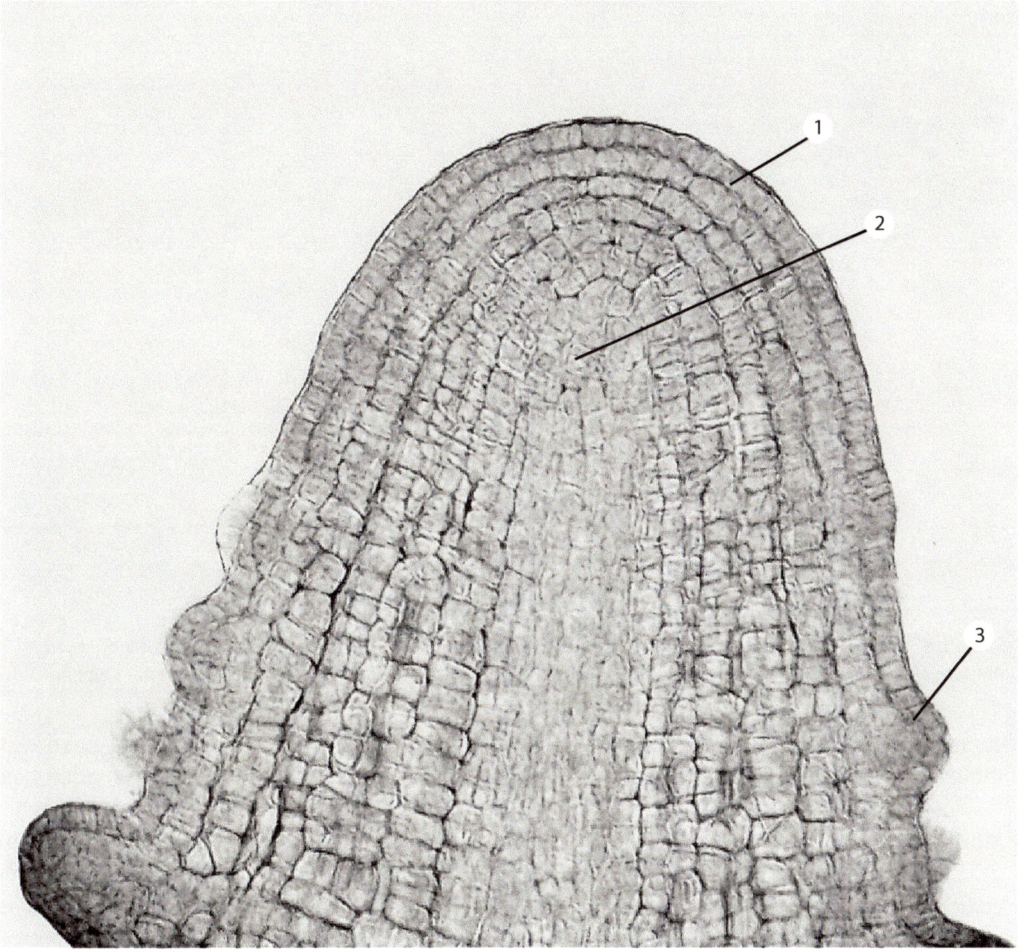

Abb. 5.1 *Hippuris vulgaris*– Tannenwedel, Vegetationskegel längs. *1* Tunica (Zellschichten mit Teilung der Zellen senkrecht zur Oberfläche), *2* Corpus (Zellschichten mit Teilung der Zellen senkrecht und parallel zur Oberfläche), *3* beginnende Bildung von Blattprimordien und der Seitenverzweigung. (© Universität Leipzig)

dem von Stahlbeton ähnlich: In eine Matrix (parenchymatisches Zellmaterial bzw. Beton) sind elastische, vertikal orientierte Elemente (Leitbündel bzw. Stahlmatten) eingelagert. Das Mark besteht aus plastidenfreien parenchymatischen Zellen (Abb. 5.2 und 5.3).

Bei vielen Süßgräsern ist der Spross als **Halm** ausgebildet, den die Blätter mit ihrer Basis umfassen.

Unterirdische, meist parallel zur Erdoberfläche wachsende Sprosse werden als **Rhizome** bezeichnet. Sie haben häufig eine Speicherfunktion und dienen

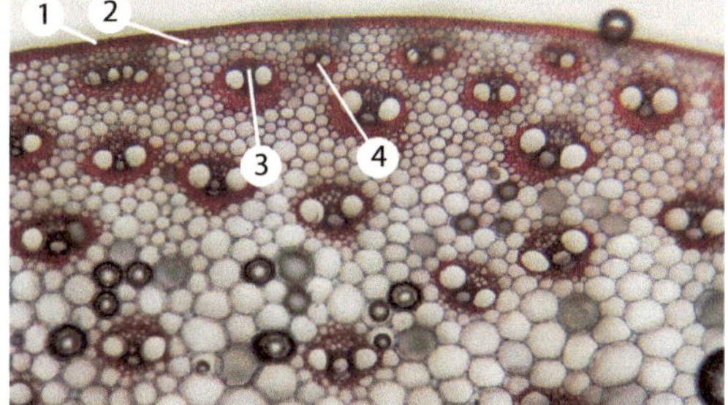

Abb. 5.2 *Zea mays* – Mais, Querschnitt durch einen Spross, Färbung mit FSA. *1* Epidermis, *2* Hypodermis, *3* Phloem, *4* Xylem. (© Universität Leipzig)

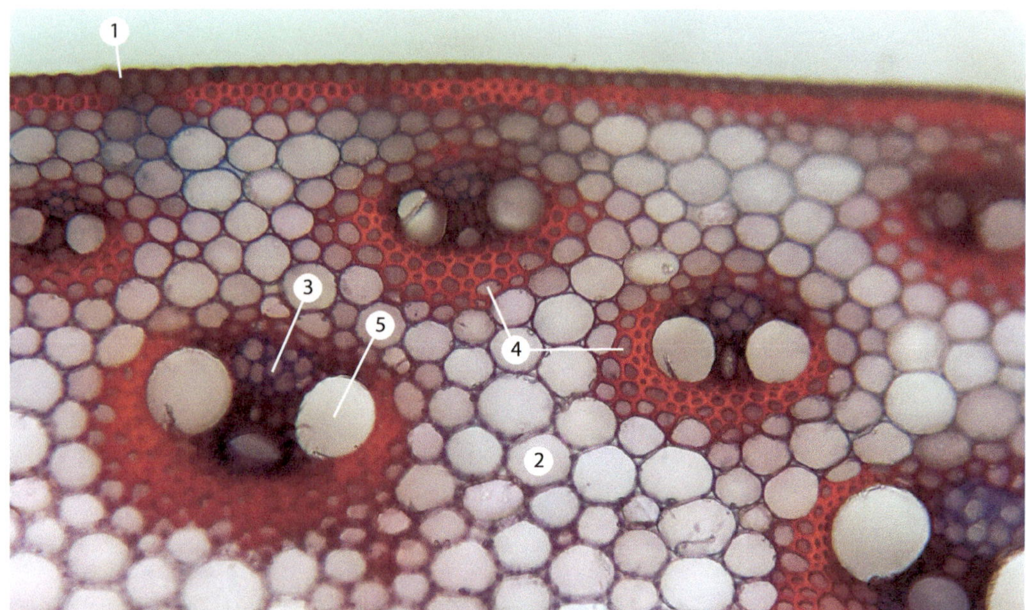

Abb. 5.3 *Zea mays* – Mais, Querschnitt durch einen Spross, Färbung mit FSA. *1* Epidermis, *2* Parenchym, *3* Phloem, *4* Sklerenchym, *5* Trachee (wasserleitende abgestorbene Zelle des Xylems). (© Universität Leipzig)

auch zu Ausbreitung und Überwinterung der Pflanzen.

Monokotyledonen: primärer Bau
Lernziele/Stichwörter

Epidermis – Hypodermis – zerstreute Anordnung der geschlossen-kollateralen Leitbündel – Markparenchym

Objekt: *Zea mays* – Mais

Aufgaben:

- Spross quer schneiden.
- Schnitt mikroskopieren und mit FSA färben.
- Ausschnitt zeichnen.

Im Unterschied zu *Saccharum* besitzt *Zea mays* keine zentrale Markhöhle im Spross. Damit wird auch die für die Monokotyledonen charakteristische zerstreute Anordnung der geschlossen-kollateralen Leitbündel im Sprossquerschnitt deutlich sichtbar. Interessant ist, dass die Zahl der Leitbündel zur Peripherie hin zunimmt. Ebenso werden die sklerenchymatischen Leitbündelscheiden bei den außen liegenden Leitbündeln stärker ausgebildet und die zwischen den Leitbündeln liegenden Zellen kleinlumiger. Dies bewirkt in der Summe eine Stabilisierung der Peripherie des Sprosses und ist ein Schutz gegen dessen Abknicken.

5.3 Grashalm

Aufbau Der Halm (Abb. 5.4) ist gekennzeichnet durch eine große **Markhöhle** und die Gliederung in verdickte **(Knoten, Nodien)** und dünnere Bereiche **(Internodien).** Oberhalb der Knoten befindet sich meristematisches (teilungsaktives) Zellmaterial, welches für das Wachstum verantwortlich ist und zum Beispiel dafür sorgt, dass sich abgeknickte Halme wieder aufrichten.

Grashalm
Lernziele/Stichwörter

Grashalm – Knoten – Internodien

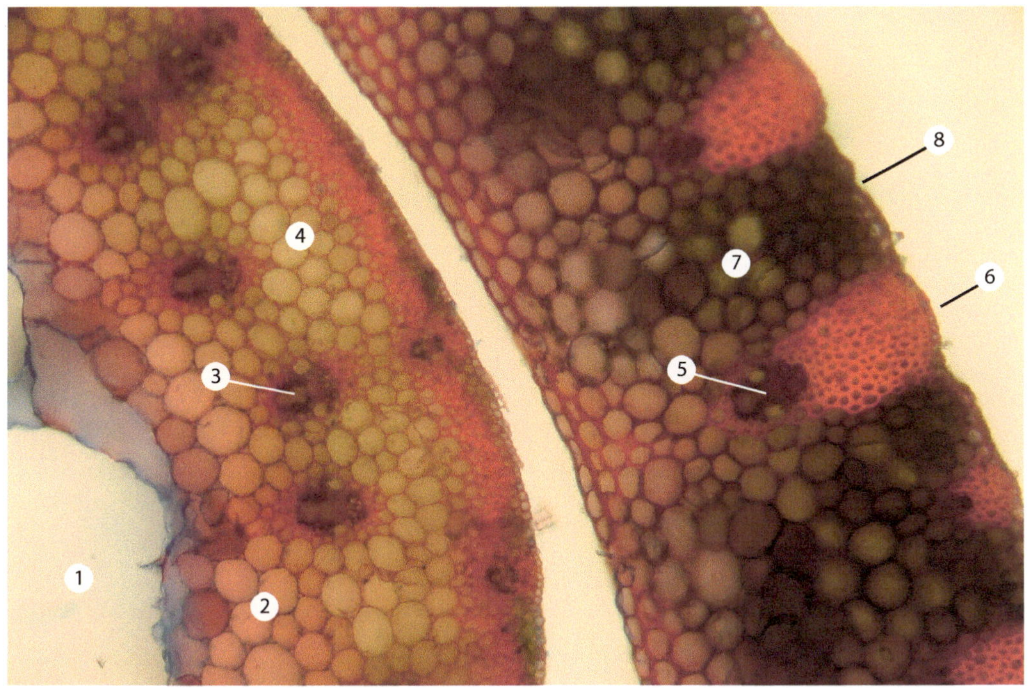

Abb. 5.4 *Saccharum officinarum* – Zuckerrohr, Querschnitt durch einen Spross (Halm) mit umfassendem Blatt, Färbung mit FSA. Spross: *1* Markhöhle, *2* Markparenchym, *3* Leitbündel, *4* Rindenbereich; Blatt: *5* Leitbündel, *6* Costalfeld (Blattrippe), *7* Chlorenchym, *8* Intercostalfeld. (© Universität Leipzig)

Objekt: *Saccharum officinarum* – Zuckerrohr

Aufgaben:

- Halm quer schneiden.
- Schnitt mikroskopieren und mit FSA färben.
- Ausschnitt zeichnen.

Bei *Saccharum* liegt ein anderes Konstruktionsprinzip eines Monokotylensprosses vor als bei *Zea mays*. Der Spross ist als Halm mit zentraler Markhöhle ausgebildet und in Knoten und Internodien gegliedert. Die geschlossen-kollateralen Leitbündel sind notwendigerweise mehr oder weniger ringförmig angeordnet und in parenchymatisches Zellmaterial eingebettet. Auch hier herrscht in der Peripherie des Sprosses kleinlumiges Zellmaterial vor. Im Ergebnis zeichnet sich auch dieser Spross durch eine hohe Zug- und Druckfestigkeit aus. Man kann dies mit dem Funktionsprinzip von Stahlbeton vergleichen, bei dem hohe Zugfestigkeit (Stahl bzw. Leitbündel) mit hoher Druckfestigkeit (Beton bzw. kleinlumiges Zellmaterial) kombiniert ist.

5.4 Primärer Bau bei Dikotyledonen

Aufbau Im Querschnitt der primären (d. h. einjährigen oder krautigen) Sprossachse einer dikotylen Pflanze lassen sich drei Bereiche unterscheiden: Rinde, Leitgewebe und Mark (Abb. 5.5, 5.6, 5.7, 5.8 und 5.9).

Rinde Die **Rinde** erstreckt sich von der Epidermis bis zu den Leitbündeln. Unter der Epidermis liegt noch eine weitere, chloroplastenfreie Zellschicht, die Hypodermis, die kollenchymatisch sein kann

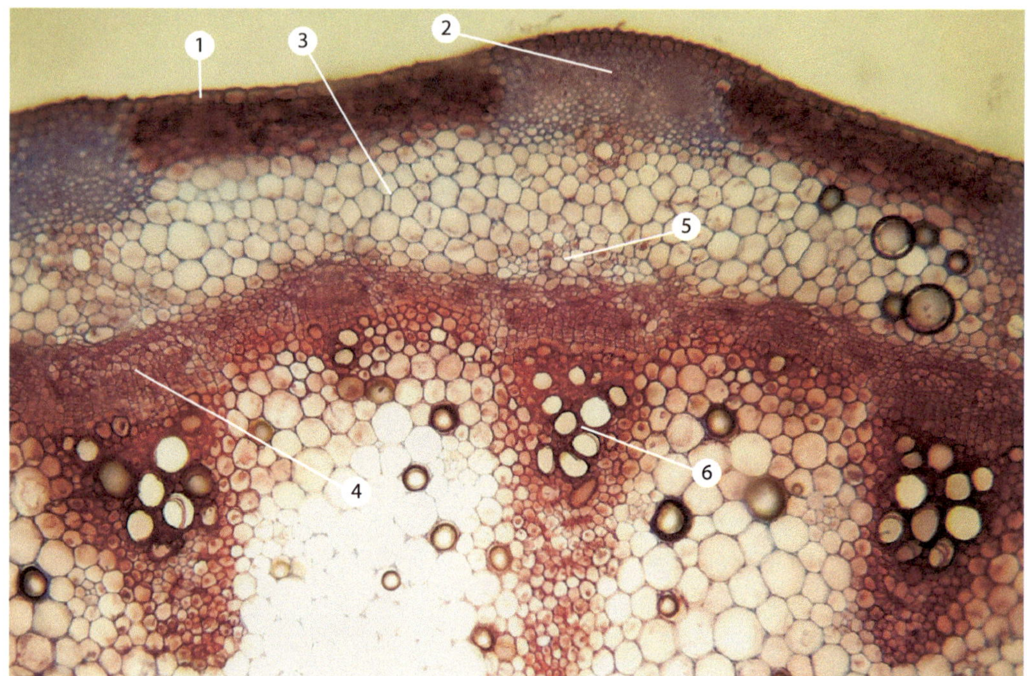

Abb. 5.5 *Petroselinum crispum* – Petersilie, Querschnitt durch einen primären Spross am Ende der ersten Vegetationsperiode, Färbung mit FSA. *1* Epidermis, *2* Hypodermis (kollenchymatisch), *3* Rindenparenchym, *4* faszikuläres Cambium, *5* Phloem, *6* Xylem. (© Universität Leipzig)

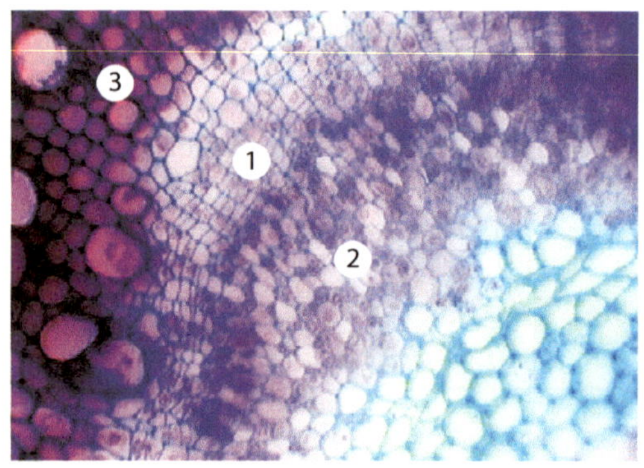

Abb. 5.6 *Petroselinum crispum* – Petersilie, Querschnitt durch ein Leitbündel im Spross am Ende der ersten Vegetationsperiode, Färbung mit FSA. *1* faszikuläres Cambium, *2* Phloem, *3* Xylem. (© Universität Leipzig)

und unregelmäßig stark ausgebildet ist. Sie wird gefolgt vom chloroplastenhaltigen Rindenparenchym, das oft nach innen hin durch eine einlagige Zellschicht amyloplastenreicher Zellen, die **Stärkescheide,** begrenzt ist.

Leitgewebe Das **Leitgewebe** liegt in Form ringförmig angeordneter, **offen-kollateraler Leitbündel** vor, deren Phloem zur Sprossaußenseite orientiert ist und die meist von sklerenchymatischem Zellmaterial zum Sprossinneren hin abgegrenzt werden. Häufig alternieren größere mit kleineren Leitbündeln. Die Kombination von kollenchymatischer Hypodermis mit den ringförmig angeordneten und vertikal orientierten Leitbündeln verleiht der krautigen Sprossachse eine besondere Stabilität.

Mark Unterhalb des Leitbündelrings liegt das **Mark,** das aus parenchymatischem Zellmaterial besteht. Markzellen können auch sekundär aufgelöst werden, dann entsteht eine **Markhöhle.**

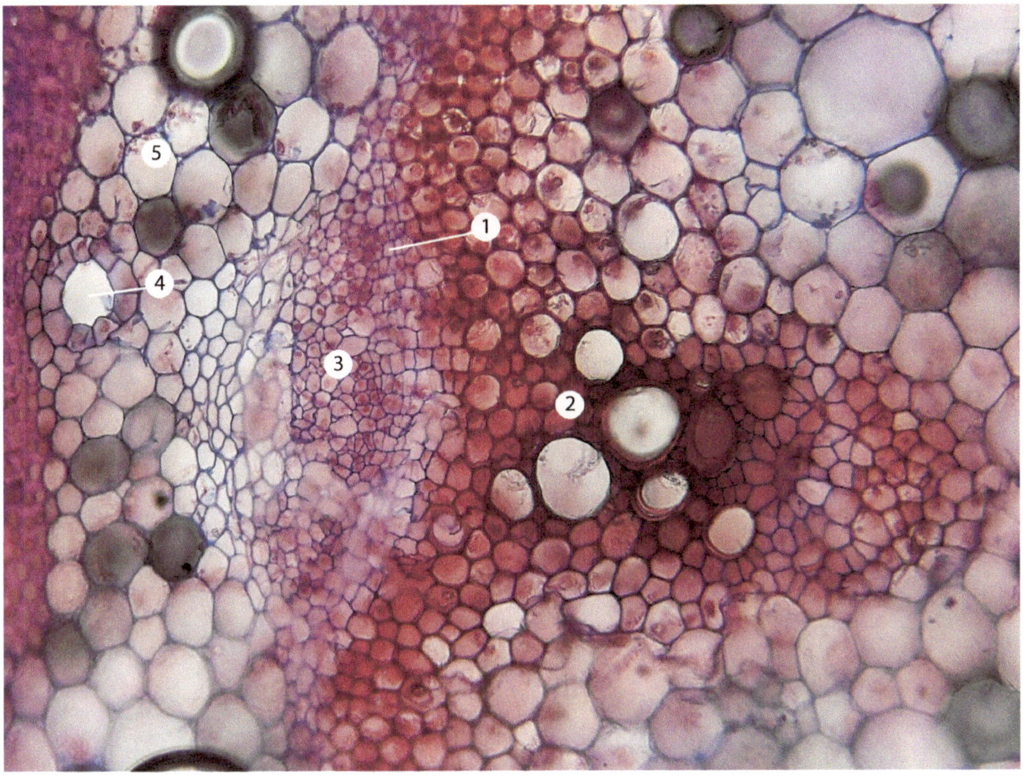

Abb. 5.7 *Petroselinum crispum* – Petersilie, Querschnitt durch ein Leitbündel im Spross am Ende der ersten Vegetationsperiode, Färbung mit FSA. *1* faszikuläres Cambium, *2* Xylem, *3* Phloem, *4* Ölbehälter, *5* Rindenparenchym. (© Universität Leipzig)

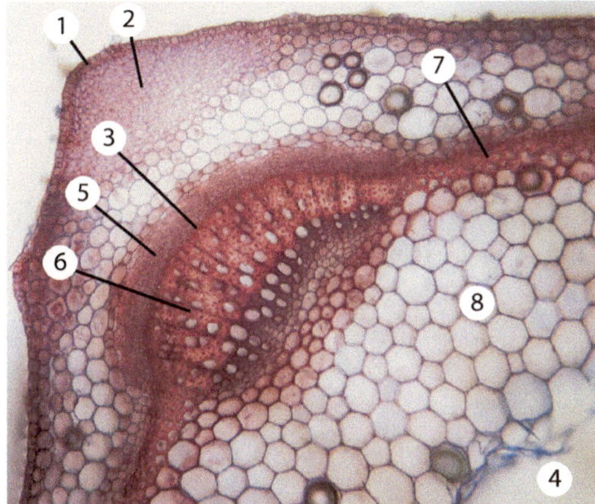

Abb. 5.8 *Lamium album* – Weiße Taubnessel, Querschnitt durch einen Spross am Ende der ersten Vegetationsperiode, Färbung mit FSA. *1* Epidermis, *2* Hypodermis, *3* faszikuläres Cambium, *4* Markhöhle, *5* Phloem, *6* Xylem, *7* interfaszikuläres Cambium, *8* Markparenchym. (© Universität Leipzig)

Dikotyledonen: primärer Bau

Lernziele/Stichwörter

Epidermis – Hypodermis – Rinde – Stärkescheide – ringförmige Anordnung der offenkollateralen Leitbündel – Markparenchym

▪▪ Objekt: *Petroselinum crispum* – Petersilie

Aufgaben:

- Spross quer schneiden.
- Schnitt mikroskopieren und mit FSA färben.
- Ausschnitt zeichnen.

Typisch für den einjährigen (primären, krautigen) Dikotyledonenspross ist die ringförmige Anordnung der offen-kollateralen Leitbündel, wobei häufig größere mit kleineren Leitbündeln alternieren und die Leitbündel nach innen hin eine

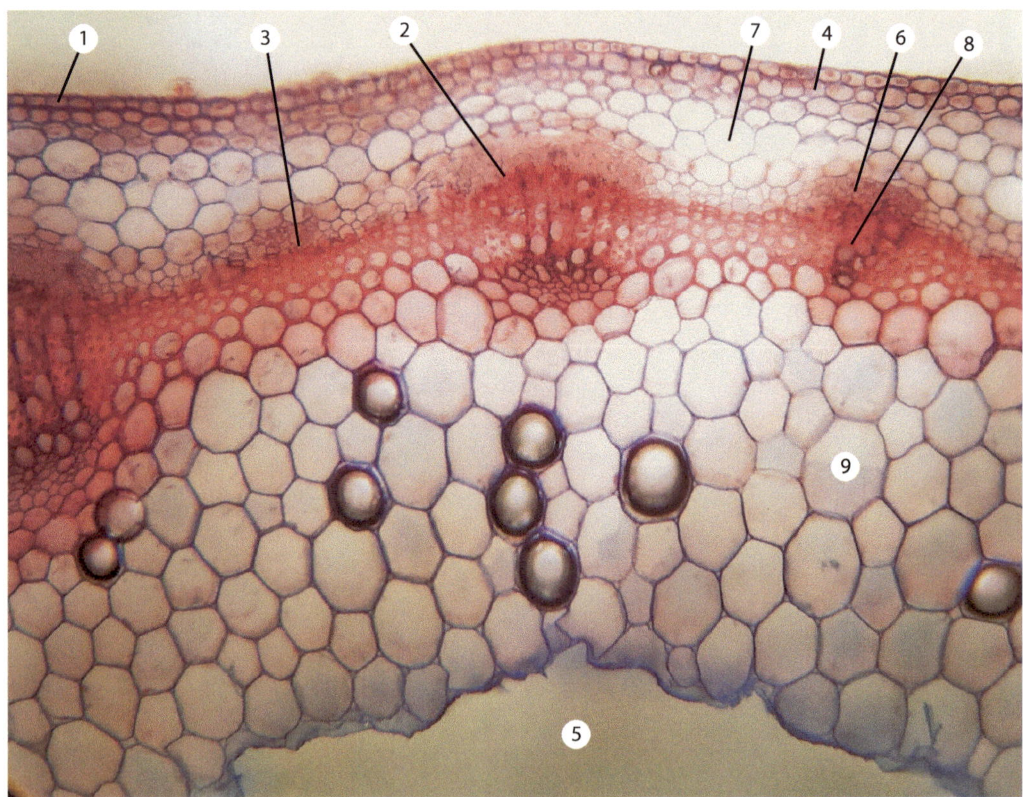

Abb. 5.9 *Lamium album* – Weiße Taubnessel, Querschnitt durch einen Spross am Ende der ersten Vegetationsperiode, Färbung mit FSA. *1* Epidermis, *2* faszikuläres Cambium, *3* interfaszikuläres Cambium, *4* Hypodermis, *5* Markhöhle, *6* Phloem, *7* Rindenparenchym, *8* Xylem, *9* Markparenchym. (© Universität Leipzig)

sklerenchymatische Kappe besitzen. Häufig ist auch zu beobachten, dass unter der Epidermis nicht direkt ein Rindenparenchym folgt, sondern eine Hypodermis vorliegt, die oft kollenchymatisch ist.

Petroselinum zeichnet sich – wie auch andere Apiaceae (z. B. Koriander, Liebstöckel, Fenchel, Sellerie) – durch die Bildung von ätherischen Ölen in speziellen Ölbehältern aus.

Alternativ kann auch *Lamium album* – Taubnessel verwendet werden, bei der der Spross vierkantig ist und eine große zentrale Markhöhle bildet.

5.5 Unterirdisch wachsende Sprosse

Aufbau Unterirdisch wachsende Sprosse werden als **Rhizome** bezeichnet. Sie treten meist bei Farnen und krautigen Pflanzen auf und unterscheiden sich durch ihre typischen Sprossmerkmale (Fehlen der Kalyptra und der radiären Leitbündelanordnung, teilweise Besatz mit Schuppenblättern) von Wurzeln (Abb. 5.10, 5.11 und 5.12). Sie dienen zum Beispiel Pflanzen, welche die kalte Jahreszeit mit ihren unterirdischen Organen überdauern, als Überwinterungs- und Speicherungsorgane.

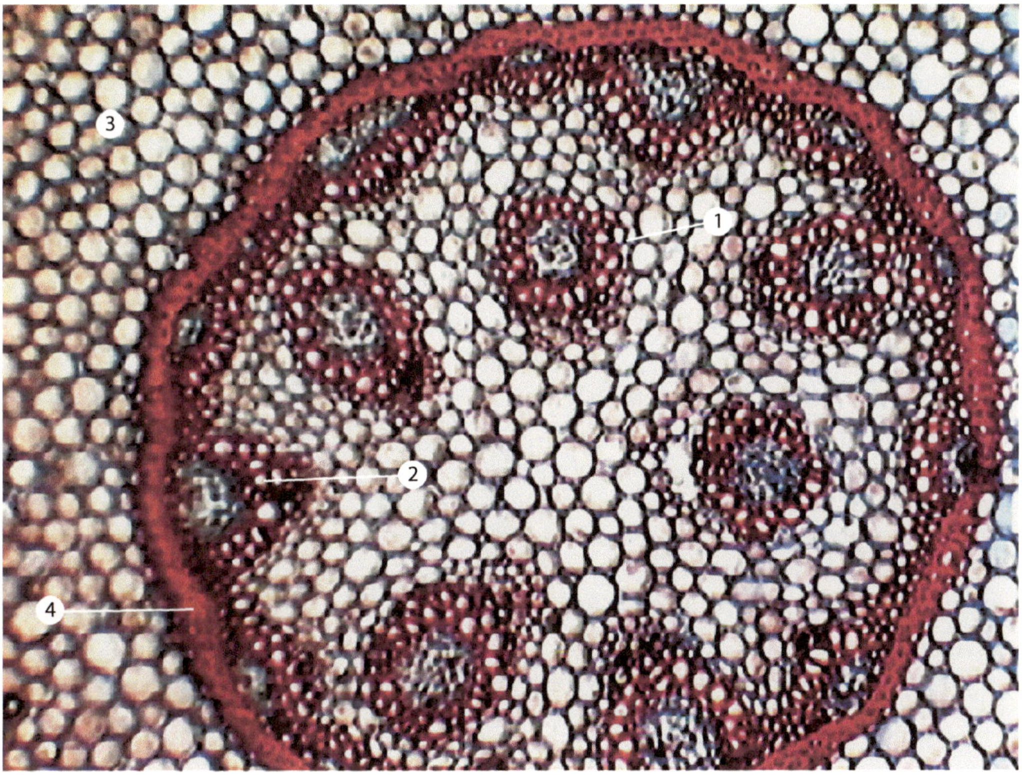

Abb. 5.10 *Convallaria majalis* – Maiglöckchen, Querschnitt durch ein Rhizom, Übersicht, Färbung mit FSA. *1* geschlossen-kollaterales Leitbündel im Zentrum, *2* offen-kollaterales Leitbündel in der Peripherie, *3* Rinde, *4* Sklerenchym. (© Universität Leipzig)

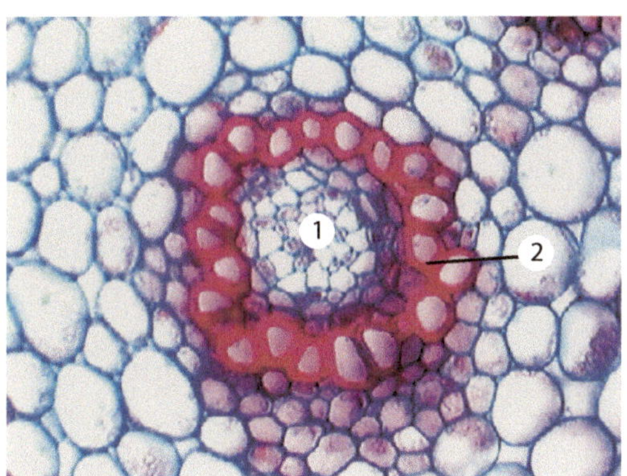

Abb. 5.11 *Convallaria majalis* – Maiglöckchen, Querschnitt durch ein Rhizom, Detail: Leitbündel im Zentrum, Färbung mit FSA. *1* Phloem, *2* Xylem. (© Universität Leipzig)

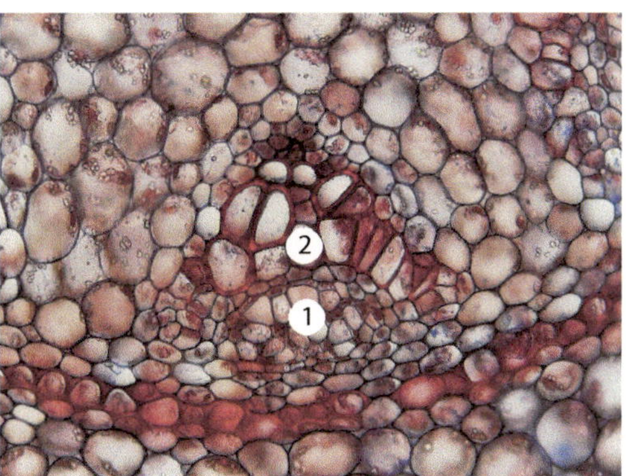

Abb. 5.12 *Convallaria majalis* – Maiglöckchen Querschnitt durch ein Rhizom, Detail: Leitbündel in der Peripherie, Färbung mit FSA. *1* Phloem, *2* Xylem. (© Universität Leipzig)

Rhizom

Lernziele/Stichwörter

Rhizom – Anordnung und Entwicklung der Leitbündel

▪ ▪ Objekt: *Convallaria majalis* – Maiglöckchen

Aufgaben:

- Rhizom quer schneiden.
- Schnitt mikroskopieren und mit FSA färben.
- Übersicht zeichnen.

Convallaria ist eine monokotyle Pflanze, deren Rhizom der Ausbreitung und Überdauerung dient. Die Ausbreitung kann allerdings auch über Samen, die in rotgefärbten Beeren eingeschlossen sind, erfolgen.

Sicherheitshinweis

Alle Pflanzenteile sind giftig (Glykoside), besonders Blüten und Früchte. Bei äußerlichem Kontakt können Hautreizungen auftreten. Die orale Aufnahme kann beispielsweise Übelkeit und Herzrhythmusstörungen verursachen.

5.6 Lernzielkontrolle

1. Vergleichen Sie die charakteristischen anatomischen Merkmale primärer Sprossachsen von monokotylen mit dikotylen Angiospermen.
2. Diskutieren Sie die konstruktiven Merkmale monokotyler Sprossachsen am Beispiel von *Zea mays* und *Saccharum officinarum* im Hinblick auf Konstruktionsprinzipien von Masten und Türmen.
3. Diskutieren Sie die Funktion der Sprossachse bei krautigen Pflanzen.
4. Nennen Sie anatomische Unterschiede zwischen Rhizomen und Wurzeln.
5. Welche Aufgaben haben Rhizome?

5.7 Arbeitsblätter

Arbeitsblatt 5.1, *Zea mays:* Monokotylensprossachse, quer (▫ Abb. 5.13)
Arbeitsblatt 5.2, *Saccharum officinarum*: Grashalm, quer (▫ Abb. 5.14)
Arbeitsblatt 5.3, *Lamium album:* Dikotylensprossachse, quer (▫ Abb. 5.15)
Arbeitsblatt 5.4, *Petroselinum crispum:* Dikotylensprossachse, quer (▫ Abb. 5.16)
Arbeitsblatt 5.5, *Convallaria majalis:* Rhizom, quer (▫ Abb. 5.17)

Pflanzenanatomischer Grundkurs

Arbeitsblatt 5.1 | ***Zea mays*: Monokotylen-Sprossachse quer**

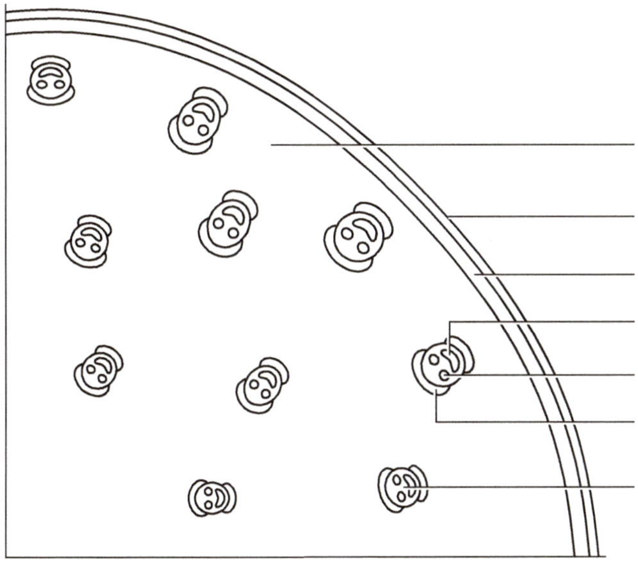

Abb. 5.13 *Zea mays:* Monokotylensprossachse, quer

Pflanzenanatomischer Grundkurs

Arbeitsblatt 5.2	***Saccharum officinarum*: Grashalm quer**

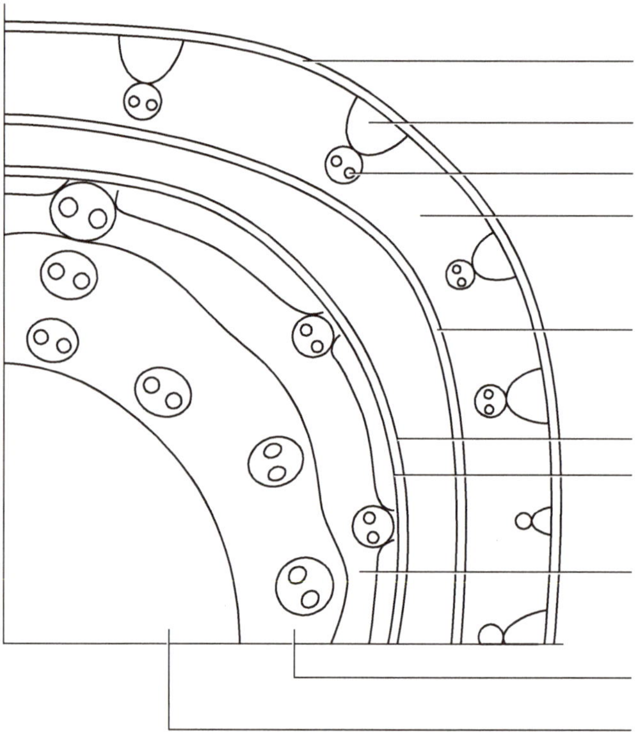

Abb. 5.14 *Saccharum officinarum:* Grashalm, quer

Pflanzenanatomischer Grundkurs

Arbeitsblatt 5.3	***Lamium album*: Dikotylen-Sprossachse quer**

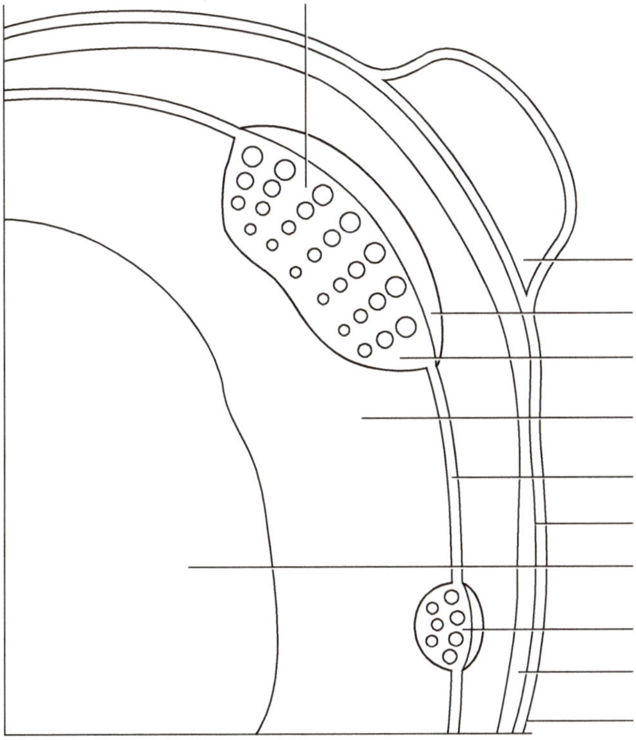

Abb. 5.15 *Lamium album:* Dikotylensprossachse, quer

Pflanzenanatomischer Grundkurs

Arbeitsblatt 5.4	***Petroselinum crispum*: Dikotylen-Sprossachse quer**

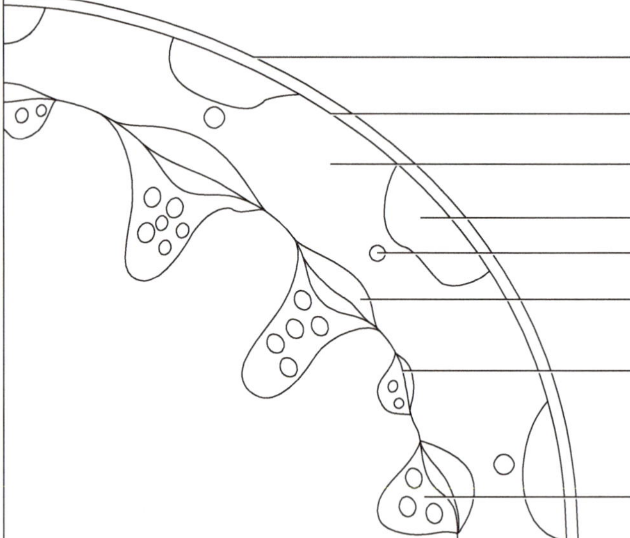

Abb. 5.16 *Petroselinum crispum:* Dikotylensprossachse, quer

Abb. 5.17 *Convallaria majalis:* Rhizom, quer

Sprossachse II

W. Reißer, F.-M. Dux, M. Möschke, M. Hofmeister, *Pflanzenanatomischer Grundkurs*,
https://doi.org/10.1007/978-3-662-58719-5_6

6

6.1 Sekundärer Bau bei Dikotyledonen und Gymnospermen

Sekundärer Bau Mit dem Einsetzen des sekundären Dickenwachstums zu Beginn der zweiten Vegetationsperiode der Gymnospermen und der dikotylen Angiospermen entwickelt sich deren sekundärer Bau, der charakteristisch für das weitere Leben dieser Pflanzen ist und ein langjähriges Substanzwachstum des Sprosses bei gleichzeitiger Anpassung der Leistungsfähigkeit der Leitgewebe ermöglicht.

Voraussetzungen Die Grundlagen für das Einsetzen des sekundären Dickenwachstums werden schon zum Ende der ersten Vegetationsperiode gelegt. Durch Remeristematisierung der auf der Höhe der Cambien der offen-kollateralen Leitbündel (**faszikuläres** Cambium, primäres Meristem) gelegenen parenchymatischen Zellen wird ein neues Cambium (**interfaszikuläres** Cambium, sekundäres Meristem) gebildet. Auf diese Weise entsteht ein geschlossener Ring cambialer, das heißt teilungsaktiver Zellen (◘ Abb. 6.1, 6.2 und 6.3). Dieser Cambiumring beginnt dann in der neuen Vegetationsperiode sowohl nach außen als auch nach innen hin mit der Produktion von neuem Zellmaterial, das sich unter dem Einfluss von Phytohormonen zu parenchymatischen Zellen und zu (nach außen) Phloem- und (nach innen) Xylemelementen differenziert.

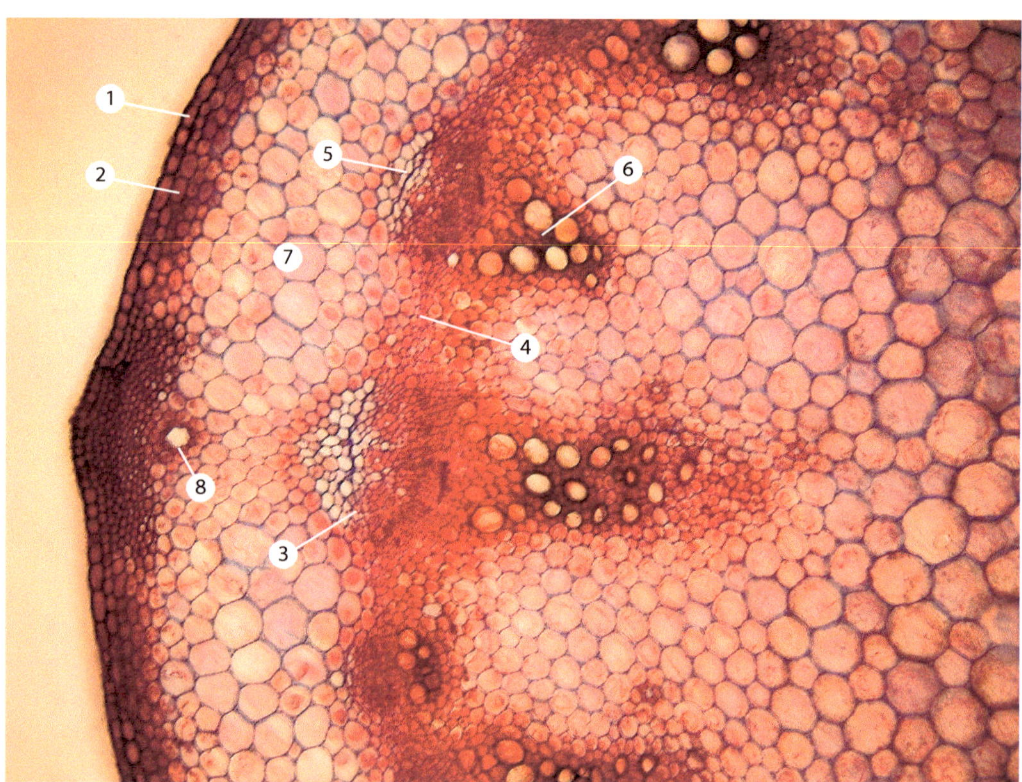

◘ **Abb. 6.1** *Petroselinum crispum* – Petersilie, Bildung eines geschlossenen Cambiumrings in einem dikotylen Spross, Färbung mit FSA. *1* Epidermis, *2* Hypodermis, *3* faszikuläres Cambium, *4* interfaszikuläres Cambium, *5* Phloem, *6* Xylem, *7* Rindenparenchym, *8* Exkretgang. (© Universität Leipzig)

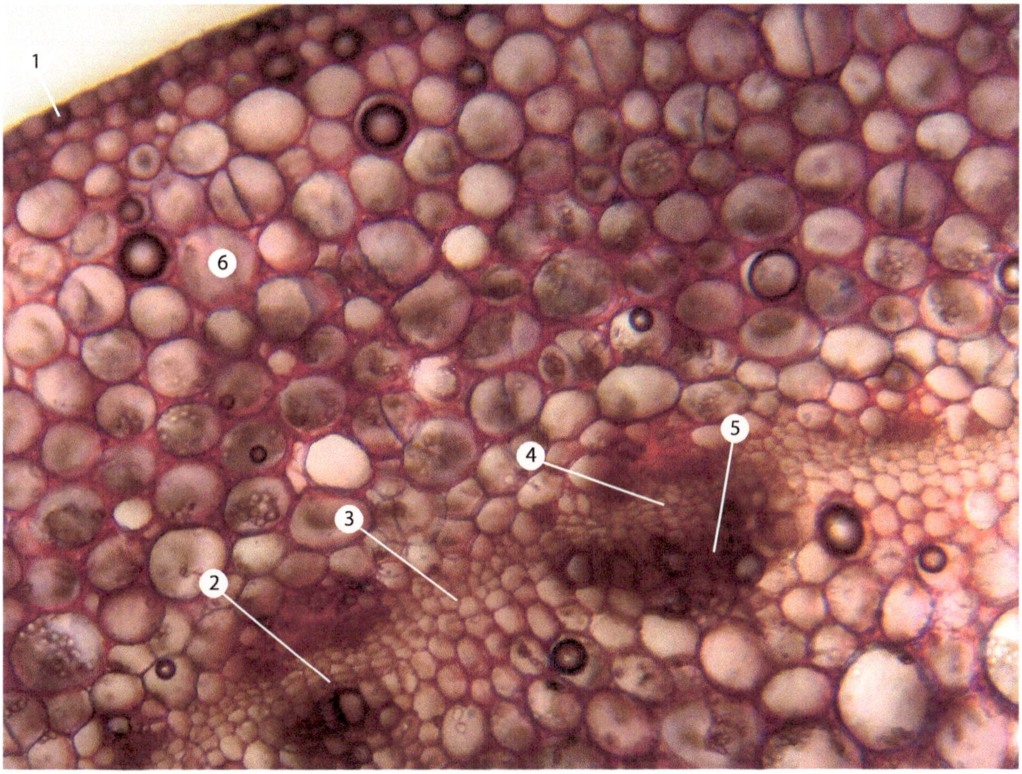

■ **Abb. 6.2** *Kalanchoe daigremontiana* – Brutblatt, Bildung eines geschlossenen Cambiumrings in einem dikotylen Spross. *1* Epidermis, *2* faszikuläres Cambium, *3* interfaszikuläres Cambium, *4* Phloem, *5* Xylem, *6* Rindenparenchym. (© Universität Leipzig)

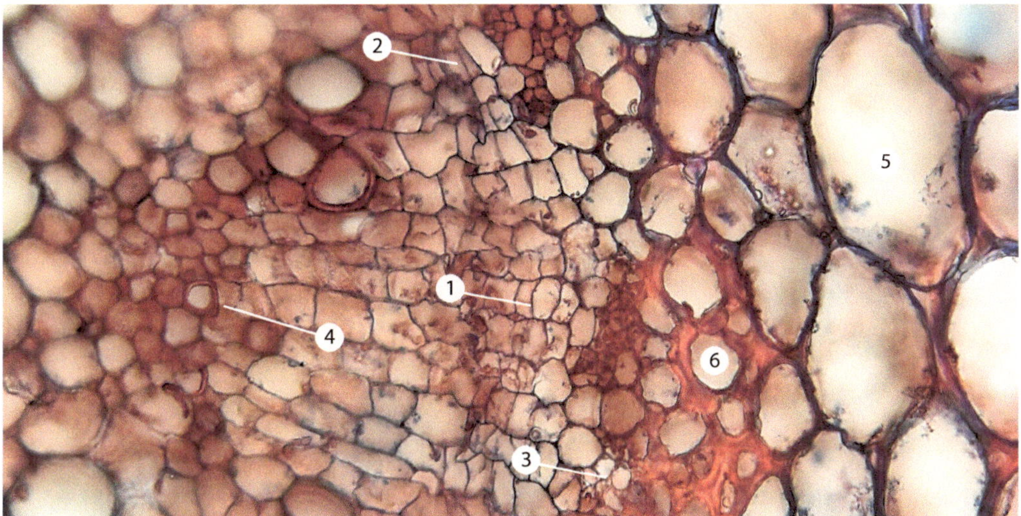

■ **Abb. 6.3** *Kalanchoe daigremontiana* – Brutblatt, Bildung eines geschlossenen Cambiumrings in einem dikotylen Spross, Detail, Färbung mit FSA. *1* faszikuläres Cambium, *2* interfaszikuläres Cambium, *3* Phloem, *4* Xylem, *5* Rindenparenchym, *6* Sklerenchym. (© Universität Leipzig)

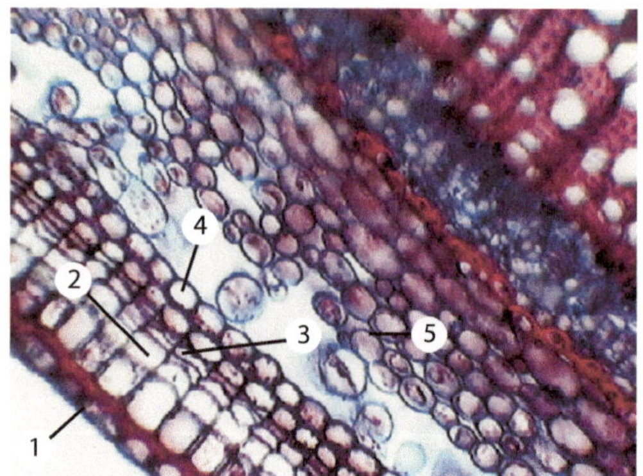

■ **Abb. 6.4** *Sambucus nigra* – Schwarzer Holunder, Querschnitt durch einen Spross mit erstem Periderm, Färbung mit FSA und Sudan III. *1* Epidermis, *2* Kork, *3* Korkcambium, *4* Korkrinde, *5* Rindenparenchym. (© Universität Leipzig)

6

Periderm Parallel zur Bildung von Holz und Bast wird nach Einsetzen des sekundären Dickenwachstums die Epidermis des einjährigen Sprosses durch ein neues Abschlussgewebe, das Periderm (■ Abb. 6.4), ersetzt.

6.2 Holz und Bast

6.2.1 Gymnospermen

Aufbau Holz Das Holz der Gymnospermen besteht überwiegend aus Tracheiden, die in regelmäßiger, charakteristischer Anordnung lange vertikale Reihen bilden. Dabei sind die im Frühjahr zu Beginn der Vegetationsperiode gebildeten Zellen weitlumiger und dünnwandiger (Frühholz, primär Wasserleitungsfunktion) als die später gebildeten englumigen und dickwandigen Zellen (Spätholz, primär Festigungsfunktion). So besteht ein Jahresring immer aus Früh- und Spätholz und die Jahresringgrenze liegt zwischen Spätholz des Vorjahrs und Frühholz des folgenden Jahres (■ Abb. 6.5, 6.6, 6.7, 6.8, 6.9 und 6.10).

Tracheiden Die Tracheiden sind abgestorbene, langgestreckte, hohle Zellen, die hintereinandergeschaltet und für den vertikalen Wassertransport im Spross verantwortlich

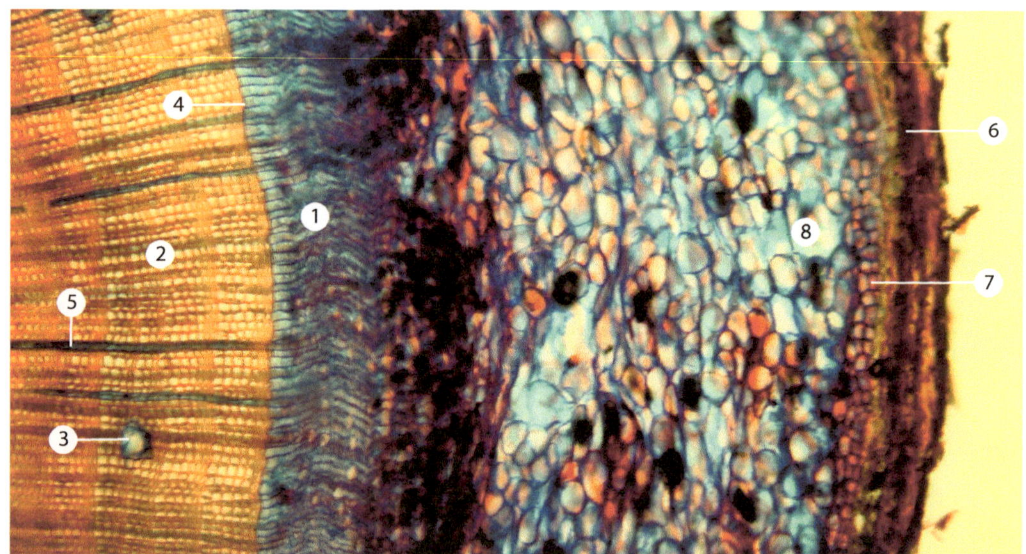

■ **Abb. 6.5** *Pinus nigra* – Schwarz-Kiefer, Querschnitt durch einen mehrjährigen Spross, Färbung mit FSA. *1* Bast, *2* Holz, *3* Harzkanal, *4* Cambium, *5* Markstrahl, *6* Periderm, *7* Phellogen, *8* Rindenparenchym. (© Universität Leipzig)

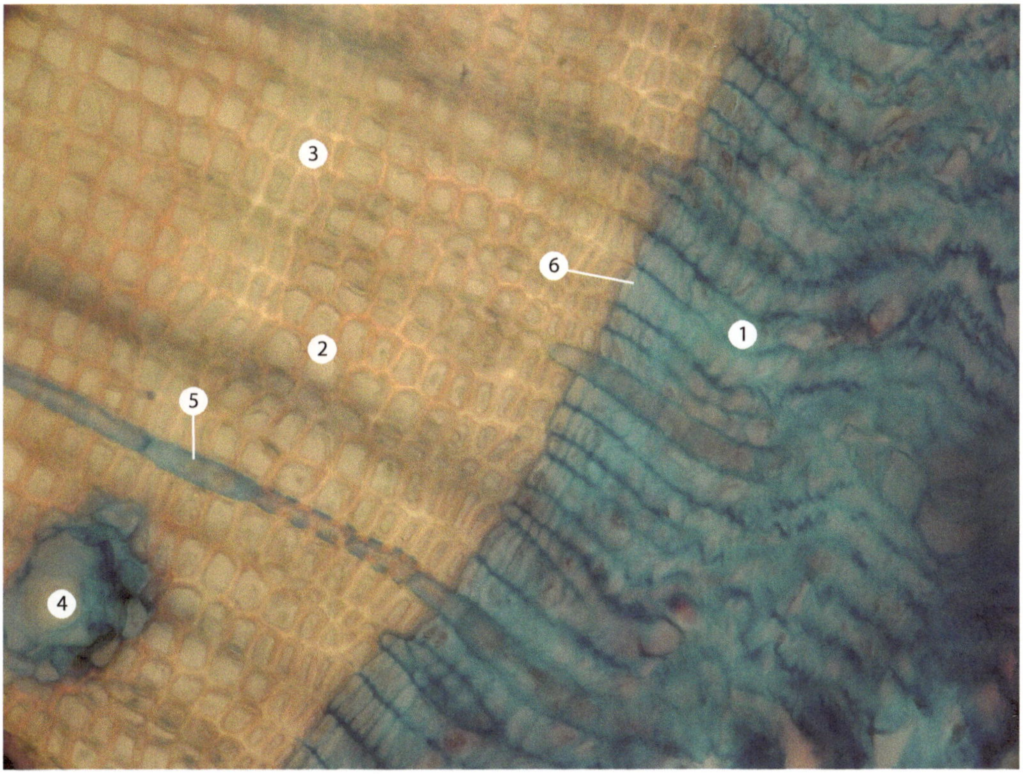

■ **Abb. 6.6** *Pinus nigra* – Schwarz-Kiefer, Querschnitt durch einen mehrjährigen Spross, Detail, Färbung mit FSA. *1* Bast, *2* Frühholz, *3* Spätholz, *4* Harzkanal, *5* Markstrahl, *6* Cambium. (© Universität Leipzig)

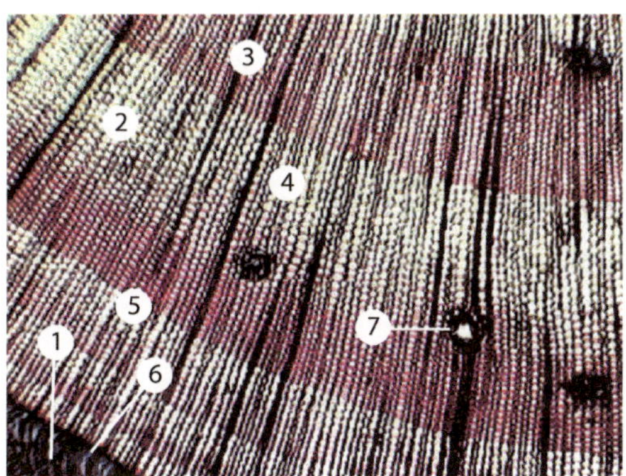

■ **Abb. 6.7** *Pinus nigra* – Schwarz-Kiefer, Querschnitt durch einen mehrjährigen Spross, Färbung mit FSA. *1* Bast, *2* Frühholz, *3* Spätholz, *4* Jahresringgrenze, *5* Markstrahl, *6* Cambium, *7* Harzkanal. (© Universität Leipzig)

sind. Sie sind durch doppelt behöfte **Tüpfel** miteinander verbunden, die Ventilfunktion haben und dadurch verhindern, dass ein zum Beispiel durch Verletzungen bedingter Druckabfall in einem Leitungsstrang zum Druckverlust im gesamten Leitgewebe führt (Luftembolie).

Markstrahlen Die im rechten Winkel zu den Tracheiden verlaufenden Markstrahlen bestehen aus parenchymatischen Speicherzellen sowie abgestorbenen Zellen, die einen horizontalen Wassertransport ermöglichen. Die Markstrahlen der Gymnospermen sind eine Zelllage dick und bestehen aus einer oberen und einer unteren Reihe wasserleitender, abgestorbener Zellen

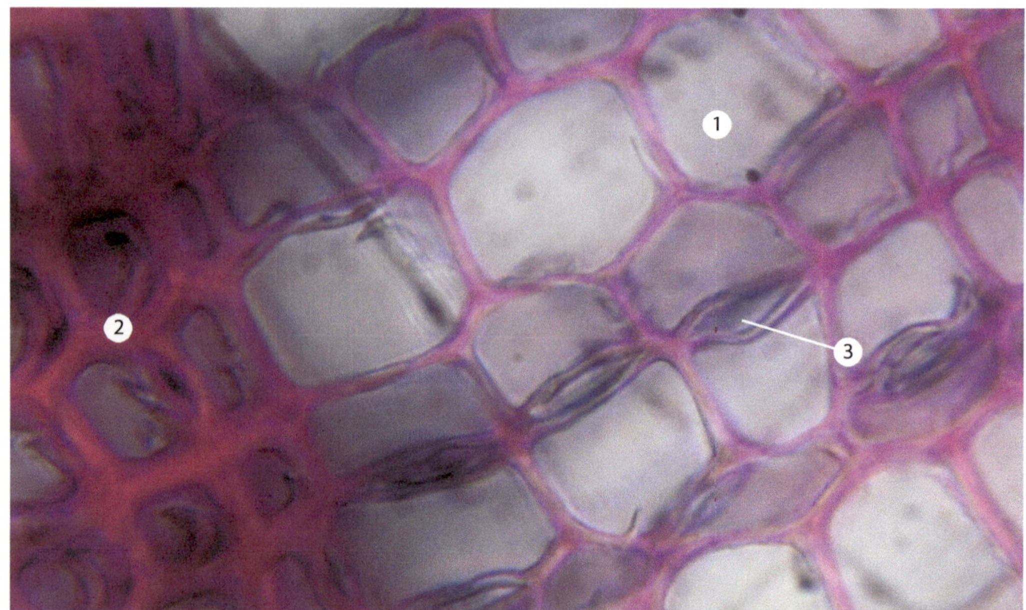

Abb. 6.8 *Pinus nigra* – Schwarz-Kiefer, Querschnitt durch die Jahresringgrenze mit doppelt behöften Tüpfeln, Färbung mit FSA. *1* Frühholz, *2* Spätholz, *3* Hoftüpfel. (© Universität Leipzig)

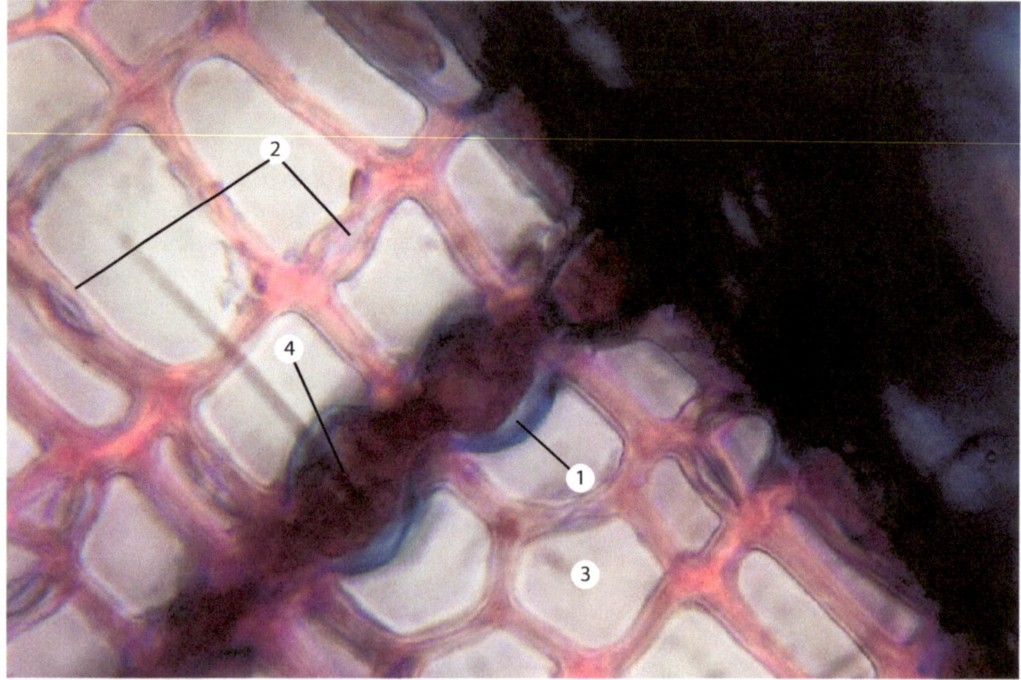

Abb. 6.9 *Pinus nigra* – Schwarz-Kiefer, Querschnitt durch das Holz mit Markstrahl, Färbung mit FSA. *1* Fenstertüpfel, *2* Hoftüpfel, *3* vertikal verlaufende Tracheide, *4* parenchymatische Markstrahlzelle. (© Universität Leipzig)

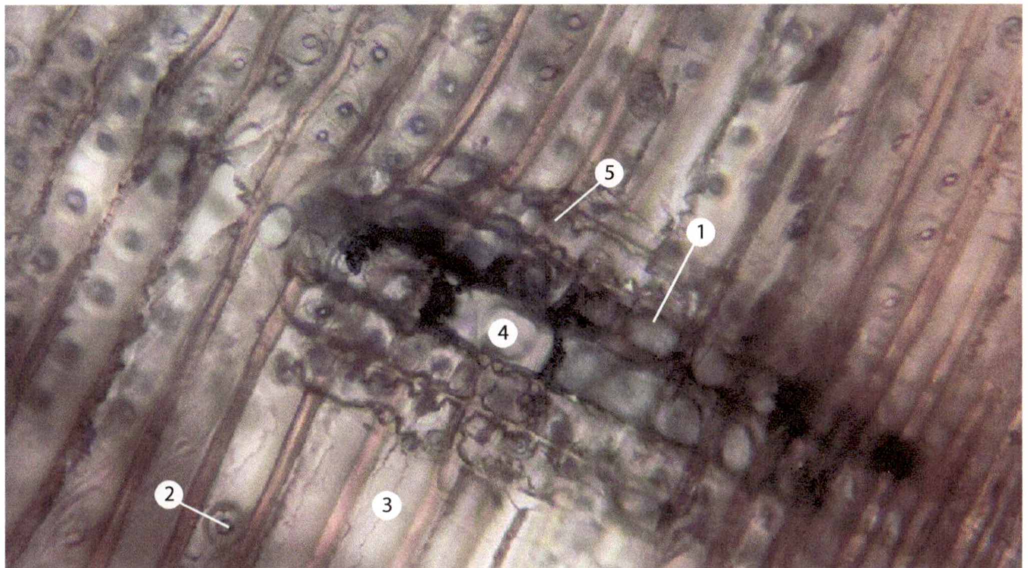

Abb. 6.10 *Pinus nigra* – Schwarz-Kiefer, radialer Längsschnitt durch das Holz, Färbung mit FSA. *1* Fenstertüpfel, *2* Hoftüpfel, *3* vertikal verlaufende Tracheide, *4* parenchymatische Markstrahlzelle, *5* tracheidale Markstrahlzelle (Quertracheide). (© Universität Leipzig)

mit unregelmäßig verdickten Zellwänden, die als tracheidale Markstrahlzellen oder auch als Quertracheiden bezeichnet werden. Dazwischen befinden sich mehrere Reihen parenchymatischer Zellen, denen eine Speicherfunktion zukommt.

Primäre Markstrahlen verbinden das Zentrum des Sprosses mit dem Bastbereich, sekundäre Markstrahlen enden bereits im Holz.

Daneben finden sich als weitere Elemente des Gymnospermenholzes Harzkanäle, die in der Regel vertikal verlaufen und aus einem äußeren Ring sklerenchymatischer Zellen und einem inneren Ring von Drüsenzellen bestehen (Abb. 6.5 und 6.6).

Aufbau Bast Der Bast der Gymnospermen besteht aus assimilatleitenden Siebzellen und begleitenden parenchymatischen Zellen (Strasburger-Zellen, Abb. 6.7). Im Unterschied zu den Geleitzellen der Siebröhren der Angiospermen gehen die Strasburger-Zellen direkt aus den Cambiumzellen hervor, entstehen also nicht aus einer inäqualen Teilung einer Ausgangszelle.

Sekundärer Bau

Lernziele/Stichwörter

Bast – Cambiumring – Holz – Harzkanäle

Objekt: *Pinus nigra* – Schwarz-Kiefer

Aufgaben:

- Spross quer schneiden.
- Schnitt mikroskopieren und mit FSA färben.
- Ausschnitt zeichnen.

Das Holz der Gymnospermen ist wesentlich weniger differenziert als das Angiospermenholz und besteht überwiegend aus Tracheiden. Es ist ein gutes Beispiel zur Demonstration der Jahresringe (Frühholz und Spätholz). Deren Dicke hängt von Dauer und Qualität der Vegetationsperiode ab und liefert damit wichtige Informationen über die klimatischen Verhältnisse zum Zeitpunkt und am Ort ihrer Entstehung. Die Dendrologie kartiert das Abfolgemuster der Jahresringe und ermöglicht so zum Beispiel die Zuordnung von Holzfunden (aus alten Fachwerkhäusern, Schiffen usw.) zu bestimmten Herkunftsgebieten und Zeiten.

Wenn es der Zeitrahmen zulässt, sollten auch Längsschnitte (tangential und radiär) durch das Holz angefertigt werden. Sie helfen, eine räumliche Vorstellung vom Aufbau des Holzes zu entwickeln. Dabei kann besonderes Augenmerk auf die Organisation und den Verlauf der Markstrahlen gelegt werden, die im rechten Winkel zu den Tracheiden, also horizontal, verlaufen und sich zwischen den Tracheiden hindurchschlängeln.

6.2.2 Angiospermen

Aufbau Holz Im Vergleich zum Gymnospermenholz zeichnet sich das Holz der Angiospermen durch eine größere Mannigfaltigkeit der beteiligten Zelltypen aus (◘ Abb. 6.11, 6.12, 6.13, 6.14 und 6.15). Neben Tracheiden gibt es zusätzlich für die vertikale Wasserleitung die Tracheen (Gefäße), die ebenfalls aus hintereinandergeschalteten, abgestorbenen Zellen aufgebaut sind, jedoch keine Querwände und ein wesentlich größeres Lumen als die Tracheiden besitzen. Je nach Ausgestaltung der Wandverdickungen (z. B. ringförmig oder spiralig) unterscheidet man verschiedene Tracheentypen. Werden Tracheen während der gesamten Vegetationsperiode angelegt, spricht man

◘ **Abb. 6.11** *Tilia cordata* – Winter-Linde, Querschnitt durch einen mehrjährigen Spross, Färbung mit FSA. *1* Periderm, *2* Rinde, *3* Bast, *4* Cambiumring, *5* Frühholz, *6* Spätholz, *7* Jahresringgrenze, *8* primärer Markstrahl, *9* Mark. (© Universität Leipzig)

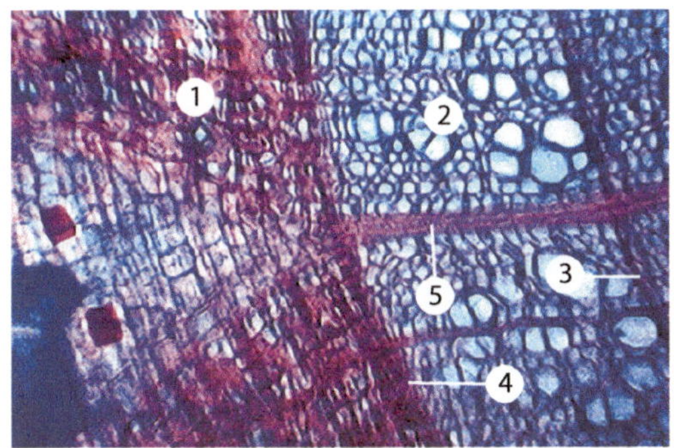

Abb. 6.12 *Tilia cordata* – Winter-Linde, Querschnitt durch einen mehrjährigen Spross, Detail, Färbung mit FSA. *1* Bast, *2* Holz, *3* Jahresringgrenze, *4* Cambium, *5* primärer Markstrahl. (© Universität Leipzig)

von einem **zerstreutporigen** Holz. Werden sie nur im Frühholz angelegt, handelt es sich um ein **ringporiges** Holz. Bei vieljährigen Hölzern kommt es häufig vor, dass die älteren, zentralen Teile verkernen, das heißt ihre Leitungsfunktion verlieren, und durch Einlagerung von Terpenen und antibiotisch wirksamen Stoffen in die Zellwände einen massiven Holzkörper bilden, der gegen den Befall von Schadorganismen geschützt ist und dem Spross eine besondere Stabilität verleiht: das **Kernholz.** In diesem Fall wir das außen liegende aktiv wasserleitende Holz als **Splintholz** bezeichnet.

Daneben treten im Holz Parenchym- und Faserzellen auf.

Markstrahlen Während die Markstrahlen der Gymnospermen in der Regel nur eine Zellreihe dick sind, setzen sich die Markstrahlen der Angiospermen aus mehreren, parallel verlaufenden Zellreihen zusammen. Auch fehlt ihnen eine deutliche Differenzierung in wasserleitende und assimilatspeichernde Zellen.

Aufbau Bast Der Bast der Angiospermen ist ebenfalls differenzierter zusammengesetzt als

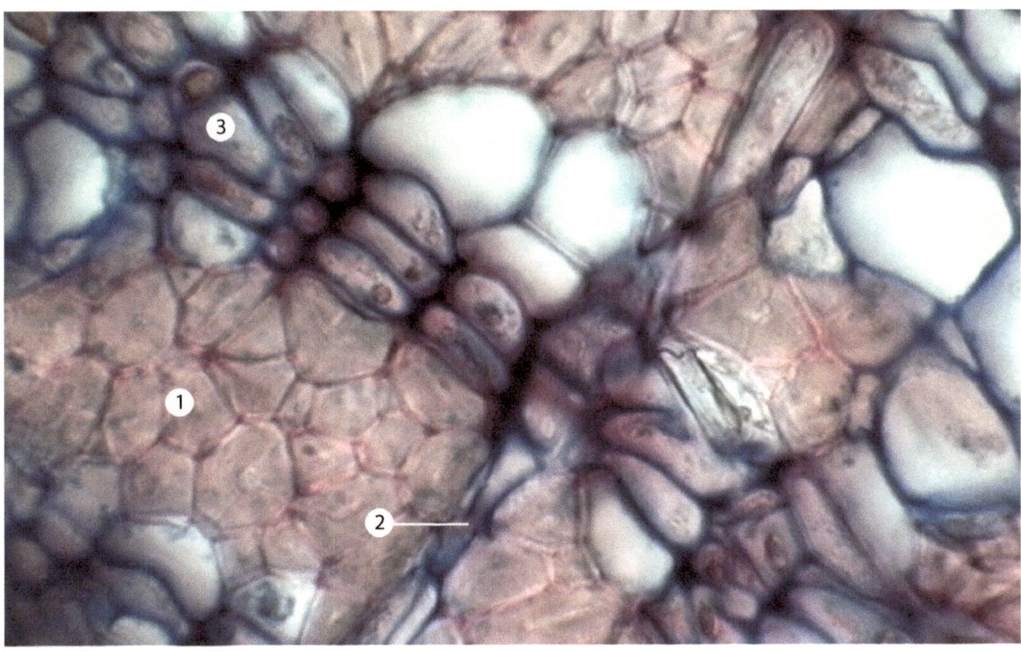

Abb. 6.13 *Tilia cordata* – Winter-Linde, Querschnitt durch Bast, Detail, Färbung mit FSA. *1* Hartbast, *2* Markstrahl, *3* Weichbast. (© Universität Leipzig)

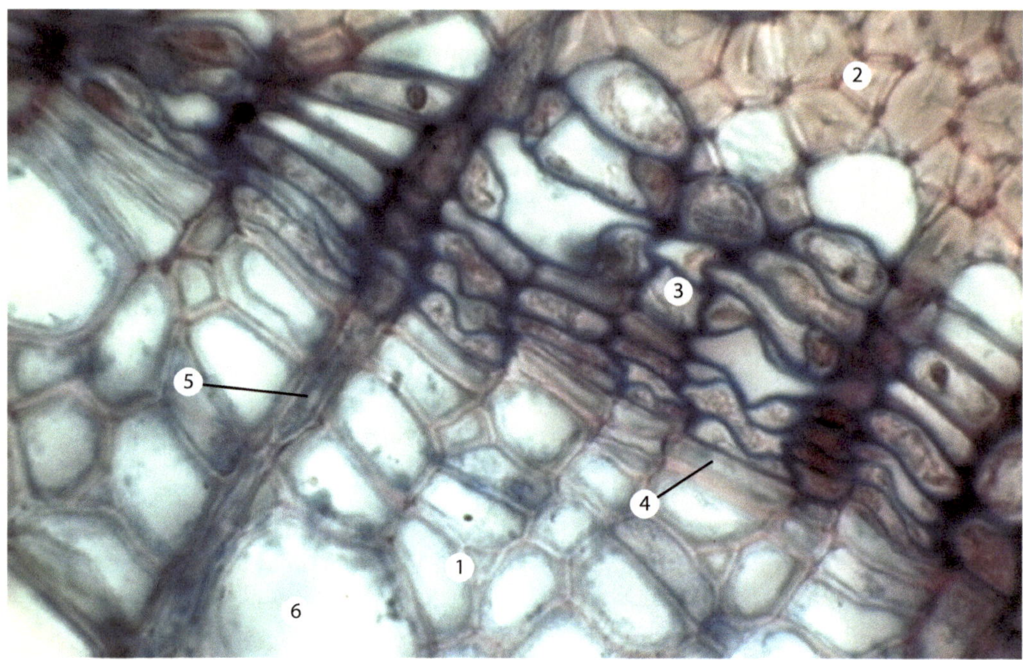

Abb. 6.14 *Tilia cordata* – Winter-Linde, Querschnitt durch einen mehrjährigen Spross, Detail: Cambium, Färbung mit FSA. *1* Holz, *2* Hartbast, *3* Weichbast, *4* Cambium, *5* Markstrahl, *6* Trachee. (© Universität Leipzig)

bei den Gymnospermen. Man unterscheidet zwischen Hartbast, der aus sklerenchymatischen Zellen, meist Faserzellen, besteht, und Weichbast, der aus den Siebröhren und Geleitzellen sowie parenchymatischen Zellen mit Speicherfunktion aufgebaut ist (Abb. 6.13).

Sekundärer Bau

Lernziele/Stichwörter

Bast (Siebröhren, Geleitzellen, Bastparenchym, Bastfasern; Hartbast/Weichbast) – Cambiumring – Holz (Tracheen, Tracheiden, Holzparenchym, Holzfasern) – primäre und sekundäre Markstrahlen – Jahresringe

Objekt: *Tilia cordata* – Winter-Linde

Aufgaben:

- Spross quer schneiden.
- Schnitt mikroskopieren und mit FSA färben.
- Ausschnitt zeichnen.

Das Angiospermenholz ist wesentlich komplexer organisiert als das Gymnospermenholz. Die Markstrahlen sind zahlreicher und stärker ausgebildet. Die primären Markstrahlen erweitern sich im Bastbereich stark und speichern dort große Mengen Reservestärke, die im Winter auch eine Nahrungsquelle für Wildtiere darstellt (Wildverbiss).

Auch beim Angiospermenholz ist eine zusätzliche Orientierung anhand eines Längsschnitts empfehlenswert.

6.3 Periderm und Borke

Neues Abschlussgewebe Mit Einsetzen des sekundären Dickenwachstums muss die Epidermis (primäres Abschlussgewebe) des einjährigen Sprosses durch ein neues Abschlussgewebe, das Periderm, ersetzt werden, da die Teilungsaktivität des geschlossenen

Abb. 6.15 *Tilia cordata* – Winter-Linde, Längsschnitt durch das Holz, Färbung mit FSA. *1* Ringtrachee, *2* Tüpfeltrachee. (© Universität Leipzig)

Cambiumrings eine Zunahme (Dilatation) des Sprossumfangs bedingt, welche die Epidermis nicht durch Dehnung oder Zellteilung ausgleichen kann. Das neue Abschlussgewebe entsteht wieder durch Remeristematisierung ausdifferenzierter Zellen, in der Regel von Zellen der Hypodermis bzw. der Rinde. Diese bilden ein weiteres sekundäres Meristem, das Korkcambium (Phellogen), das ebenfalls nach außen und innen Zellmaterial abgliedert. Die nach innen abgegliederten Zellen bilden die Korkrinde (Phelloderm), die nach außen abgegliederten Zellen den Kork (Phellem). Dieser besteht im ausdifferenzierten Zustand aus abgestorbenen Zellen, in deren Zellwände wasserabweisende Materialien eingelagert sind.

Phelloderm, Phellogen und Phellem werden in ihrer Gesamtheit auch als Periderm bezeichnet (Abb. 6.4, 6.16 und 6.17).

Korkporen Bei Sprossachsen, die auch nach Einsetzen des sekundären Dickenwachstums

6

Abb. 6.16 *Sambucus nigra* – Schwarzer Holunder, Querschnitt durch einen Spross mit erstem Periderm, Färbung mit FSA und Sudan III. *1* Epidermis, *2* Kork, *3* Korkcambium, *4* Korkrinde. (© Universität Leipzig)

zunächst noch Photosyntheseaktivität in ihren parenchymatischen Rindenzellen behalten, werden Korkporen (Lentizellen) ausgebildet. Diese stellen Bereiche dar, in denen die Korkzellen nicht miteinander verbunden sind, sondern so locker aneinanderliegen, dass in ein Gasaustausch durch das Periderm möglich bleibt, die Photosyntheseaktivität in den tiefer liegenden Rindenzellen also aufrechterhalten werden kann (Abb. 6.17).

Borke Da das Phellogen im Allgemeinen nur für eine begrenzte Zeit aktiv ist, muss es mehrmals in einer Vegetationsperiode durch ein neues, aktives Phellogen ersetzt werden, das wieder durch Remeristematisierung von Rindenzellen entsteht, die sich dann allerdings tiefer im Rindenbereich befinden. Mit Beginn der Aktivität des neuen Phellogens und damit der Produktion von neuem Kork sterben die darüberliegenden, äußeren Gewebeschichten

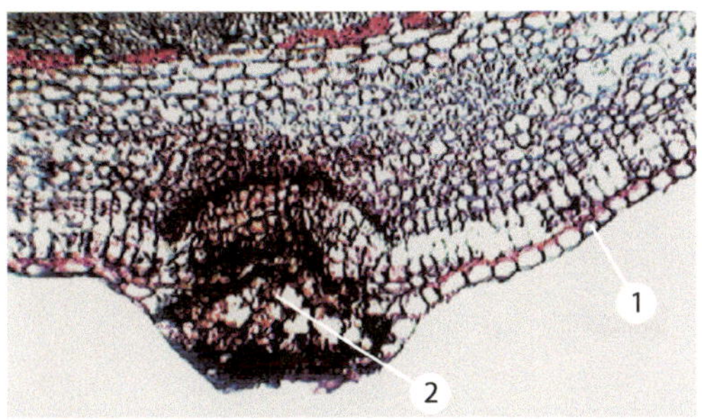

■ **Abb. 6.17** *Sambucus nigra* – Schwarzer Holunder, Querschnitt durch einen Spross mit erstem Periderm und Korkpore, Färbung mit FSA und Sudan III. *1* Epidermis, *2* Korkpore (Lentizelle), *3* Periderm. (© Universität Leipzig)

ab, da sie von der Wasser- und Nährstoffversorgung aus dem Sprossinneren abgeschnitten werden. Auf diese Weise ergibt sich eine Schichtung des aus der Aktivität mehrerer Phellogene hervorgegangenen und später abgestorbenen Zellmaterials, dessen Gesamtheit als Borke bezeichnet wird. Je nach Lage der neu gebildeten Phellogene im Sprossquerschnitt entwickeln sich unterschiedliche Borkentypen: Bei paralleler Anordnung spricht man von einer Ringelborke, bei einer kalottenförmigen Anordnung von einer Schuppenborke.

Periderm

Lernziele/Stichwörter

Phellogen – Phellem – Phelloderm – Lentizelle

■■ Objekt: *Sambucus nigra* – Schwarzer Holunder

Aufgaben:
- Spross quer schneiden und zwei Schnitte anfertigen.
- Schnitte mikroskopieren und mit FSA bzw. Sudan III färben.
- Ausschnitt zeichnen.

Das Korkcambium ist ein klassisches Beispiel für ein sekundäres Meristem, das durch den für Pflanzen charakteristischen Remeristematisierungsmechanismus ausgebildet wird. Die begrenzte Aktionszeit des gerade aktiven Cambiums erfordert die periodische Nachbildung eines neuen Cambiums. Die jeweils gebildeten Periderme und die zwischen ihnen liegenden Zellschichten führen zum Entstehen einer Borke.

Wichtig ist, den Unterschied zwischen Rinde (einjährige Pflanze mit Epidermis) und Borke (mehrjährige Pflanze mit Periderm) herauszuarbeiten.

6.4 Lernzielkontrolle

1. Welchen Arten von Bildungsgeweben (Meristemen) lassen sich faszikuläres und interfaszikuläres Cambium einer Sprossachse zuordnen?
2. Was versteht man unter der bipolaren Tätigkeit des Cambiumrings?
3. Was versteht man aus botanisch-anatomischer Sicht unter Holz, Bast, Borke und Rinde?
4. Wie entstehen die Jahresringe im Nadel- bzw. Laubholz?
5. Durch welche spezifischen Zelltypen sind Nadelholz und Laubholz jeweils charakterisiert?
6. Was versteht man unter Splint- bzw. Kernholz sowie unter zerstreut- oder ringporigem Holz?
7. Nennen Sie die wichtigsten Gewebeteile des Bastes der Angiospermen und ordnen Sie diesen die entsprechenden Funktionen zu.

6.5 Arbeitsblätter

Arbeitsblatt 6.1, *Pinus nigra:* mehrjährige Sprossachse, quer (■ Abb. 6.18)
Arbeitsblatt 6.2, *Tilia cordata:* mehrjährige Sprossachse, quer: Übersicht (■ Abb. 6.19)
Arbeitsblatt 6.3, *Tilia cordata:* mehrjährige Sprossachse, quer: Bast (■ Abb. 6.20)
Arbeitsblatt 6.4, *Sambucus nigra:* Periderm (■ Abb. 6.21)

Pflanzenanatomischer Grundkurs

Arbeitsblatt 6.1	***Pinus nigra*: mehrjährige Sprossachse, quer**

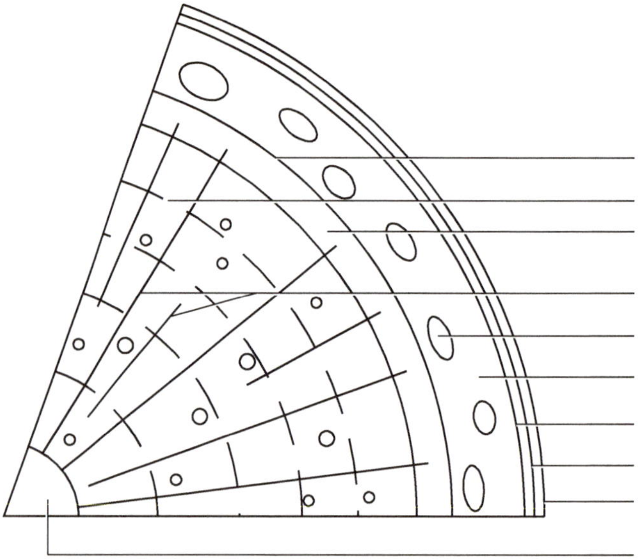

Abb. 6.18 *Pinus nigra:* mehrjährige Sprossachse, quer

Pflanzenanatomischer Grundkurs

Arbeitsblatt 6.2	***Tilia cordata*: mehrjährige Sprossachse, quer: Übersicht**

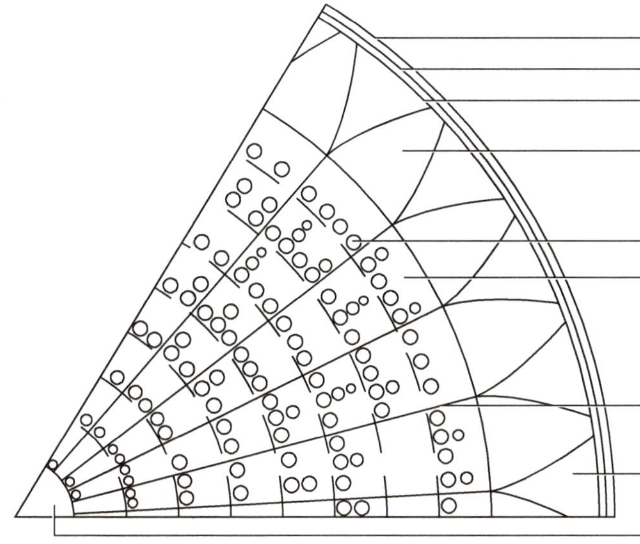

Abb. 6.19 *Tilia cordata:* mehrjährige Sprossachse, quer: Übersicht

6

Pflanzenanatomischer Grundkurs

Arbeitsblatt 6.3	***Tilia cordata*: mehrjährige Sprossachse, quer: Bast**

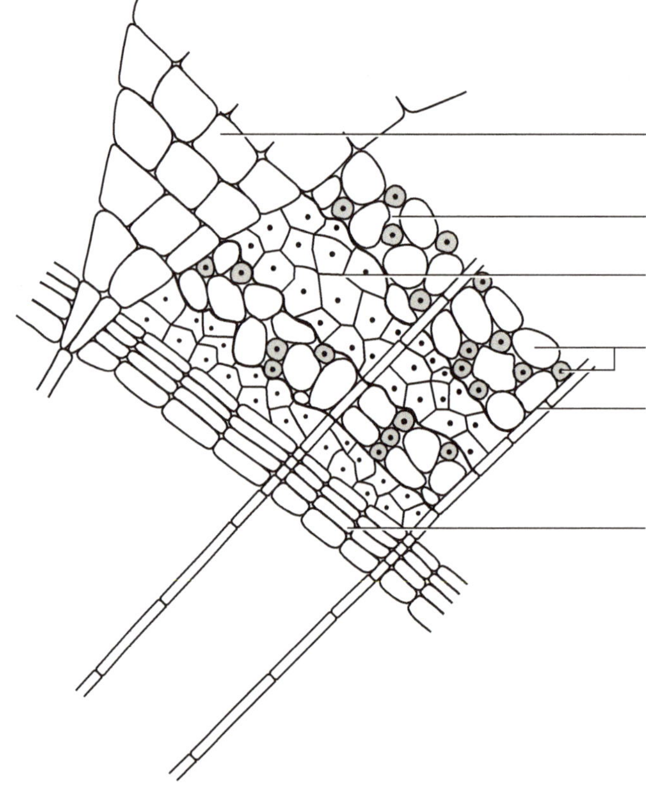

Abb. 6.20 *Tilia cordata:* mehrjährige Sprossachse, quer: Bast

Pflanzenanatomischer Grundkurs

Arbeitsblatt 6.4	***Sambucus nigra*: Periderm**

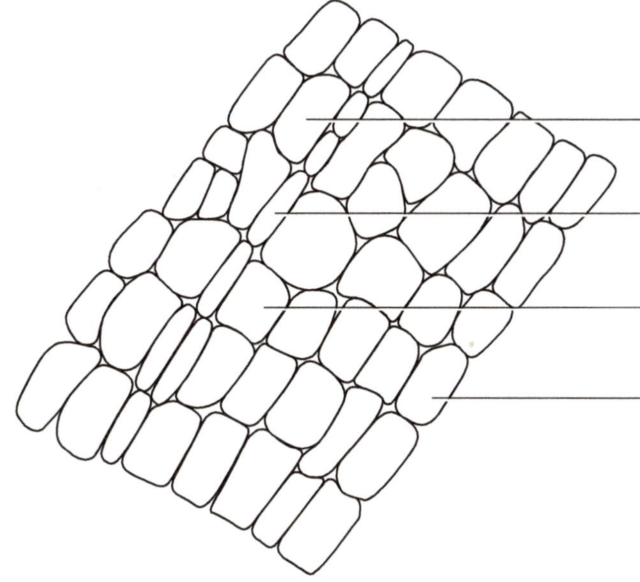

Abb. 6.21 *Sambucus nigra:* Periderm

Wurzel

W. Reißer, F.-M. Dux, M. Möschke, M. Hofmeister, *Pflanzenanatomischer Grundkurs*,
https://doi.org/10.1007/978-3-662-58719-5_7

7.1 Einführung

Verankerung im Substrat Die **Wurzel** bildet neben Sprossachse und Blatt das dritte Grundorgan der Landpflanzen. Sie dient primär der Verankerung der Pflanze im Substrat sowie der Speicherung von Reservestoffen und ist der Teil der Pflanze, mit dem sie hauptsächlich Wasser und darin gelöste Nährstoffe aus ihrer Umgebung aufnimmt. Der von ihrer Wurzel beeinflusste Bereich des Bodens wird als die **Rhizosphäre** der Pflanze bezeichnet. Sie besteht funktionell aus der Oberfläche der Wurzel und den auf ihr und in ihrer unmittelbaren Umgebung angesiedelten Mikroorganismen (Bakterien, Pilze, Protozoen, Algen), die von Exsudaten der Wurzel leben und auch für die Pflanze wichtige Stoffe produzieren.

Bei einigen Pflanzengruppen dient die Wurzel auch der vegetativen Ausbreitung oder als Überdauerungsorgan im Winter, wenn die oberirdischen Teile abgestorben sind.

Fehlende Chloroplasten Im Unterschied zu den Blättern und Teilen der Sprossachse befinden sich in den Zellen der Wurzel keine Chloroplasten. Eine Ausnahme stellen die grünen Luftwurzeln einiger epiphytisch lebender Orchideenarten dar. Das Wurzelgewebe gewinnt die benötigte Energie also in der Regel durch Veratmung organischer Verbindungen, meist ihrer Speicherstoffe (**heterotrophe** Ernährung). Daraus folgt, dass das Wurzelgewebe im Boden immer mit ausreichend Sauerstoff versorgt werden muss, was zum Beispiel in schweren Böden bei Staunässe nicht der Fall ist und so zu mikroanaeroben Bedingungen führen und das Wachstum der Pflanzen negativ beeinflussen kann.

Wachstum Ebenso wie die Sprossachse wächst die Wurzel mit einem **Apikalmeristem,** das im Unterschied zum Spitzenmeristem der Sprossachse jedoch keine deutliche Gliederung in Tunica und Corpus aufweist. Ein weiterer Unterschied liegt darin, dass die empfindlichen Zellen des Apikalmeristems der Wurzel durch ein besonderes Gewebe geschützt sind, das sich wie eine Kappe über die Wurzelspitze legt, die **Wurzelhaube** (Kalyptra, ◘ Abb. 7.1 und 7.2). Die Zellen der Wurzelhaube werden ebenfalls vom Apikalmeristem gebildet. Sie verschleimen und erleichtern so das Vordringen der Wurzel im Erdreich. Die Wachstumsrichtung wird wesentlich durch den Schwerkraftreiz bedingt, der in Spezialzellen der Wurzelhaube aufgenommen und verwertet wird. Diese Spezialzellen werden als **Statocyten** bezeichnet. Wahrscheinlich üben in ihnen Stärkekörner **(Statolithen)** einen Schwerkraftreiz auf interne Membransysteme aus.

Ähnlich wie bei der Spossachse folgt dem Spitzenmeristem der Wurzel die **Streckungszone,** die dann von der **Differenzierungszone** (= **Wurzelhaarzone**) abgelöst wird (◘ Abb. 7.2).

Der anatomische Aufbau der Wurzel ist, im Unterschied zur Sprossachse, bei den verschiedenen Pflanzengruppen sehr ähnlich, wobei allerdings auch hier zwischen primärem (erste Vegetationsperiode) und sekundärem Bau (folgende Vegetationsperioden) unterschieden werden muss.

7.2 Primärer Bau

Wurzelrinde und Zentralzylinder Die primäre Wurzel zeigt im Querschnitt eine deutliche Aufteilung in **Wurzelrinde** und **Zentralzylinder.** Der Zentralzylinder besteht aus dem **Mark,** dem **radiär organisierten Leitgewebe** und dem **Perizykel,** der an die Wurzelrinde grenzt, deren innerste Schicht die Endodermis ist.

Xylem und Phloem Xylem und Phloem sind alternierend kreisförmig angeordnet, man spricht auch von Xylem- und Phloemstrahlen. Diese Anordnung verleiht der Wurzel eine besondere Zugfestigkeit. Bei Dikotyledonen

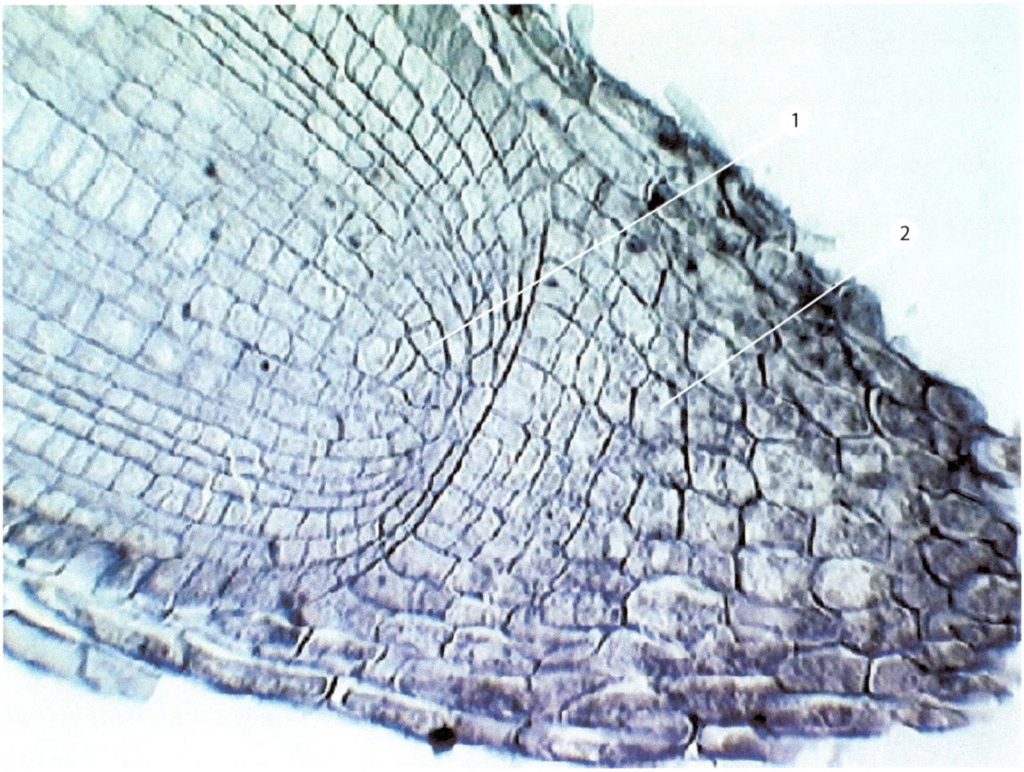

Abb. 7.1 Apikalmeristem einer Wurzel mit Kalyptra. *1* Meristem, *2* Kalyptra. (© Universität Leipzig)

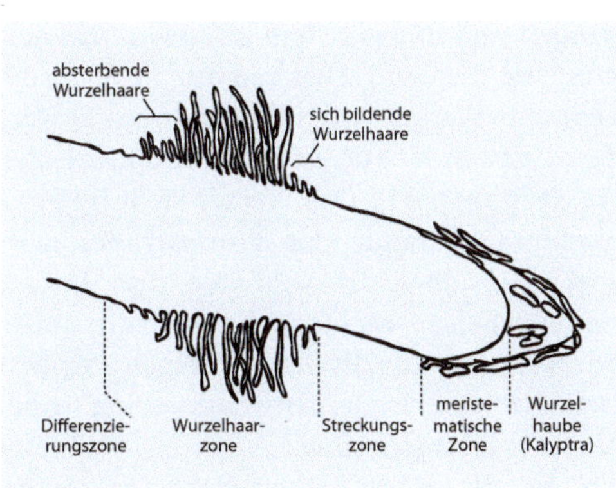

Abb. 7.2 Primärer Bau einer aktiv wachsenden Wurzel, Schema

liegt in der Regel ein **oligoarches Leitbündel** vor, das aus einer begrenzten Zahl vom Xylem- und Phloemstrahlen besteht (meist vier oder fünf). Bei Monokotyledonen ist ein **polyarches Leitbündel** gegeben, das entsprechend aus mehreren, zum Beispiel zehn, Xylem- bzw. Phloemstrahlen aufgebaut ist (Abb. 7.3 und 7.4).

Perizykel und Endodermis Der Perizykel ist eine einlagige Zellschicht, die auch als Pericambium bezeichnet wird. Sie ist die äußerste Schicht des Zentralzylinders und liegt der **Endodermis,** der innersten Schicht der Wurzelrinde, an. Die Endodermis ist ebenfalls einlagig und reguliert den Wassertransport aus der Wurzelrinde in den Zentralzylinder. Sie kann in primärer, sekundärer und tertiärer Modifikation auftreten (Abb. 7.5).

Die Zellen des **primären Endodermistyps** sind durch einen in die Zellwand eingelagerten Streifen wasserundurchlässigen Materials **(Suberin, Caspary-Streifen)** gekennzeichnet,

Abb. 7.3 *Iris germanica* – Deutsche Schwertlilie, Querschnitt durch eine Wurzel, Färbung mit FSA. *1* tertiäre Endodermis mit U-Zellen, *2* Phloem, *3* Perizykel, *4* Wurzelrinde, *5* Xylem, *6* Zentralzylinder mit polyarcher Organisation. (© Universität Leipzig)

wohingegen die Zellen des **sekundären** Typs eine allseitige Einlagerung wasserundurchlässigen Materials in ihre Zellwände aufweisen. Beim **tertiären** Typ ist zusätzlich die Zellwand der Epidermiszellen durch Cellulose- und Lignineinlagerungen verdickt, sodass sie im mikroskopischen Schnitt eine typische Form annehmen **(U-Zellen).** Sowohl die sekundäre als auch die tertiäre Endodermis weisen Durchlasszellen auf, die keine zusätzlichen Einlagerungen und Verdickungen haben, sondern nur einen Caspary-Streifen, analog den Zellen der primären Endodermis. Gemeinsam ist ihnen, dass sie im Zellwandbereich eine ungehinderte Diffusion des Wassers und der darin gelösten Nährstoffe in den Zentralzylinder und damit in das Wurzelxylem verhindern, damit aber auch den Rückfluss des Wassers aus dem Xylem in die Wurzelrinde (Abb. 7.6, 7.7 und 7.8).

Wassertransport Das Wasser und die darin gelösten Nährstoffe können die Endodermis nur unter Beteiligung aktiver, energieaufwendiger Transportmechanismen überwinden und in das Xylem gelangen. Auf dem Weg von den Wurzelhaaren zur Endodermis kann das Wasser durch Diffusion im Bereich der Zellwände vordringen **(apoplastischer Wassertransport).** Das Wasser steht im Apoplasten (Zellwände der Wurzelrinde), wird aber auch über die Vakuolen der Wurzelrindenzellen in Richtung Endodermis transportiert **(symplastischer Wassertransport).** Dazu ist es erforderlich, dass weiter innen liegende Rindenzellen in ihren Vakuolen ein jeweils stärker negatives osmotisches Potenzial aufbauen, sodass ein von außen nach innen gerichteter Potenzialgradient entsteht. Die Endodermis stoppt aufgrund der wasserundurchlässigen Substanzen in ihrer Zellwand den apoplastischen Wassertransport und lässt nur noch den symplastischen Transport zu. Dabei wird Energie benötigt, um das Wasser von einem Ort mit stark negativem osmotischem Potenzial

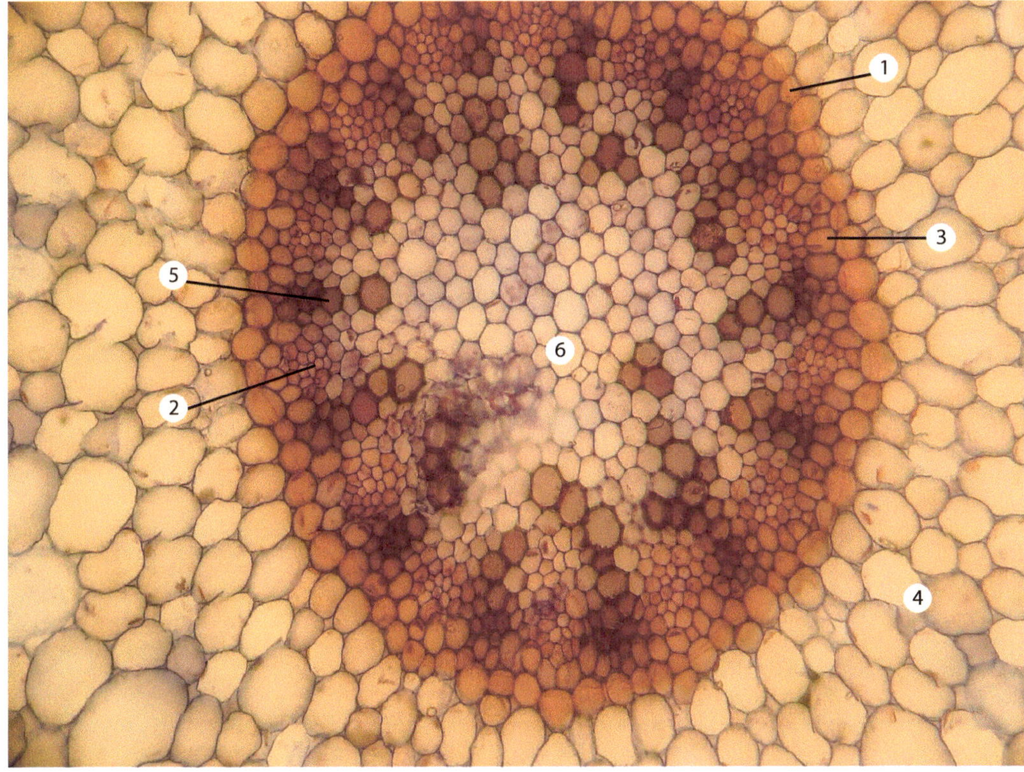

Abb. 7.4 *Clivia miniata* – Klivie, Querschnitt durch den Zentralzylinder einer Wurzel, Färbung mit FSA. *1* primäre Endodermis mit Caspary-Streifen, *2* Phloem, *3* Perizykel, *4* Wurzelrinde, *5* Xylem, *6* Zentralzylinder mit polyarcher Organisation. (© Universität Leipzig)

(hohe Wasserhaltekraft in den Vakuolen der Endodermiszellen) in das Xylem des Zentralzylinders zu pumpen, dessen Wasserleitungsbahnen aus abgestorbenen Zellen bestehen, die kein osmotisches Potenzial aufbauen können (**Endodermissprung** und Aufbau des **Wurzeldrucks**). Das Wasser kann die Endodermis also nur unter Beteiligung aktiver, energieaufwendiger Transportmechanismen überwinden und in das Xylem gelangen.

Wurzelrinde Die Wurzelrinde macht in der Regel den größten Anteil des Querschnitts durch die primäre Wurzel aus. Sie besteht aus parenchymatischen Zellen, die primär eine Speicherfunktion haben und oft reich an Amyloplasten sind.

Rhizodermis und Exodermis Die primäre Wurzel wird nach außen hin von einem Abschlussgewebe begrenzt, das im Bereich der Wurzelhaarbildung als **Rhizodermis,** darüber als **Exodermis** bezeichnet wird. Die Rhizodermis bildet die **Wurzelhaare** (Trichome) aus, die keine Cuticula besitzen und deshalb das Bodenwasser und die darin gelösten Nährstoffe aus der Umgebung aufnehmen können, solange es ihnen gelingt, in ihren Vakuolen ein stärker negatives osmotisches Potenzial als das des Bodenwassers aufzubauen. Die Wurzelhaare sind nur eine begrenzte Zeit lang aktiv und müssen durch ständiges Wachstum der Wurzel nachgebildet werden. Oberhalb der Wurzelhaarzone wird die Rhizodermis durch die wasserundurchlässige Exodermis ersetzt, die auch

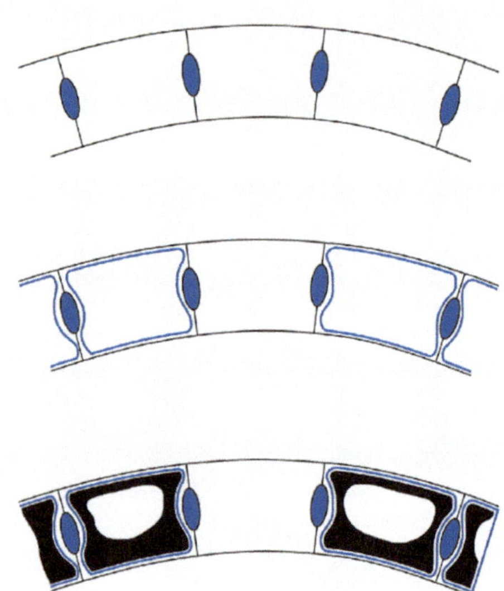

■ **Abb. 7.5** Modifikationen der Endodermis. **a** Primäre Endodermis mit Caspary-Streifen (wasserundurchlässig, *blau*). **b** Sekundäre Endodermis mit zusätzlich in die Zellwand eingelagertem, wasserundurchlässigem Material. **c** Tertiäre Endodermis mit Verdickung der Zellwände einer sekundären Endodermis durch Lignin (*schwarz*). (© Kadereit et al. 2014)

■ **Abb. 7.6** *Hordeum vulgare* – Gerste, Wurzelhaarzone. (© Universität Leipzig)

mehrschichtig sein kann (■ Abb. 7.2, 7.9, 7.10, 7.11 und 7.12).

Luftwurzeln und Velamen radicum Wurzeln, die nicht im Substrat verankert sind, werden als Luftwurzeln bezeichnet. Häufig befindet sich auf ihrer Exodermis eine mehrlagige Zellschicht, die als **Velamen radicum** bezeichnet wird. Dieses besteht aus abgestorbenen Zellen, die luftgefüllt sind und der Wurzel einen silbrigen Glanz verleihen. Unter feuchten Bedingungen können sich die Zellen des Velamens mit Wasser füllen und dieses Wasser über Durchlasszellen in der Exodermis in die Wurzelrinde abgeben (■ Abb. 7.13).

Keimwurzel

Lernziele/Stichwörter

Kalyptra – Differenzierungszone – Wurzelhaarzone – Streckungszone – Exodermis – Rhizodermis

■ ■ Objekt: *Hordeum vulgare* – Gerste

Aufgaben:

- Keimwurzel mit Handlupe oder Stereomikroskop ansehen und zeichnen.

Nach Literaturangaben bilden sämtliche Wurzelhaare einer ausgewachsenen Roggenpflanze eine resorbierende Oberfläche von ca. 400 m^2.

Monokotyledonen

Lernziele/Stichwörter

Exodermis – Wurzelrinde – Zentralzylinder – Perizykel – Mark – polyarches Leitbündel

■ ■ Objekt: *Iris germanica* – Deutsche Schwertlilie

Aufgaben:

- Wurzel quer schneiden.
- Schnitt mikroskopieren und mit FSA färben.
- Ausschnitt mit Exodermis, Rindenparenchym, tertiärer Endodermis und polyarchem Leitbündel zeichnen.

Die Wurzelrinde hat den größten Anteil am Wurzelquerschnitt. Abhängig von der Lage des Querschnitts (oberhalb der Wurzelhaarzone) ist eine Exodermis zu erkennen, die auch mehrschichtig sein kann. Typisch für die Monokotyledonenwurzel ist das polyarche Leitbündel.

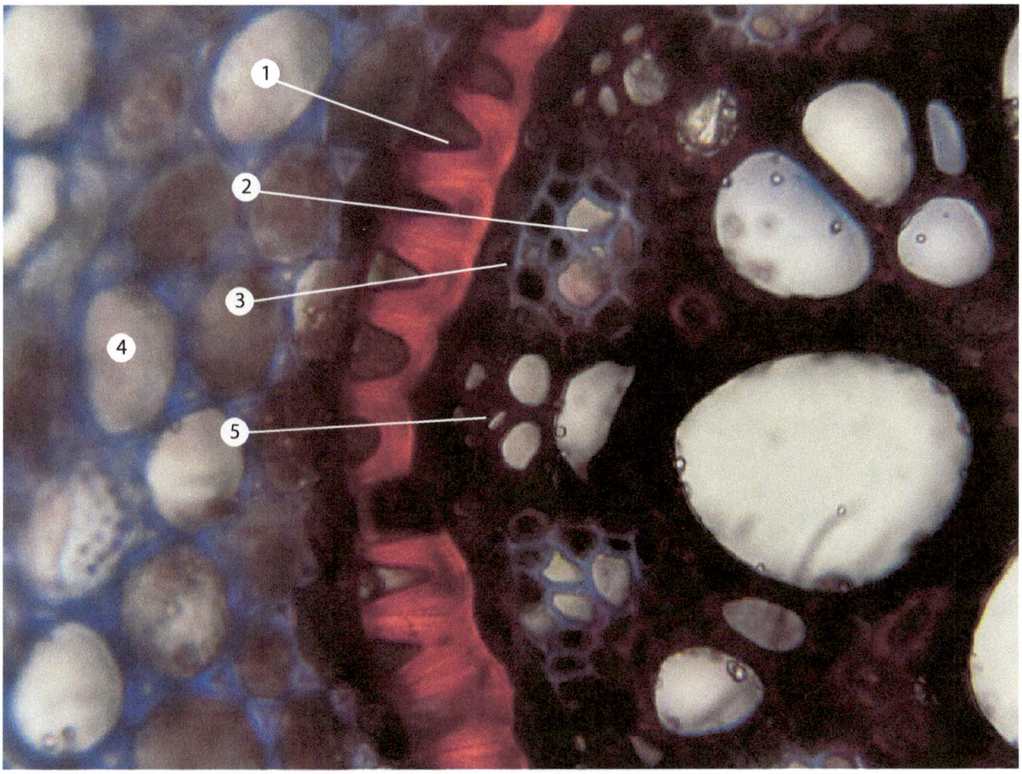

▪ **Abb. 7.7** *Iris germanica* – Deutsche Schwertlilie, Querschnitt durch den Zentralzylinder einer Wurzel, Färbung mit FSA. *1* tertiäre Endodermis, *2* Phloem, *3* Perizykel, *4* Wurzelrinde, *5* Xylem. (© Universität Leipzig)

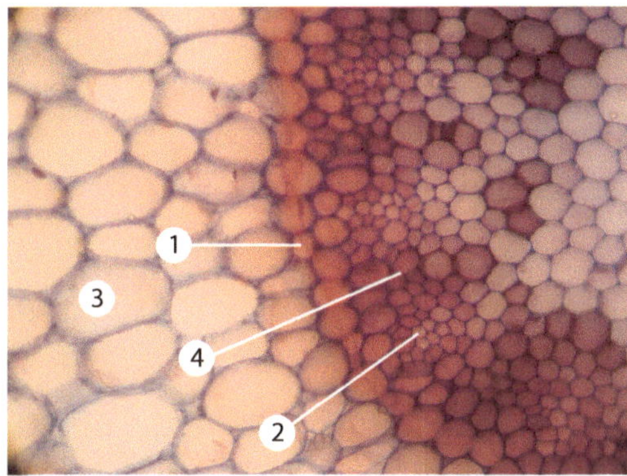

▪ **Abb. 7.8** *Clivia miniata* – Klivie, primäre Endodermis, Färbung mit FSA. *1* Endodermis mit Caspary-Streifen, *2* Phloem, *3* Rindenparenchym, *4* Xylem. (© Universität Leipzig)

▪▪ Objekt: *Clivia miniata* – Klivie

Aufgaben:

- Wurzel quer schneiden.
- Schnitt mikroskopieren und mit FSA färben.
- Ausschnitt mit Velamen radicum, Exodermis, Rindenparenchym, tertiärer Endodermis und polyarchem Leitbündel zeichnen.

Es liegt ein polyarches Leitbündel vor, hier aber – im Unterschied zur Iris – kombiniert mit einer primären Endodermis.

Dikotyledonen

Lernziele/Stichwörter

Exodermis – Wurzelrinde – Zentralzylinder – Perizykel – Mark – oligoarches Leitbündel

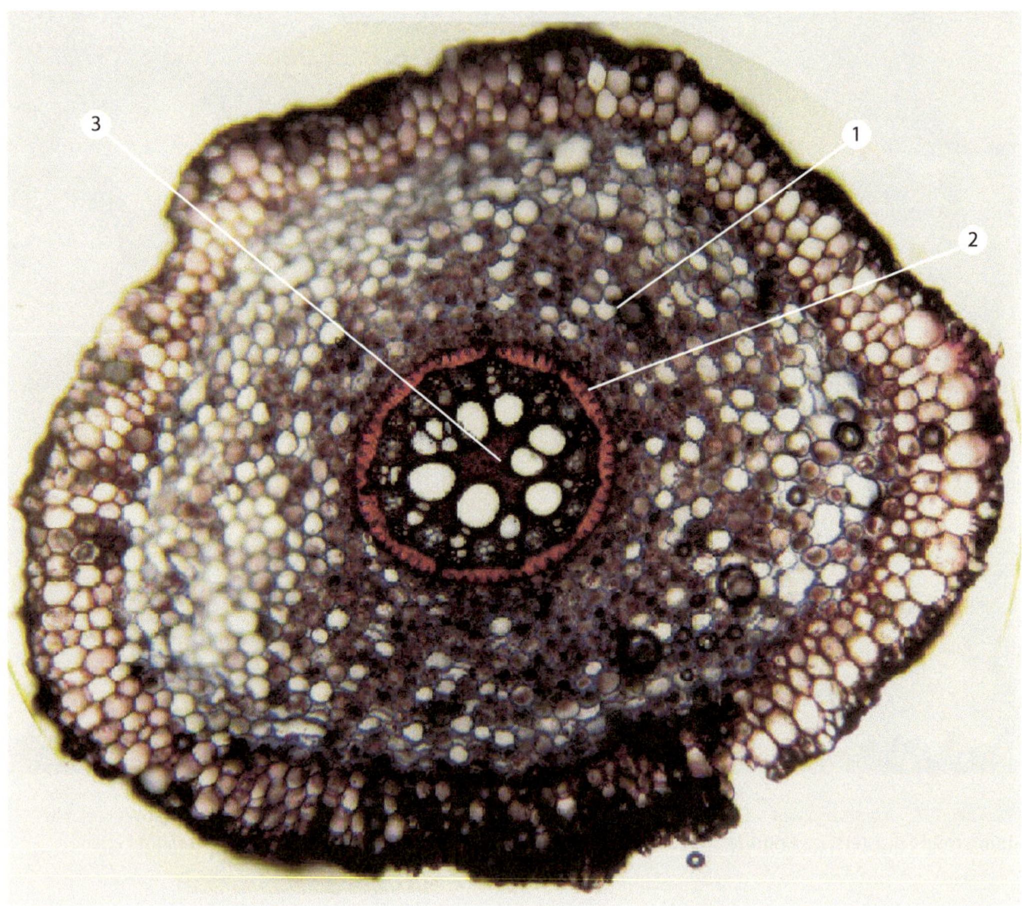

Abb. 7.9 *Iris germanica* – Deutsche Schwertlilie, Querschnitt durch eine Wurzel mit polyarchem Leitbündel, Färbung mit FSA. *1* Exodermis, *2* Wurzelrinde, *3* Zentralzylinder. (© Universität Leipzig)

7

Objekt: *Caltha palustris* – Sumpf-Dotterblume

Aufgaben:
- Wurzel quer schneiden.
- Schnitt mikroskopieren und mit FSA färben.
- Ausschnitt mit Wurzelrinde, primärer Endodermis und pentarchem Leitbündel zeichnen.

Oligoarche Leitbündel sind charakteristisch für Dikotyledonenwurzeln, hier in Kombination mit einer primären Endodermis.

7.3 Sekundärer Bau und Seitenwurzeln

Wurzelholz und Wurzelbast Ähnlich wie die Sprossachse unterliegt auch die Wurzel der Dikotyledonen und Gymnospermen einem sekundären Dickenwachstum, das in der Regel mit dem Ende der ersten Vegetationsperiode einsetzt. Wie in der Sprossachse wird einleitend eine geschlossener Ring teilungsaktiven Zellmaterials gebildet, der sich aus Abschnitten des Perizykels **(primäres Cambium)** und aus remeristematisiertem Material **(sekundäres Cambium)**

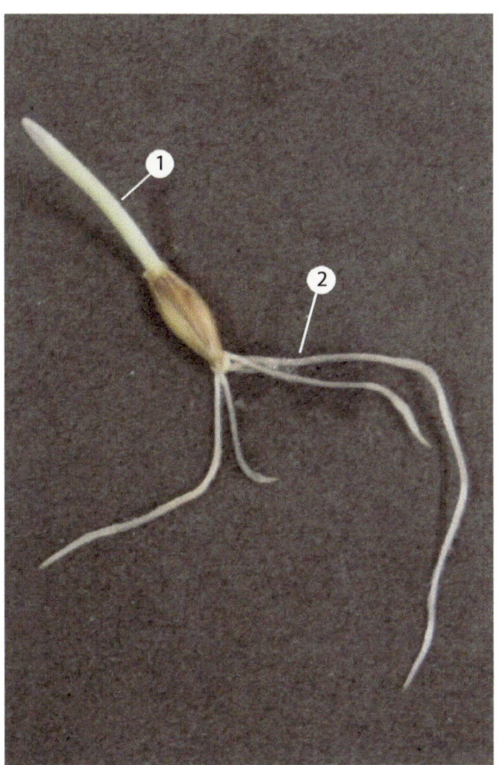

Abb. 7.10 *Hordeum vulgare* – Gerste, Keimling mit Keimwurzeln und Coleoptile (ca. 1 Woche alt). *1* Coleoptile, *2* Keimwurzel. (© Universität Leipzig)

Abb. 7.11 *Hordeum vulgare* – Gerste, Wurzelhaarzone mit unterschiedlich alten Wurzelhaaren. (© Universität Leipzig)

der zwischen dem primären Xylem und dem primären Phloem liegenden parenchymatischen Zellen zusammensetzt (Abb. 7.14, 7.15 und 7.16). Dieser geschlossene Cambiumring produziert entsprechend nach innen sekundäres Xylem **(Wurzelholz),** nach außen hin sekundäres Phloem **(Wurzelbast).** Wie bei der sekundären Sprossachse kann auch das primäre Abschlussgewebe der Wurzel, die Exodermis, im Laufe der Zeit der zunehmenden Aufweitung des Wurzelquerschnitts nicht folgen und muss durch ein neues Abschlussgewebe ersetzt werden. Allerdings erfolgt in der Wurzel, im Unterschied zum Spross, die Bildung des neuen Abschlussgewebes und dann nach Bildung mehrerer Periderme auch der Borke nicht aus der Remeristematisierung von Rindenmaterial, sondern durch die Aktivität des Perizykels (Abb. 7.17 und 7.18). Exodermis und Rinde werden abgestoßen.

Seitenwurzel Sprossachse und Wurzel unterscheiden sich nicht nur bezüglich des sekundären Dickenwachstums, sondern auch bei der Bildung von Seitenverzweigungen. Wird die Verzweigung der Sprossachse exogen (aus Zellen der Tunica und deren Abkömmlingen) gebildet, so ist die Seitenwurzelbildung endogenen Ursprungs. Zellen des Perizykels werden teilungsaktiv und treiben die so entstehende junge Seitenwurzel im rechten Winkel zur Hauptwurzel durch das darüberliegende Gewebe der Wurzelrinde und der Exodermis (Abb. 7.19).

Wurzelsystem Bei der Organisation der fertig ausgebildeten Wurzelsystems unterscheidet man zwischen homo- und allorrhizer Bewurzelung. Im Fall der **Homorrhizie** bildet die Pflanze eine Vielzahl mehr oder weniger gleich stark ausgebildeter Wurzeln (zum Beispiel bei Gräsern), im Fall der **Allorrhizie** ist das Wurzelsystem durch eine stark ausgebildete Haupt- und schwächer ausgebildete Seitenwurzeln charakterisiert.

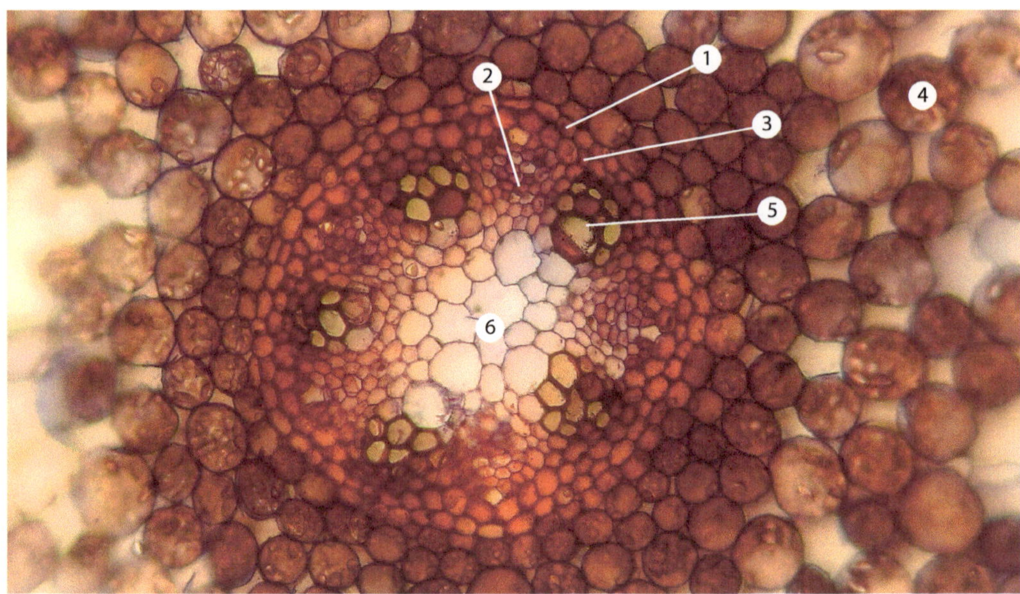

Abb. 7.12 *Caltha palustris* – Sumpf-Dotterblume, Querschnitt durch eine Wurzel mit pentarchem Leitbündel, Färbung mit FSA. *1* Endodermis, *2* Phloem, *3* Perizykel, *4* Wurzelrinde mit Stärkekörnern in den Zellen, *5* Xylem, *6* Zentralzylinder. (© Universität Leipzig)

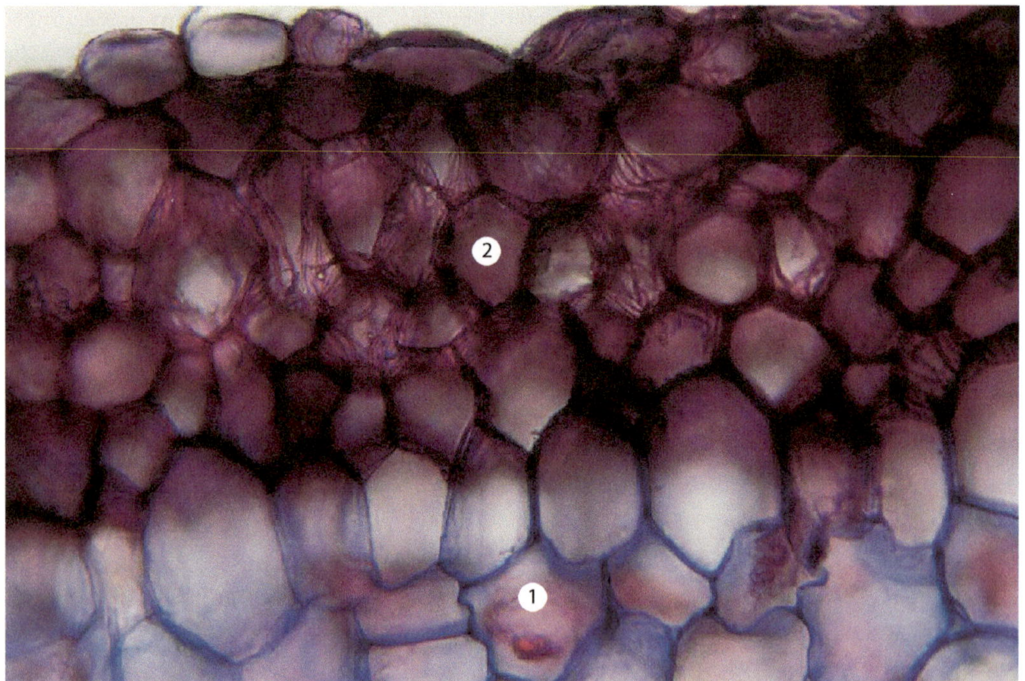

Abb. 7.13 *Clivia miniata* – Klivie, Velamen radicum, Färbung mit FSA. *1* Rindenparenchym, *2* Velamen radicum mit abgestorbenen Zellen (Wandleisten). (© Universität Leipzig)

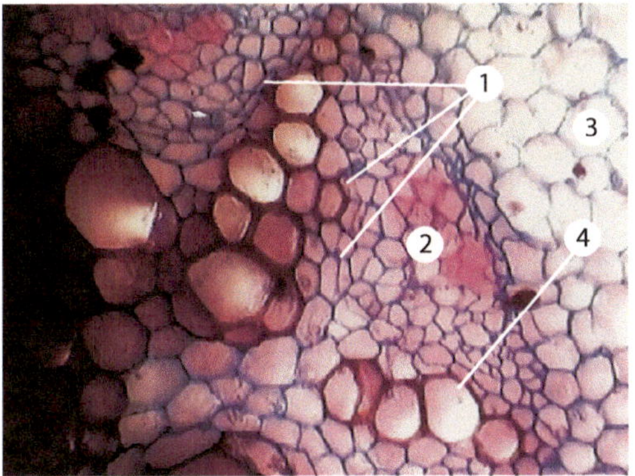

■ **Abb. 7.14** *Vicia faba* – Ackerbohne, Querschnitt durch den Zentralzylinder einer mehrjährigen Wurzel, Färbung mit FSA. *1* geschlossener Cambiumring, *2* Phloem, *3* Wurzelrinde, *4* Xylem. (© Universität Leipzig)

Sekundärer Bau und Seitenwurzeln

Lernziele/Stichwörter

sekundärer Bau der Wurzel – Wurzelholz – Wurzelbast – endogene Anlage der Seitenwurzeln – Speicherung

■■ Objekt: *Vicia faba* – Ackerbohne

Aufgaben:

- Wurzel oberhalb und im Bereich der Seitenwurzeln quer schneiden.
- Schnitt mikroskopieren und mit FSA färben.
- Übersicht zeichnen.

Wie im Spross ist in der Wurzel ein geschlossener Ring cambialen Materials,

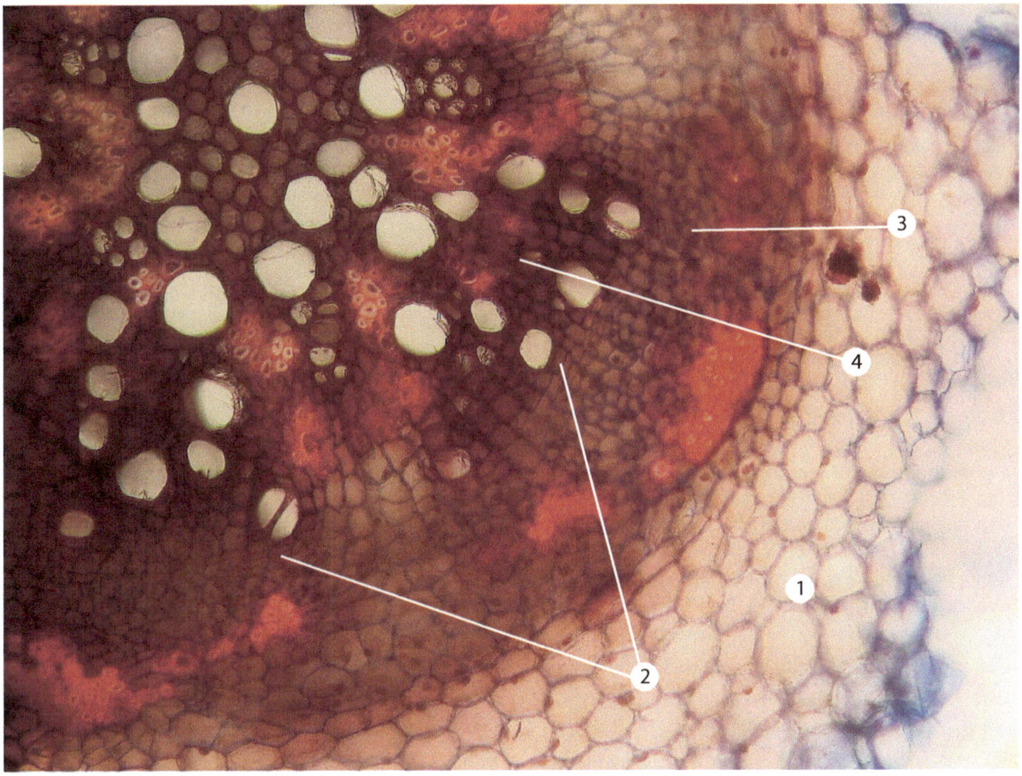

■ **Abb. 7.15** *Vicia faba* – Ackerbohne, Querschnitt durch eine mehrjährige Wurzel, Färbung mit FSA. *1* Wurzelrinde, *2* Cambiumring, *3* Wurzelholz, *4* Wurzelbast. (© Universität Leipzig)

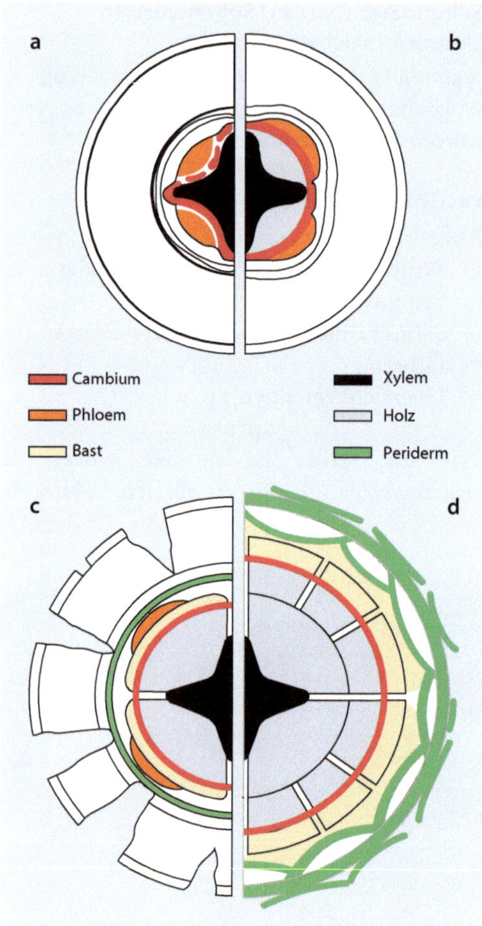

Abb. 7.16 Sekundäres Dickenwachstum bei Wurzeln (Querschnitte). **a** Bildung eines geschlossenen Cambiumringes. **b** Abrundung des Ringes und Bildung von sekundärem Xylem (Holz). **c** Bildung von sekundärem Phloem (Bast) und Aufreißen der Rinde mit Bildung von Phellogen und Periderm. **d** Ausbildung einer Borke über mehrere Jahre. (© Kadereit et al. 2014)

der nach außen Bast, nach innen Holz produziert, Voraussetzung für den Beginn des sekundären Dickenwachstums. Vieljährige Wurzeln lassen sich im Querschnitt dann praktisch nicht mehr von vieljährigen Sprossen unterscheiden.

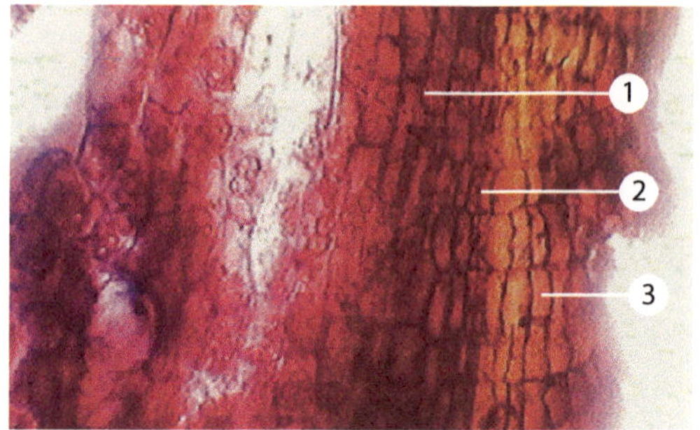

Abb. 7.17 *Levisticum officinale* – Liebstöckel, Querschnitt durch das Periderm einer Wurzel, Färbung mit FSA. *1* Phelloderm, *2* Phellogen, *3* Phellem. (© Universität Leipzig)

7

Ein prinzipieller Unterschied in der Organisation von Spross und Wurzel liegt jedoch in der Art der Entstehung von Verzweigungen: Seitensprosse sind exogenen, Seitenwurzeln endogenen Ursprungs.

Speicherung Zur Speicherung von Reservestoffen können auch spezielle morphologische Modifikationen der Wurzel auftreten. Ist die Hauptwurzel verdickt, spricht man von einer (Wurzel-)**Rübe,** sind Seitenwurzeln verdickt, handelt es sich um (Wurzel-)**Knollen.** Ein Beispiel für eine Wurzelrübe liefert die Garten-Möhre ***(Daucus carota),*** bei der das sekundäre Dickenwachstum schon frühzeitig einsetzt und die Hauptwurzel durch verstärkte Ausbildung des Wurzelbastes zu einem Speicherorgan (Bastrübe) umgebildet wird (Abb. 7.20). Die Seitenwurzeln sind nur sehr schwach entwickelt.

▪▪ Objekt: *Daucus carota* – Garten-Möhre

Aufgaben:

- Eine Rübe längs schneiden.
- Übersicht zeichnen.

Es handelt sich um eine Bastrübe. Eine Holzrübe bildet zum Beispiel das Radieschen (*Raphanus* sp.).

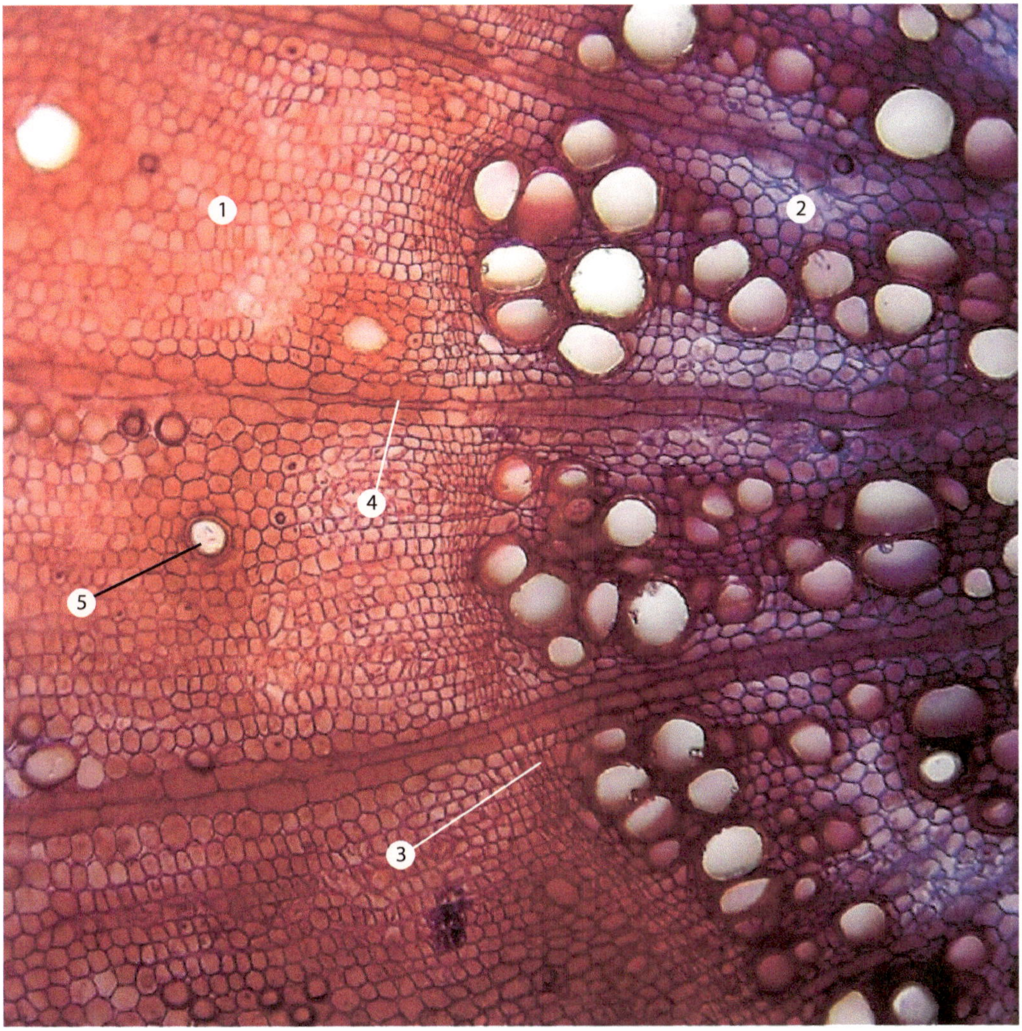

Abb. 7.18 *Levisticum officinale* – Liebstöckel, Querschnitt durch eine mehrjährige Wurzel, Färbung mit FSA. *1* Wurzelbast, *2* Wurzelholz, *3* Cambium, *4* primärer Markstrahl, *5* Exkretgang. (© Universität Leipzig)

7.4 Lernzielkontrolle

1. Schildern Sie die morphologische Differenzierung einer Keimwurzel.
2. Vergleichen Sie die charakteristischen Merkmale primärer Wurzeln monokotyler und dikotyler Angiospermen.
3. Schildern Sie die Vorgänge, die ein sekundäres Dickenwachstum der Wurzel ermöglichen.
4. Vergleichen Sie die Mechanismen, die zur Verzweigung von Wurzel und Sprossachse führen.
5. Wie unterscheidet sich im Querschnitt der Aufbau einer mehrjährigen Wurzel von dem der dazugehörigen Sprossachse?
6. Nennen Sie anatomische Unterscheidungsmerkmale von Wurzel und Sprossachse.
7. Beschreiben Sie wichtige Funktionen der Wurzel.

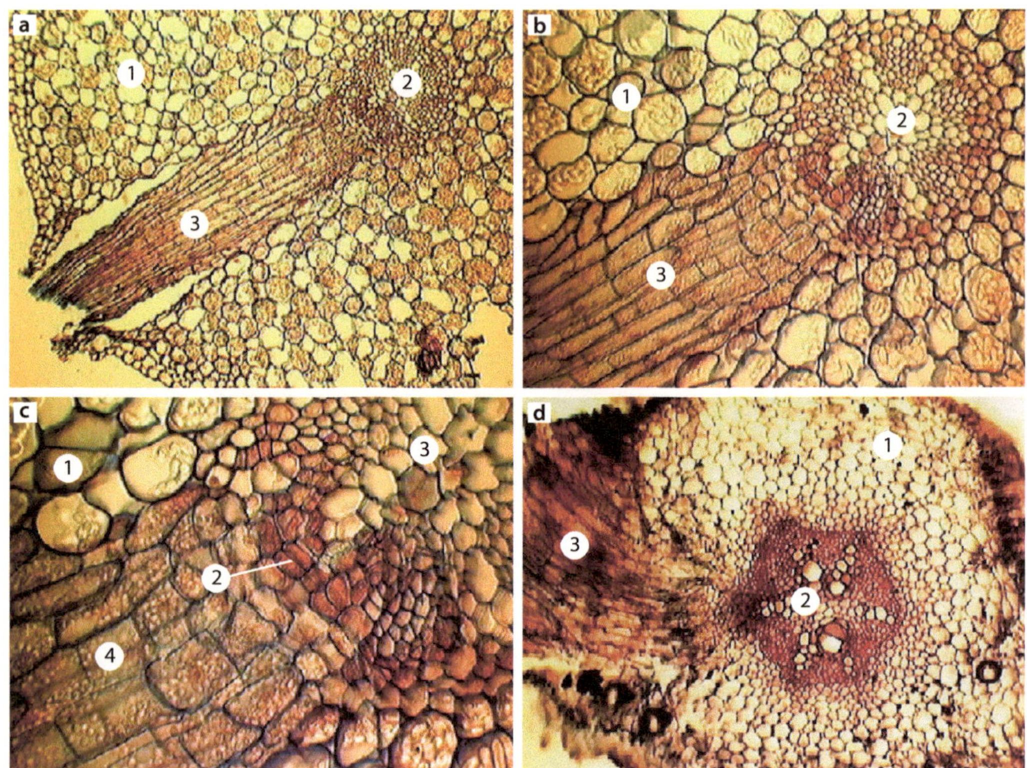

Abb. 7.19 Bildung einer Seitenwurzel. **a–c** *Caltha palustris* – Sumpf-Dotterblume, Färbung mit FSA. **d** *Vicia faba* – Ackerbohne, Färbung mit FSA. *1* Wurzelrinde, *2* Zentralzylinder, *3* Seitenwurzel, *4* cambiale Aktivität. (© Universität Leipzig)

7

8. Nennen Sie Metamorphosen der Wurzel.
9. Welche Funktion hat die Endodermis der Wurzel?
10. Schildern Sie den Aufbau der verschiedenen Endodermistypen.
11. Nennen Sie Beispiele für Wurzelmetamorphosen im Dienste der Stoffspeicherung.
12. Nennen Sie Beispiele für Pflanzen mit Velamen radicum und diskutieren Sie dessen Bedeutung am natürlichen Standort.

7.5 Arbeitsblätter

Arbeitsblatt 7.1, *Iris germanica:* Wurzel, quer (Abb. 7.21)
Arbeitsblatt 7.2, *Clivia miniata:* Wurzel, quer (Abb. 7.22)
Arbeitsblatt 7.3, *Clivia miniata:* Velamen radicum (Abb. 7.23)
Arbeitsblatt 7.4, *Caltha palustris:* Wurzel, quer (Abb. 7.24)
Arbeitsblatt 7.5, *Caltha palustris:* Bildung von Seitenwurzeln (Abb. 7.25)
Arbeitsblatt 7.6, *Daucus carota:* Bastrübe (Abb. 7.26)

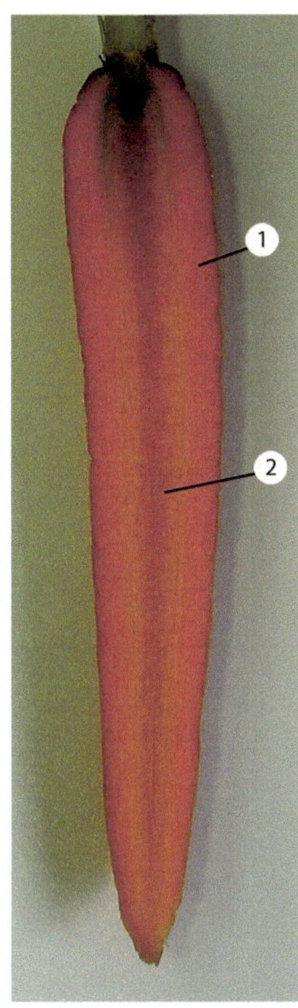

Abb. 7.20 *Daucus carota* – Garten-Möhre, Längsschnitt durch eine Wurzelrübe. *1* Bast, *2* Holz. (© Universität Leipzig)

7

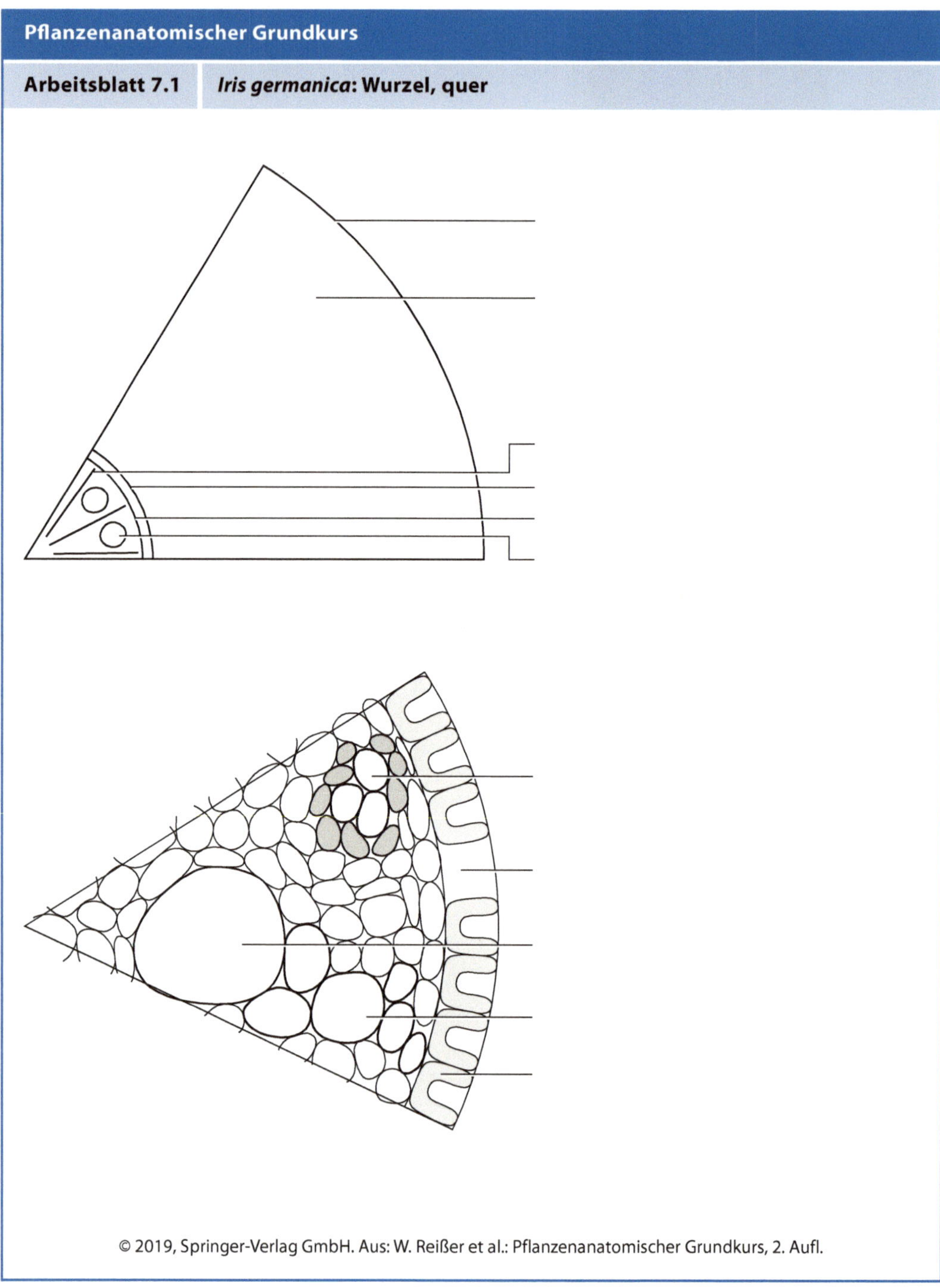

Abb. 7.21 *Iris germanica:* Wurzel, quer

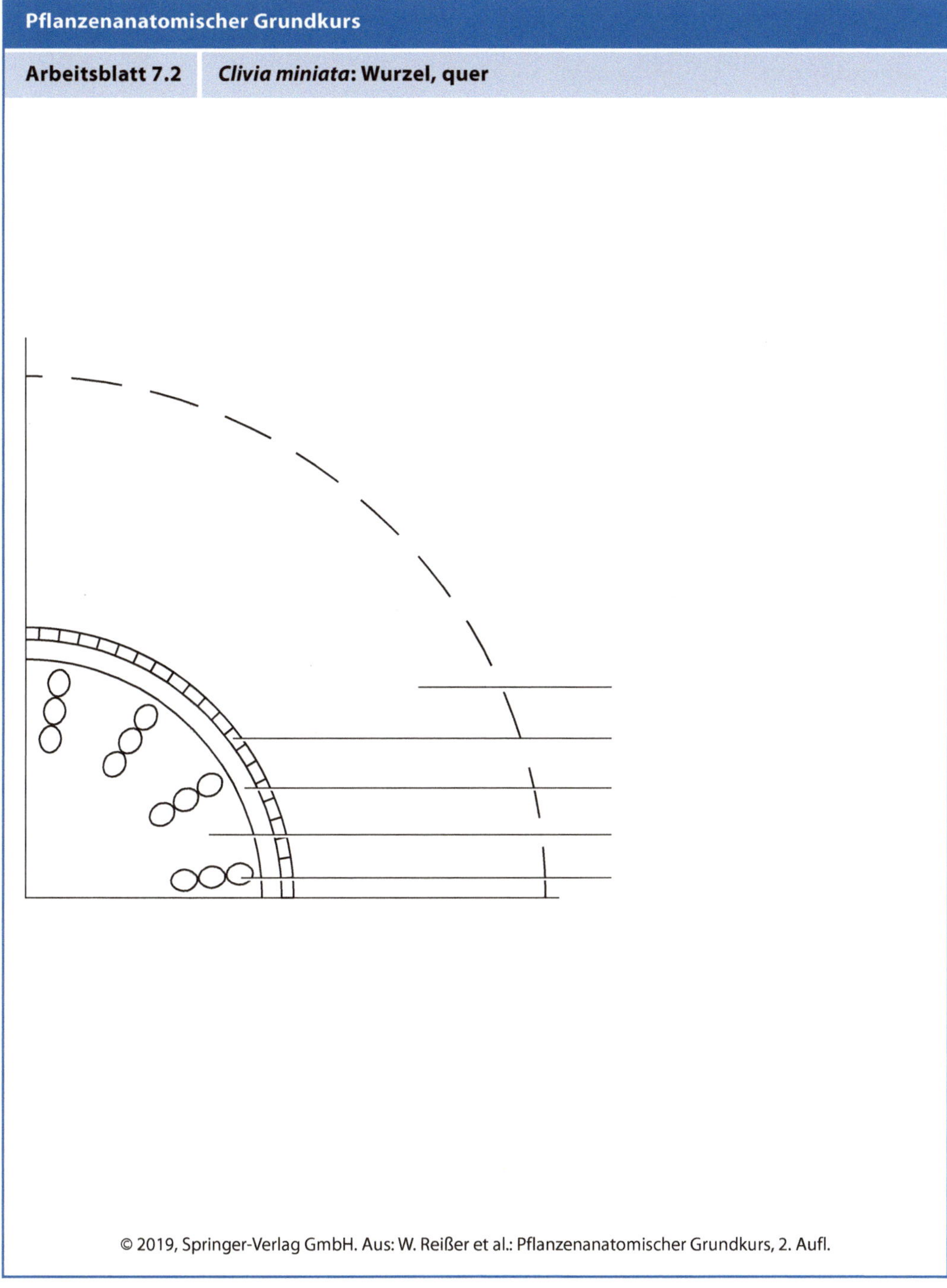

Abb. 7.22 *Clivia miniata:* Wurzel, quer

7

Pflanzenanatomischer Grundkurs

Arbeitsblatt 7.3	***Clivia miniata*: Velamen radicum**

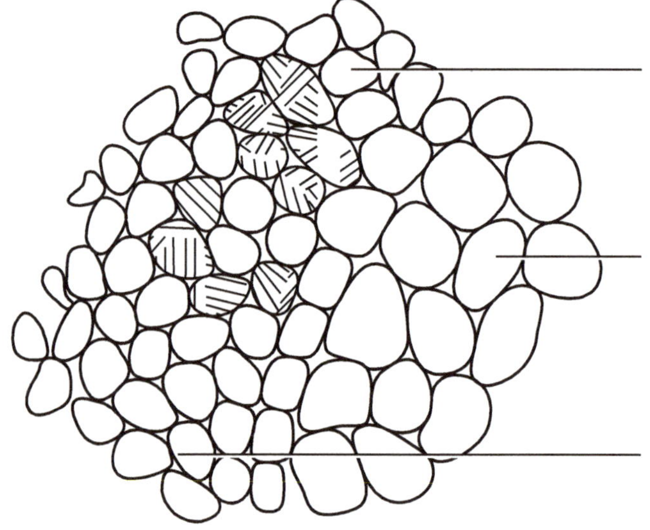

Abb. 7.23 *Clivia miniata:* Velamen radicum

Abb. 7.24 *Caltha palustris:* Wurzel, quer

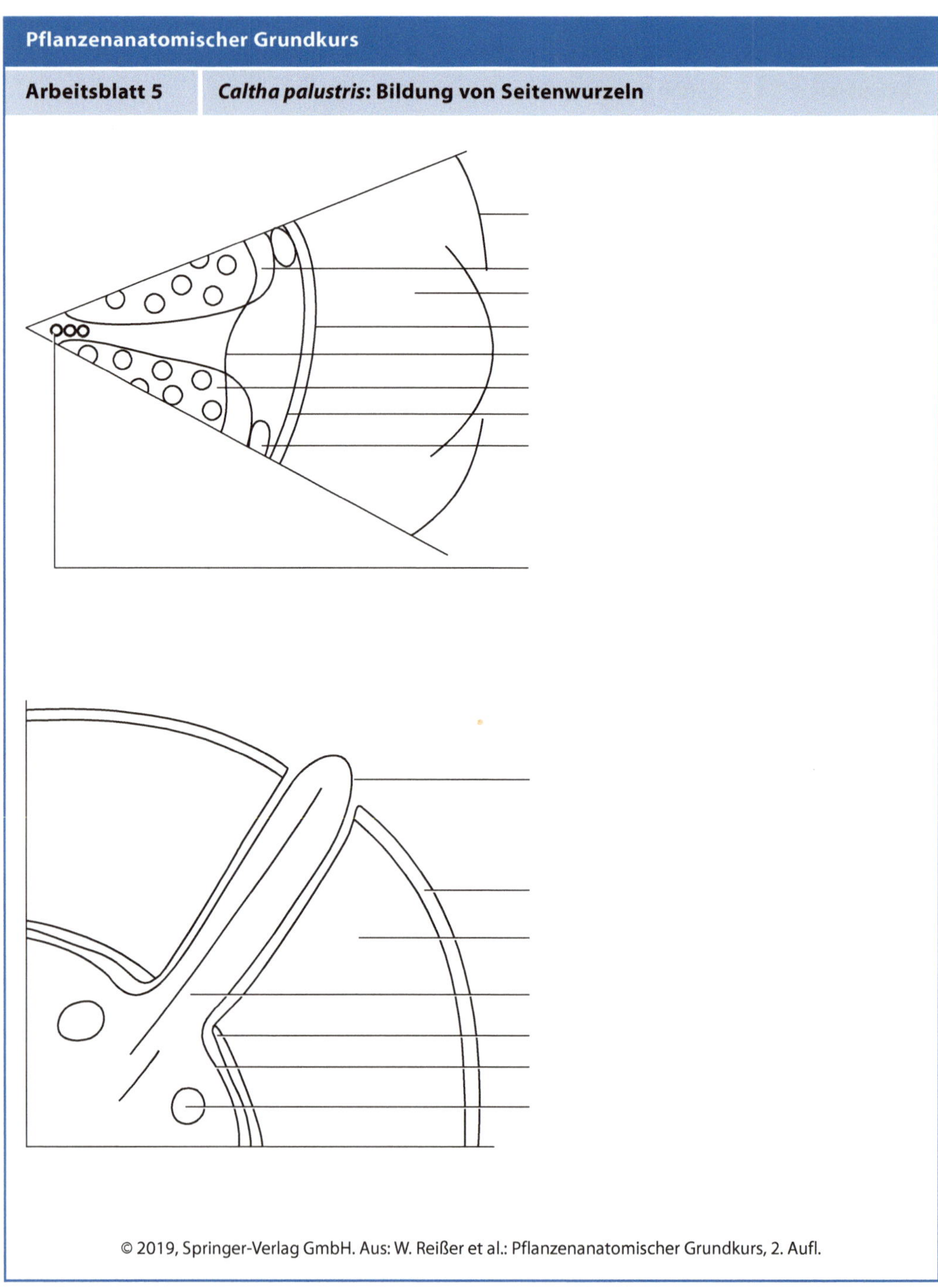

Abb. 7.25 *Caltha palustris:* Bildung von Seitenwurzeln

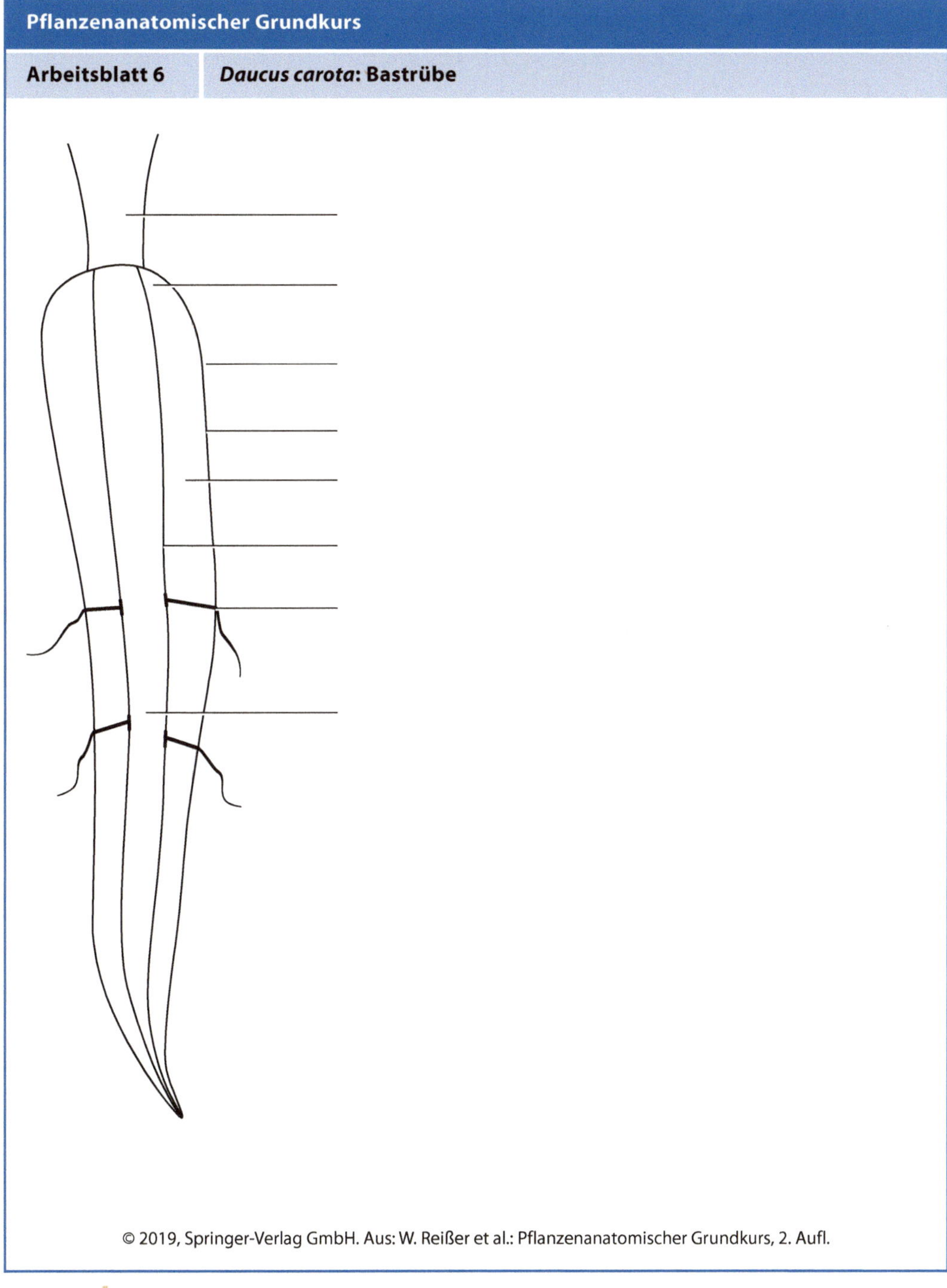

Abb. 7.26 *Daucus carota:* Bastrübe

Blatt

W. Reißer, F.-M. Dux, M. Möschke, M. Hofmeister, *Pflanzenanatomischer Grundkurs,*
https://doi.org/10.1007/978-3-662-58719-5_8

8.1 Einführung

Photosynthese und Transpiration Zu den Grundorganen der Landpflanzen gehört neben Wurzel und Spross auch das **Blatt.** In ihm läuft die **Photosynthese** ab. Entsprechend haben viele Blätter eine flächige Gestalt von verhältnismäßig geringer Dicke, damit möglichst viel Licht in sie eindringen und zu den Orten der Photosynthese, den **Chloroplasten,** gelangen kann. Daneben sind Blätter für den Wassertransport im Leitgewebe (Xylemteil) der Pflanzen verantwortlich. Durch die regulierte Abgabe von Wasserdampf mittels ihrer Spaltöffnungen erzeugen sie einen auf das durch die Wurzel aufgenommene Wasser und die darin gelösten Nährstoffe sprossaufwärts gerichteten Sog **(Transpirationssog).**

Blatttypen Jede Landpflanze bildet im Laufe ihrer Entwicklung unterschiedliche Blatttypen aus. Als erstes entwickeln sich die **Keimblätter** (Kotyledonen) als Teil der jungen Pflanze, des Embryos. Sie sind relativ undifferenziert und deshalb bei den meisten Pflanzen sehr ähnlich gestaltet. Wenn der Embryo auskeimt und sich fortentwickelt, werden aus Blattprimordien die **Folgeblätter** (die typischen Laub-, Gras- und Nadelblätter, welche die überwiegende Masse der Blätter bilden) und die **Blütenblätter** (Kelch-, Kron-, Staub- und Fruchtblätter). Die Blütenblätter stellen Metamorphosen der Laubblätter dar und sind in der Regel nicht photosynthetisch aktiv, sondern an der Blüten- und Fruchtbildung beteiligt.

8.2 Laubblatt

Epidermis und Cuticula Ober- und Unterseite des Blattes werden jeweils durch eine Schicht chloroplastenfreier Zellen **(Epidermiszellen)** gebildet, die in Aufsicht eine unregelmäßige Form erkennen lassen. Dadurch sind sie eng miteinander verzahnt und verleihen dem Blatt eine hohe Reißfestigkeit. Die Epidermiszellen sind nach außen hin von einer wachsartigen Schicht überzogen **(Cuticula),** die als Verdunstungsschutz dient und Abwehrstoffe gegen das Auskeimen von Pilz- und Bakteriensporen enthält (◘ Abb. 8.1, 8.2, 8.3, 8.4, 8.5 und 8.6).

Mesophyll Zwischen der oberen und der unteren Epidermis befindet sich das **Mesophyll** (Blattmitte). Dieses besteht in der Regel aus im rechten Winkel zur Blattoberseite hin orientierten langgestreckten Zellen **(Palisadenparenchym)** und aus zur Blattunterseite hin weisenden unregelmäßig geformten Zellen **(Schwammparenchym).** Letzteres ist

◘ **Abb. 8.1** *Fagus sylvatica* – Rotbuche, Aufsicht auf Laubblatt. (© emer/Fotolia)

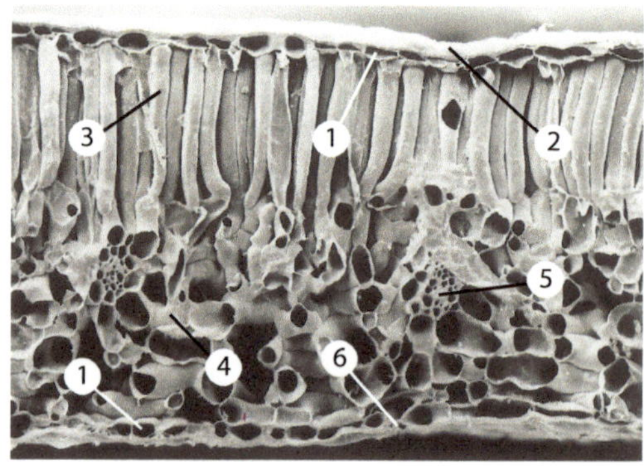

◘ **Abb. 8.2** *Helleborus niger* – Christrose, Querschnitt durch ein Blatt, rasterelektronenmikroskopische Aufnahme. *1* Epidermis, *2* Cuticula, *3* Palisadenparenchym, *4* Schwammparenchym, *5* Leitbündel, *6* Spaltöffnung in der unteren Epidermis. (© Kadereit et al. 2014, REM-Aufnahme HD Ihlenfeldt)

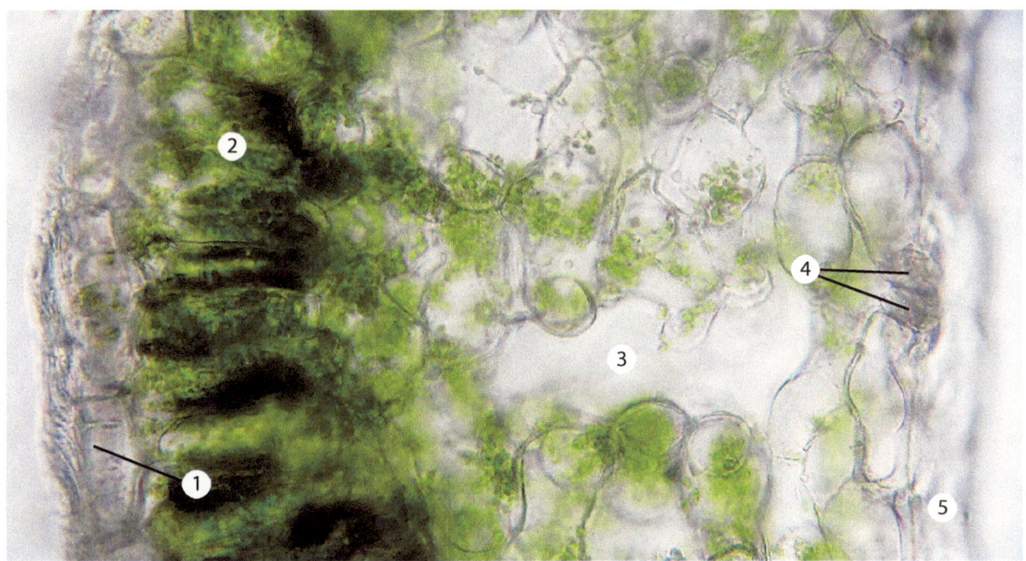

Abb. 8.3 *Helleborus niger* – Christrose, Querschnitt durch ein Blatt. *1* obere Epidermis, *2* Palisadenparenchym, *3* Schwammparenchym, *4* Leitbündel, *5* untere Epidermis. (© Universität Leipzig)

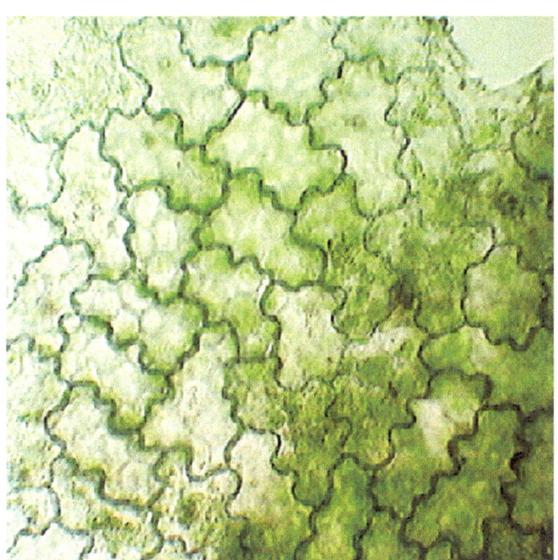

Abb. 8.4 *Helleborus niger* – Christrose, Aufsicht auf Zellen der oberen Blattepidermis. (© Universität Leipzig)

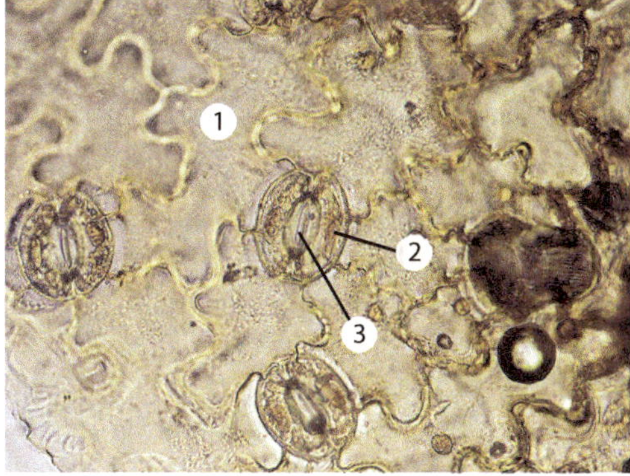

Abb. 8.5 *Helleborus niger* – Christrose, Aufsicht auf Zellen der unteren Blattepidermis. *1* Cuticularleisten, *2* Schließzelle, *3* Zentralspalt. (© Universität Leipzig)

reich an Interzellularen, die gewährleisten, dass die chloroplastenführenden Zellen optimal von Luft umspült werden.

Spaltöffnung Die Zufuhr von Luft und speziell des darin enthaltenen Kohlendioxids (CO_2) sowie der Abtransport von photosynthetisch gebildetem Sauerstoff (O_2, **Gasaustausch**) werden durch die Spaltöffnungen reguliert, die meist in der unteren Epidermis der Blätter liegen. Eine **Spaltöffnung** (Stoma) besteht aus zwei chloroplastenhaltigen Spezialzellen **(Schließzellen),** die elastische Zellwände haben, so den Spalt zwischen sich schließen und öffnen und damit den Gasaustausch zwischen Blatt und

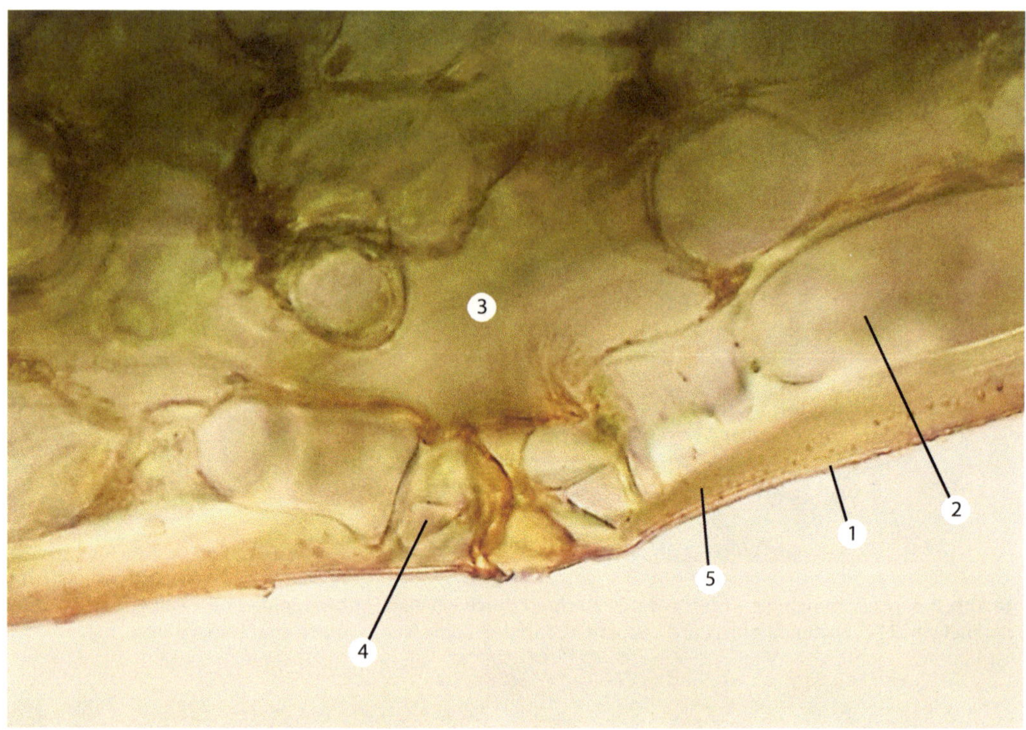

Abb. 8.6 *Helleborus niger* – Christrose, Querschnitt durch die untere Blattepidermis mit Spaltöffnung. *1* Cuticula, *2* Epidermis, *3* Interzellularraum, *4* Schließzelle, *5* Zellwand. (© Universität Leipzig)

Umgebung regulieren können (Abb. 8.4, 8.5, 8.6, 8.7 und 8.8). Schließzellen entstehen durch inäquale Teilung aus Epidermiszellen, in denen sich die Proplastiden zu Chloroplasten entwickeln. Werden zusätzlich Begleitzellen gebildet, spricht man von einem Spaltöffnungsapparat (Abb. 8.9). Die Zahl der Spaltöffnungen pro Blattfläche kann durch klimatische Faktoren beeinflusst werden. Bei Pflanzen trockener Standorte sind die Stomata oft eingesenkt (vgl. Nadelblatt: xeromorphe Anpassung), bei Pflanzen feuchter Standorte können sie über die Epidermis hinausragen.

Trichome und Emergenzen Epidermiszellen generell können **Trichome** (Haare), ein- oder mehrzellige Auswüchse, bilden, die unterschiedlichste Funktionen haben können. Man unterscheidet Drüsenhaare, Klimmhaare, Absorptionshaare usw. Oft dienen sie wahrscheinlich auch dazu, die Luftströmung auf der Blattoberfläche und damit den Abtransport von Wasserdampf über die Spaltöffnungen zu verringern. Strukturen, die aus Trichomen und zusätzlich subepidermalen Gewebeschichten aufgebaut sind, werden als **Emergenzen** bezeichnet. Ein Beispiel für eine Emergenz ist das Brennhaar der Brennnessel.

Leitbündel An der Grenze von Schwamm- und Palisadenparenchym befindet sich ein geschlossen-kollaterales Leitbündel (Blattader), dessen Xylem zur Blattoberseite zeigt. Das Phloem, welches dem Abtransport der photosynthetisch gebildeten Stoffe dient, zeigt zur Blattunterseite. Zuweilen wird um das Leitbündel ein Ring aus sklerenchymatischen Zellen (Scheide) gebildet.

Nervatur Bei der Betrachtung des gesamten Blattes in Aufsicht erkennt man eine typische

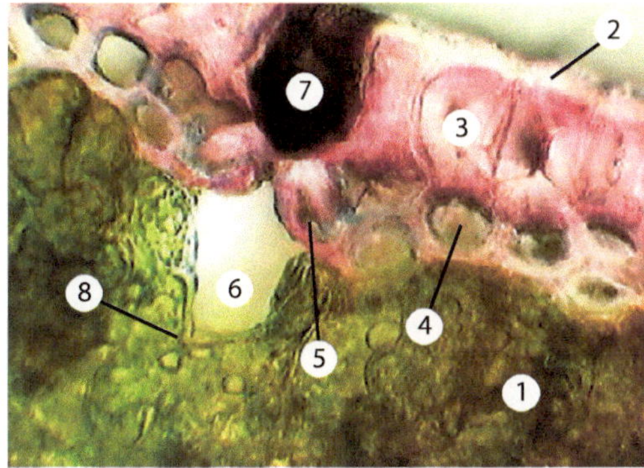

■ **Abb. 8.7** *Pinus nigra* – Schwarz-Kiefer, Querschnitt durch ein Nadelblatt, Detail, Färbung mit FSA. *1* Armpalisadenparenchym, *2* Cuticula, *3* Epidermis, *4* Hypodermis, *5* Schließzelle, *6* Atemhöhle, *7* Vorhof, *8* U-Zelle. (© Universität Leipzig)

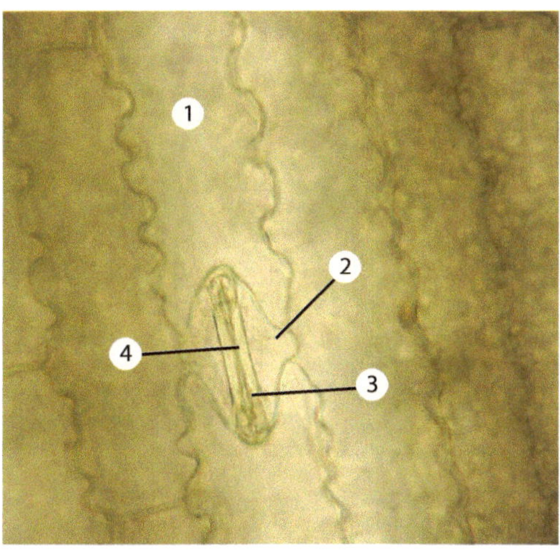

■ **Abb. 8.8** *Zea mays* – Mais, Aufsicht auf die untere Epidermis des Grasblatts. *1* Epidermis, *2* Nebenzelle, *3* Schließzelle, *4* Zellwandverdickungen. (© Universität Leipzig)

Organisation des Systems der Blattadern, die als **Nervatur** bezeichnet wird. Die Blätter der monokotylen Pflanzen haben in der Regel geradlinig parallel laufende Blattadern (Parallelnervatur, z. B. Tulpe, Gräser), die Blätter der dikotylen Pflanzen in der Regel stark verzweigte Blattadern (Netznervatur, z. B. Rose, Pfingstrose).

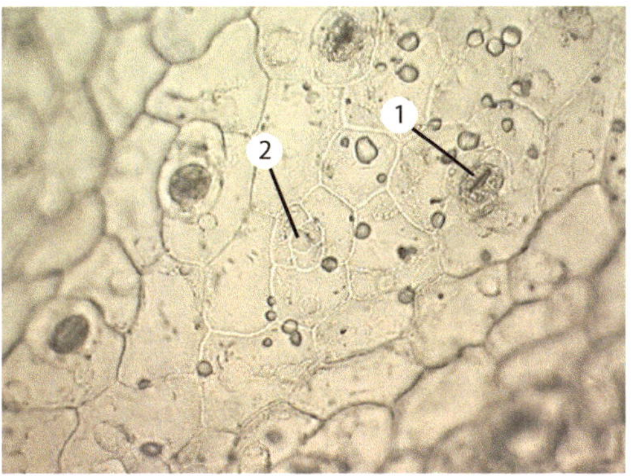

■ **Abb. 8.9** *Kalanchoe daigremontiana* – Brutblatt, Entwicklung des Spaltöffnungapparats. *1* fertig ausgebildete Spaltöffnung, *2* Vorstufe. (© Universität Leipzig)

Laubblatt

Lernziele/Stichwörter

Blattepidermis – Palisadenparenchym – Schwammparenchym – Leitbündel – Spaltöffnungen

■ ■ Objekt: *Helleborus niger* – Christrose

Aufgaben:

- Blattmaterial quer schneiden.
- Schnitt mikroskopieren und mit FSA färben.
- Ausschnitt mit Spaltöffnung zeichnen.
- zur Beobachtung der Spaltöffnungen untere Epidermis vorsichtig mit einer Pinzette abziehen, mikroskopieren und in Aufsicht zeichnen.

Zusätzlich zum Blattquerschnitt lohnt es sich, auch eine Aufsicht auf die obere oder untere Epidermis zu zeichnen. Die Epidermiszellen sind aufgrund ihrer unregelmäßigen Gestalt so miteinander verzahnt, dass die Epidermis eine wichtige stabilisierende Funktion erhält: Auch bei stärkster mechanischer Belastung (Sturm, Unwetter) löst sich eher das gesamte Blatt vom Spross, als dass die Blattspreite reißt. In der Regel sind bei Laubblättern die Spaltöffnungen in der unteren Epidermis zu finden, jedoch gibt es Ausnahmen.

Interessant ist die Beobachtung, dass das Konstruktionsprinzip „Blatt" mehrfach in der Evolution der Pflanzen realisiert worden ist. So finden sich „Blätter" im Sinne von flächigen Licht absorbierenden Teilen des Vegetationsköpers auch bei Moosen und bei Tangen (Braun- und Rotalgen).

Alternativ kann auch *Fagus sylvatica* – Rotbuche verwendet werden.

8.3 Grasblatt

8

Die wichtigste Modifikation des Laubblatts ist das Grasblatt (◘ Abb. 8.10, 8.11, 8.12, 8.13 und 8.14). Es umfasst mit seinem basalen Teil die Sprossachse als Scheide und zeigt die für Monokotyledonen typischen parallel verlaufenden Blattadern (geschlossen-kollateral organisierte Leitbündel) und die Anordnung der Spaltöffnungen in regelmäßigen Reihen. Bei den hier vorgestellten Objekten werden die Leitbündel von einem Ring parenchymatischer Zellen umgeben, welche die **Leitbündelscheide** bilden und die verhältnismäßig große Chloroplasten enthalten, in denen die Photosynthese nach dem **C3-Typ** abläuft (C_3-Pflanzen: Fixierung des CO_2 mithilfe der Ribulose-1,5-bisphosphat-Carboxylase/Oxygenase; erstes stabiles Fixierungsprodukt ist ein Molekül mit **drei C-Atomen**). Die übrigen einheitlich gestalteten und chloroplastenhaltigen Zellen des Mesophylls sind kleiner und unregelmäßiger gebaut. In ihnen läuft die Photosynthese nach dem **C4-Typ** ab (C_4-Pflanzen: Fixierung des CO_2 mithilfe der Phosphoenolpyruvat-Carboxylase; erstes stabiles Fixierungsprodukt ist ein Molekül mit **vier C-Atomen**). Leitbündel und Leitbündelscheide sind in der Regel von einem Ring sklerenchymatischer Zellen umgeben, der bis zur oberen und unteren Epidermis reicht und auf diese Weise deutlich ausgeprägte **Blattrippen** bildet. Die Epidermis der Blattunterseite besteht aus mehr oder weniger gleichgestalteten Zellen, wohingegen die Epidermis der Blattoberseite aus unterschiedlich gestalteten Zellen besteht: Im Bereich der Blattrippen **(Costalfeld)** sind sie kleinzellig, im dazwischenliegenden Bereich, dem **Intercostalfeld,** nehmen sie an Größe zu und sind blasenförmig **(bulliforme Zellen).** Möglicherweise haben diese großen Epidermiszellen die Funktion, die Blattspreite plan zu halten und zu stabilisieren.

◘ **Abb. 8.10** *Saccharum officinarum* – Zuckerrohr, C_4-Pflanze mit Grasblättern. (© Sandrine Ribeyron/Getty Images/Hemera/Thinkstock)

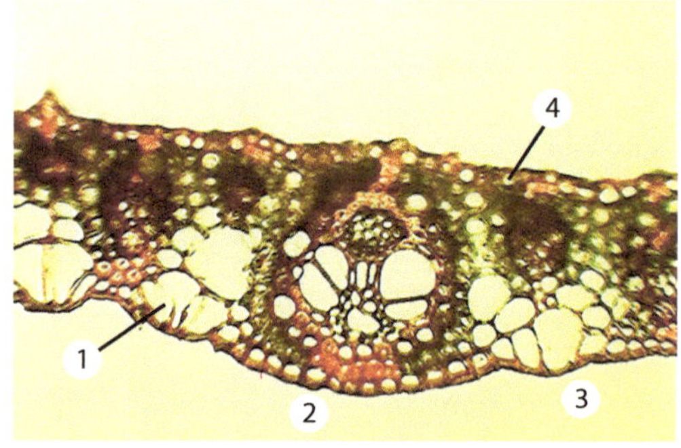

◘ **Abb. 8.11** *Saccharum officinarum* – Zuckerrohr, Querschnitt durch ein Grasblatt, Färbung mit FSA. *1* bulliforme Zellen, *2* Costalfeld, *3* Intercostalfeld, *4* untere Epidermis. (© Universität Leipzig)

Grasblatt

Lernziele/Stichwörter

obere und untere Epidermis – bulliforme Zellen – Costal- und Intercostalfelder – Leitbündelscheide – Spaltöffnungsapparate und deren Anordnung

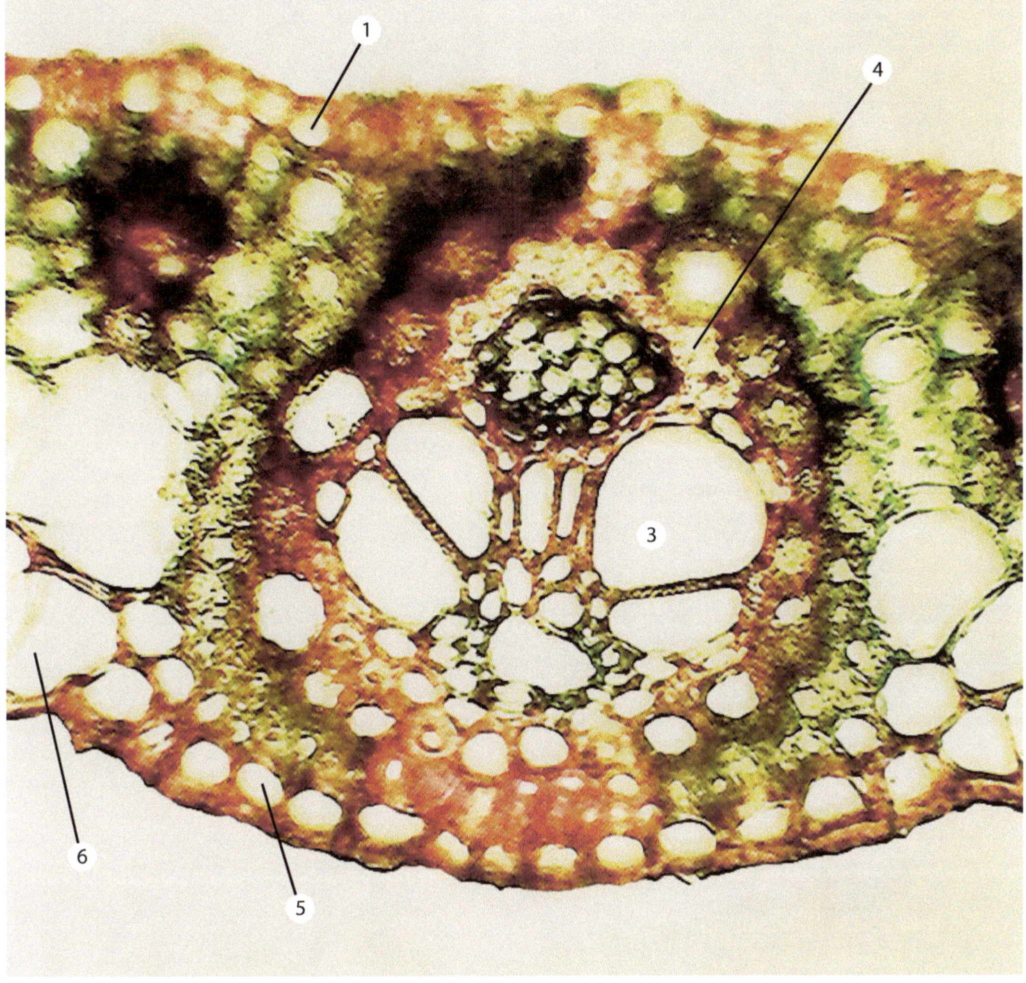

■ **Abb. 8.12** *Saccharum officinarum* – Zuckerrohr, Querschnitt durch ein Grasblatt, Detail: Costalfeld, Färbung mit FSA. *1* Phloem, *2* sklerenchymatische Scheide, *3* Xylem, *4* Sklerenchym, *5* untere Epidermis, *6* bulliforme Zelle der unteren Epidermis. (© Universität Leipzig)

■ ■ Objekt: *Saccharum officinarum* – Zuckerrohr

Aufgaben:

- Blattmaterial quer schneiden.
- Schnitt mikroskopieren und mit FSA färben.
- Ausschnitt mit Spaltöffnungen zeichnen.
- zur Beobachtung der Spaltöffnungen untere Epidermis vorsichtig mit einer Pinzette abziehen, mikroskopieren und Aufsicht zeichnen.

Der Zucker befindet sich im Mark des Zuckerrohrs, überwiegend als Saccharose. Diese wird herausgelöst und zu Haushaltszucker raffiniert oder – in neuerer Zeit – auch für die Herstellung von Bioethanol verwendet.

Alternativ oder ergänzend kann auch *Zea mays* – Mais verwendet werden.

8.4 Nadelblatt

Das Nadelblatt (■ Abb. 8.15, 8.16, 8.17 und 8.18) unterscheidet sich in seiner Organisation deutlich vom Laubblatt. Auffällig ist, dass

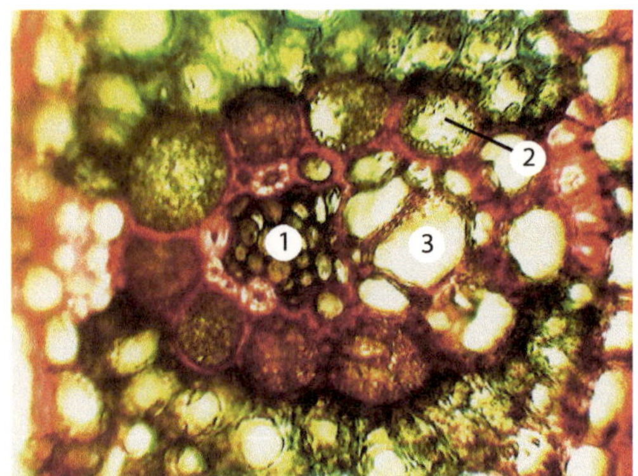

Abb. 8.13 *Saccharum officinarum* – Zuckerrohr, Querschnitt durch ein Grasblatt, Detail: Leitbündel, Färbung mit FSA. *1* Phloem, *2* parenchymatische Zellen mit Plastiden des C_3-Typs der Photosynthese, *3* Xylem. (© Universität Leipzig)

Abb. 8.15 *Pinus nigra* – Schwarz-Kiefer, Zweig mit Nadelblättern und weiblichen Zapfenblütenständen. (© Michael Weirauch/Getty Images/iStock/Thinkstock)

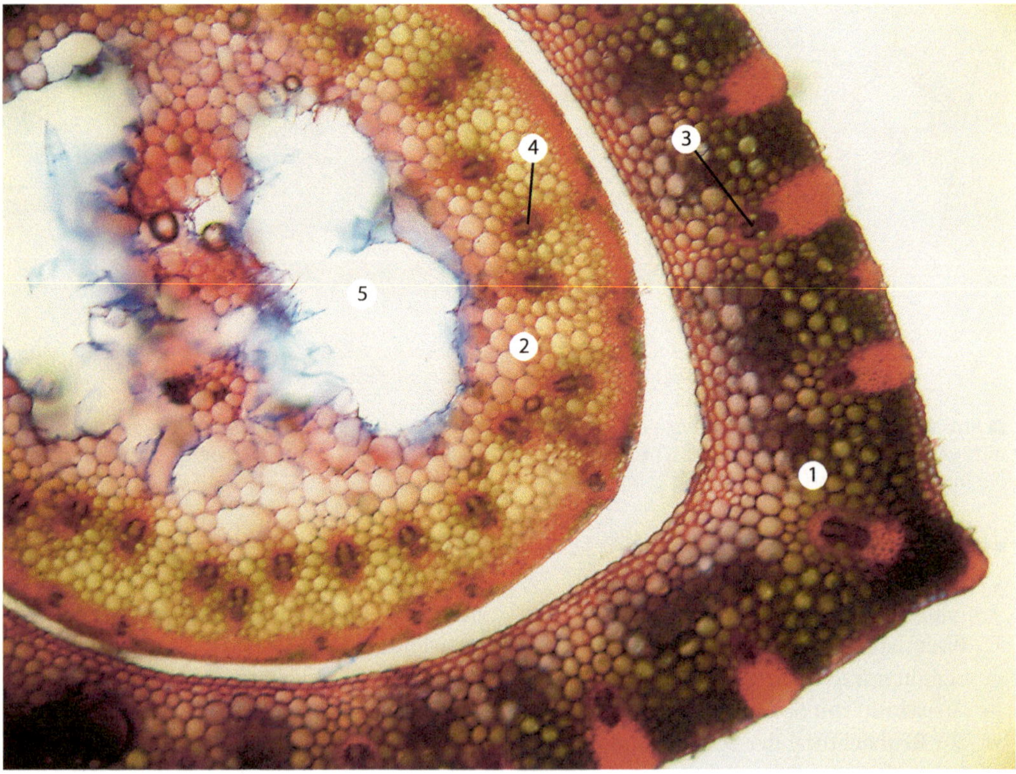

Abb. 8.14 *Saccharum officinarum* – Zuckerrohr, Querschnitt durch eine Sprossachse (Halm) mit umfassender basaler Blattscheide, Färbung mit FSA. *1* Blattscheide, *2* Halm, *3* Leitbündel des Blattes, *4* Leitbündel des Halms, *5* Markhöhle. (© Universität Leipzig)

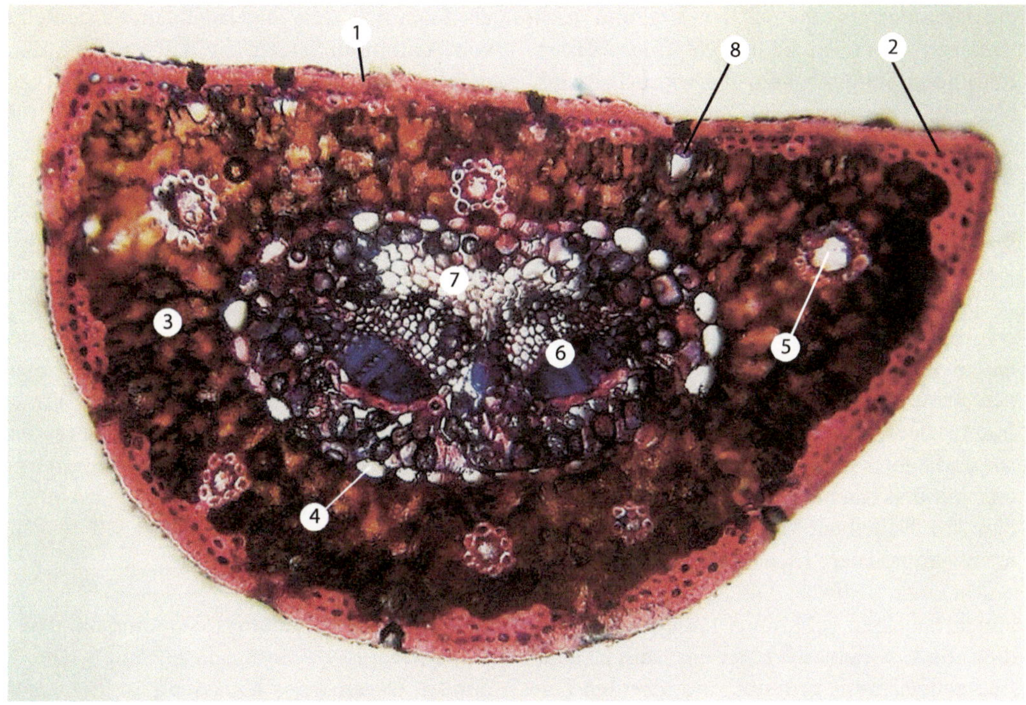

Abb. 8.16 *Pinus nigra* – Schwarz-Kiefer, Querschnitt durch ein Nadelblatt, Färbung mit FSA. *1* Armpalisadenparenchym, *2* Epidermis, *3* Endodermis, *4* Hypodermis, *5* Harzkanal, *6* Leitbündel, *7* Transfusionsgewebe, *8* Schließzellen. (© Universität Leipzig)

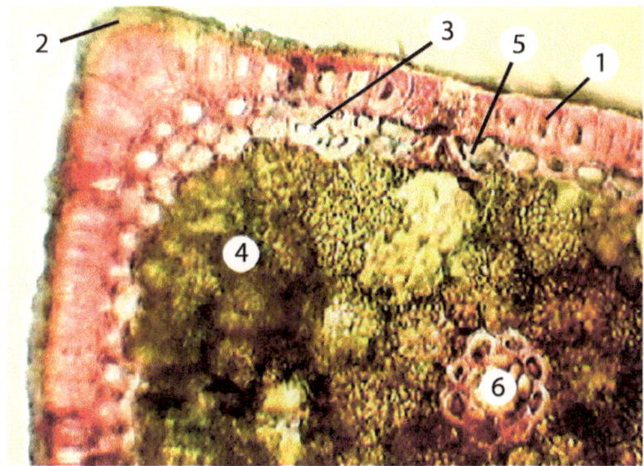

Abb. 8.17 *Pinus nigra* – Schwarz-Kiefer, Querschnitt durch ein Nadelblatt, Detail, Färbung mit FSA. *1* Armpalisadenparenchym, *2* Cuticula, *3* Epidermis, *4* Hypodermis, *5* Harzkanal, *6* Schließzelle. (© Universität Leipzig)

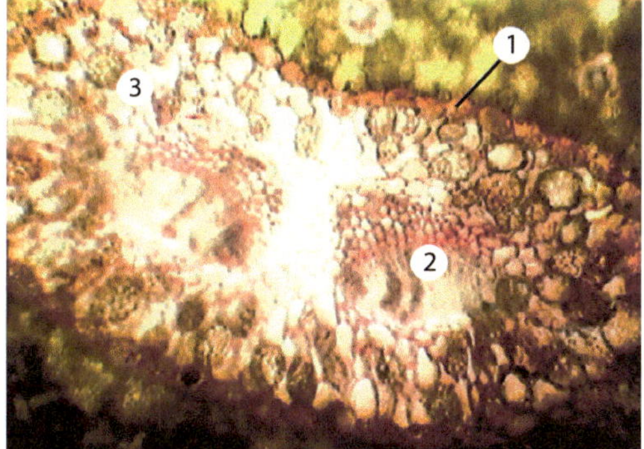

Abb. 8.18 *Pinus nigra* – Schwarz-Kiefer, Querschnitt durch ein Nadelblatt, Detail, Färbung mit FSA. *1* Endodermis, *2* Leitbündel, *3* Transfusionsgewebe. (© Universität Leipzig)

es im Querschnitt rund-oval erscheint und keine Trennung in Palisaden- und Schwammparenchym erkennen lässt. Unterhalb der **Epidermis,** die aus sehr dickwandigen, von einer massiven Wachsschicht **(Cuticula)** überzogenen Zellen besteht, tritt noch eine zweite ebenfalls chloroplastenfreie Zellschicht auf, die **Hypodermis,** die bis zu drei und mehr Zelllagen umfassen kann. Die chloroplastenführenden **Schließzellen,** die wie beim Laubblatt aus Epidermiszellen entstehen, sind tief eingesenkt und liegen unterhalb der Ebene der Epidermis, sodass oberhalb der Spaltöffnung ein trichterförmig vertiefter Raum, der stomatäre Vorhof, gebildet wird, der meist mit Wachskügelchen gefüllt ist.

Unterhalb der Hypodermis liegt das chloroplastenführende Mesophyll, das aus einem einheitlich gestalteten Zelltyp besteht, den **Armpalisadenzellen.** Diese weisen in das Innere der Zelle vorspringende Wandleisten auf und haben nur an ihren Schmalseiten Kontakt mit den Nachbarzellen. Das hat zur Folge, dass im Nadelblatt das Mesophyll scheibenförmig organisiert ist, vergleichbar den Münzen in einer Geldrolle: Die Armpalisadenzellen bilden Scheiben („Münzen"), die eine Zelllage dick und voneinander jeweils durch einen Interzellularraum getrennt sind, der den Gasaustausch sicherstellt. Für die Stabilität sorgt die durchgehende Schicht aus Hypo- und Epidermis, deren Funktion vergleichbar mit der Funktion der Papierhülle einer Geldrolle ist.

8

Im Inneren des Nadelblatts verlaufen zwei geschlossen-kollaterale Leitbündel, die oft eine sklerenchymatische Scheide besitzen und in ein chloroplastenfreies parenchymatisches Gewebe (**Transfusionsgewebe**) eingebettet sind. Die äußerste Schicht dieses Gewebes wird als **Endodermis** bezeichnet. Auch hier zeigt das Xylem des Leitbündels zur Blattoberseite.

Charakteristisch für Nadelblätter sind auch im Mesophyll lokalisierte **Harzkanäle,** die aus einem inneren Ring von Drüsenzellen und einem äußeren Ring sklerenchymatischer Zellen bestehen. Diese Harzkanäle treten auch in Holz und Bast der Nadelbäume auf. Die Harze dienen eventuell als Fraßschutz, nach anderen Autoren könnten sie auch Entgiftungsprodukte des Stoffwechsels sein.

Bei einem Vergleich des Grundaufbaus der hier vorgestellten Laub- und Nadelblätter wird deutlich, dass die Nadelblätter eine Reihe von Strukturen zeigen, die dafür sorgen, dass möglichst wenig Wasser aus dem Blatt verloren geht: stark ausgebildete Cuticula, tief eingesenkte Stomata und die Bildung eines durch Wachskügelchen strömungsberuhigten stomatären Vorhofs sowie die zusätzliche Sperrschicht der Hypodermis. Diese Organisation kann als eine Anpassung des Nadelblatts an trockene Bedingungen gesehen werden, als **xeromorphe Anpassung**. Dies wird verständlich, wenn man sich vor Augen hält, dass die meisten Nadelbäume im Winter ihre Blätter behalten, also zu einer Jahreszeit, in der bei Bodenfrost die Wasserversorgung stark eingeschränkt ist.

Nadelblatt

Lernziele/Stichwörter

Epidermis – Hypodermis – Armpalisaden – Endodermis – Transfusionsgewebe – Leitbündel – xeromorphe Anpassung

▪▪ Objekt: *Pinus nigra* – Schwarz-Kiefer

Aufgaben:

- Blattmaterial quer schneiden.
- Schnitte mikroskopieren und mit FSA bzw. Sudan III färben.
- Ausschnitte von verschiedenen Teilen des Nadelblatts zeichnen.

Da kein jahreszeitlich bedingter Laubfall stattfindet, sind Nadelblätter in der Regel für mehrere Jahre aktiv. Die entsprechenden Angaben schwanken zwischen 3–6 Jahren für *Pinus* sp. (Kiefer), 6–8 Jahren für *Picea* sp. (Fichte) und 8–11 Jahren für *Abies* sp. (Tanne).

Interessant ist, die morphologischen Unterschiede zwischen Laub- und Nadelblatt unter dem Aspekt der xeromorphen Anpassung herauszuarbeiten.

Alternativ kann auch *Pinus sylvestris* – Waldkiefer verwendet werden.

8.5 Lernzielkontrolle

1. Schildern Sie den prinzipiellen anatomischen Bau eines Laubblatts und eines Nadelblatts und stellen Sie eine Verbindung zwischen Struktur und Funktion her.
2. Welche Rolle spielt die Cuticula für Struktur und Funktion eines Blattes?
3. Welche Rolle spielen die Spaltöffnungen?
4. Erläutern Sie, warum bei den meisten Blättern das Xylem in der Regel zur Blattoberseite zeigt.
5. Welche unterschiedlichen Blatttypen werden im Laufe des Lebens einer Landpflanze gebildet?
6. Nennen Sie Strukturen des Nadelblatts, die im Sinne einer xeromorphen Anpassung gebildet werden.
7. Welche Funktion haben die bulliformen Zellen eines Grasblatts?
8. Was versteht man unter Costal- und Intercostalfeldern eines Grasblatts?
9. Wie ist das Unterblatt eines Grasblatts gestaltet?

8.6 Arbeitsblätter

Arbeitsblatt 8.1, *Helleborus niger:* Laubblatt, Übersicht, quer (◘ Abb. 8.19)
Arbeitsblatt 8.2, *Saccharum officinarum:* Grasblatt, Übersicht, quer (◘ Abb. 8.20)
Arbeitsblatt 8.3, *Zea mays:* Grasblatt, Aufsicht, Spaltöffnungen (◘ Abb. 8.21)
Arbeitsblatt 8.4, *Pinus nigra:* Nadelblatt, Übersicht, quer (◘ Abb. 8.22)
Arbeitsblatt 8.5, *Pinus nigra:* Nadelblatt, quer, Spaltöffnung (◘ Abb. 8.23)
Arbeitsblatt 8.6, *Pinus nigra:* Nadelblatt, quer, Harzkanal (◘ Abb. 8.24)

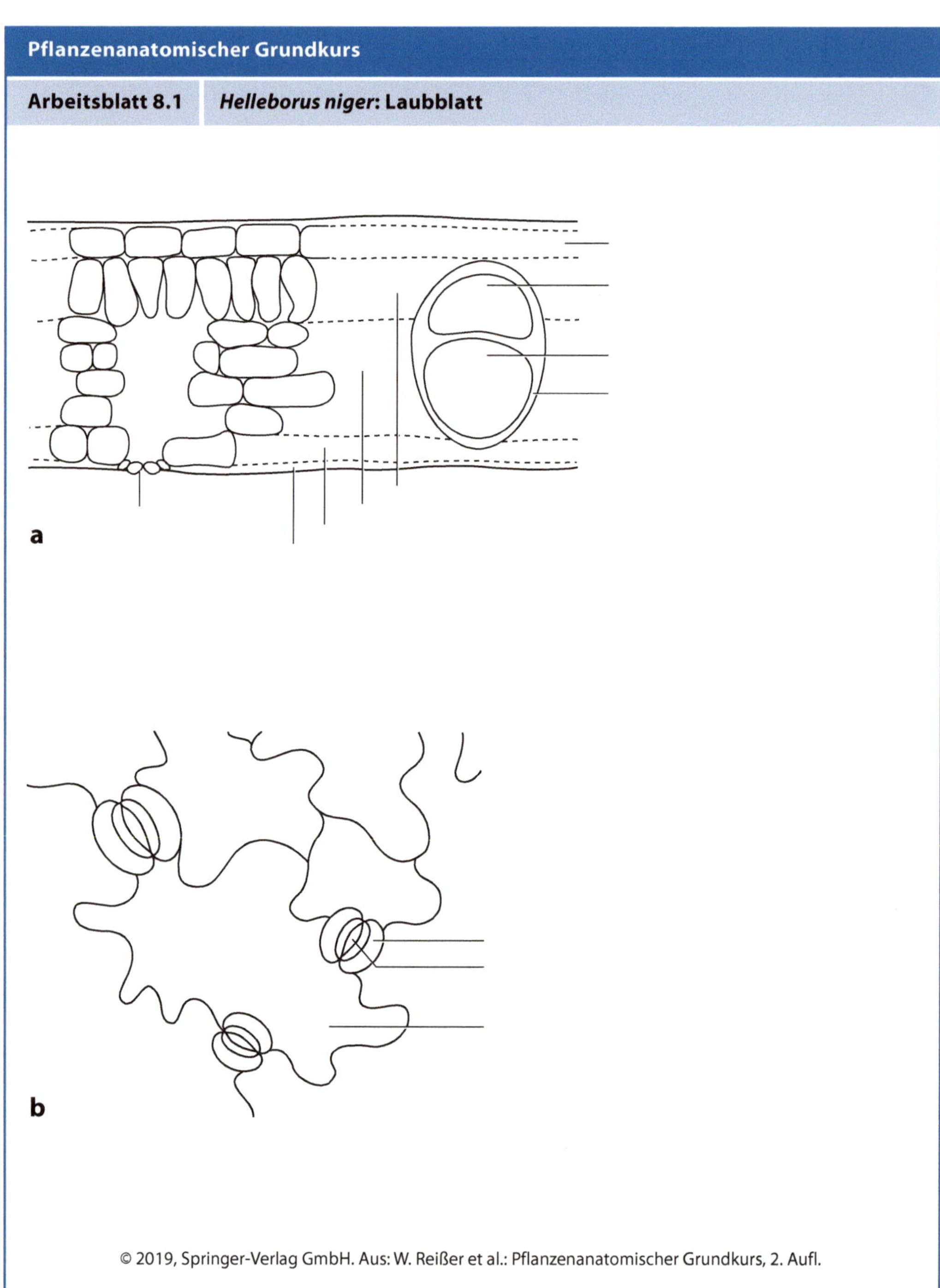

Abb. 8.19 *Helloborus niger:* Laubblatt. **a** Übersicht, quer, **b** Aufsicht untere Epidermis

Pflanzenanatomischer Grundkurs

Arbeitsblatt 8.2 ***Saccharum officinarum*: Grasblatt, Übersicht, quer**

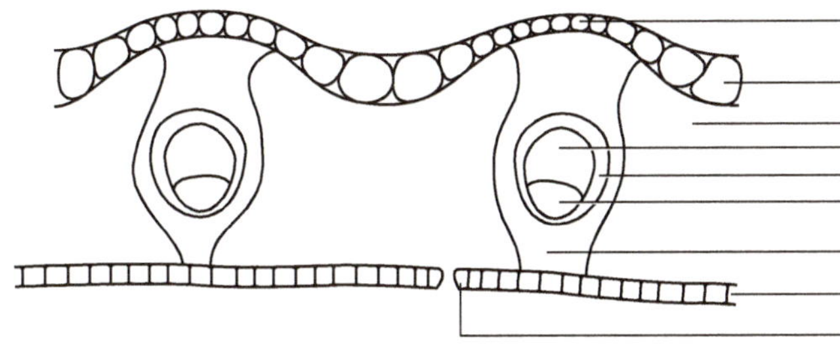

Abb. 8.20 *Saccharum officinarum:* Grasblatt, Übersicht, quer

Pflanzenanatomischer Grundkurs

Arbeitsblatt 8.3 ***Zea mays*: Grasblatt, Aufsicht, Spaltöffnungen**

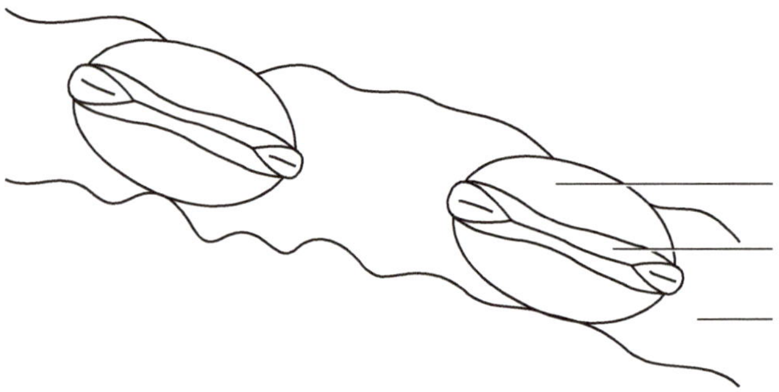

Abb. 8.21 *Zea mays:* Grasblatt, Aufsicht, Spaltöffnungen

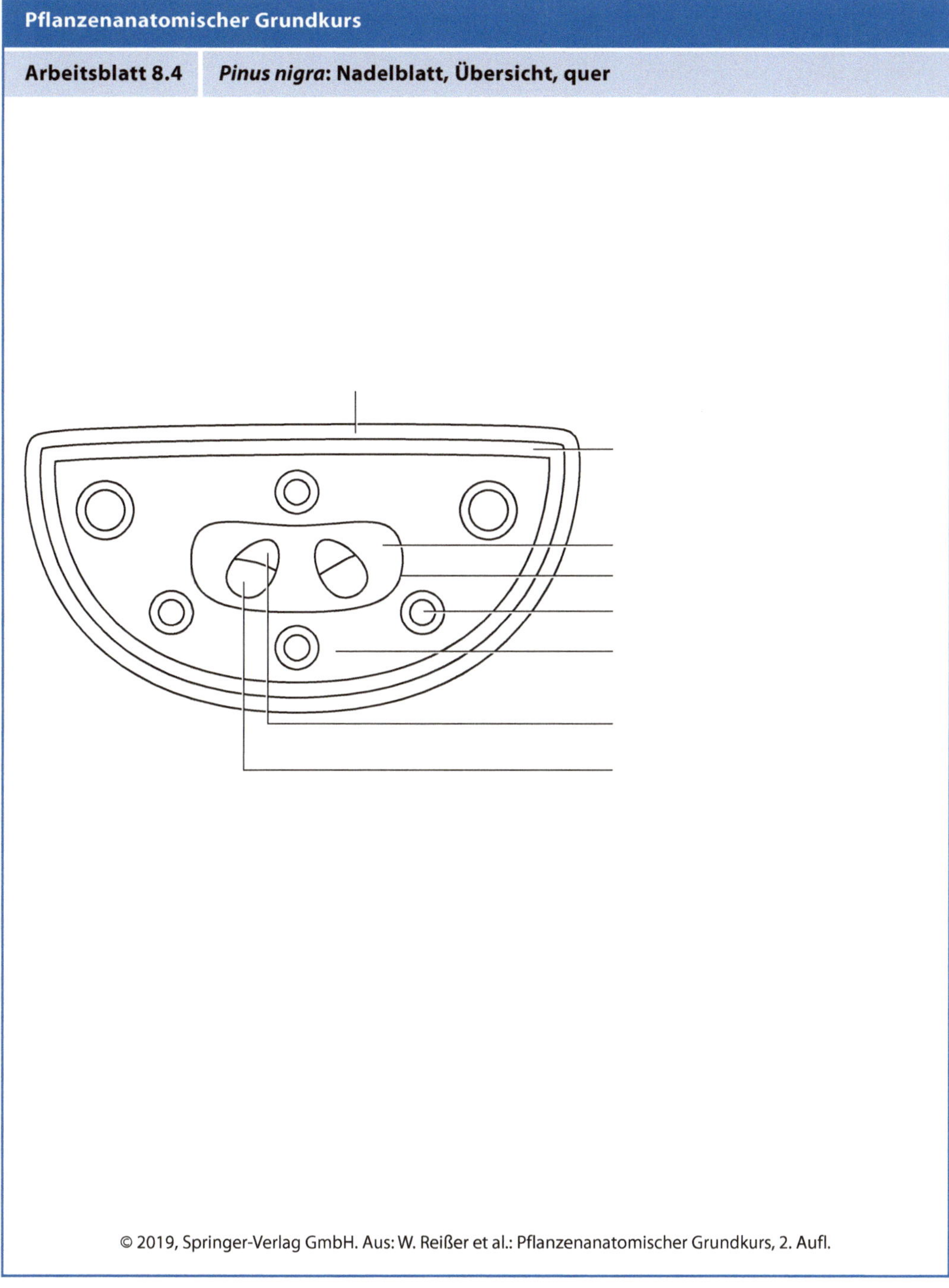

Abb. 8.22 *Pinus nigra:* Nadelblatt, Übersicht, quer

Pflanzenanatomischer Grundkurs

Arbeitsblatt 8.5	*Pinus nigra*: Nadelblatt, quer, Spaltöffnung

Abb. 8.23 *Pinus nigra:* Nadelblatt, quer, Spaltöffnung

8

Pflanzenanatomischer Grundkurs

Arbeitsblatt 8.6	***Pinus nigra*: Nadelblatt, quer, Harzkanal**

Abb. 8.24 *Pinus nigra:* Nadelblatt, quer, Harzkanal

Blüte

W. Reißer, F.-M. Dux, M. Möschke, M. Hofmeister, *Pflanzenanatomischer Grundkurs*,
https://doi.org/10.1007/978-3-662-58719-5_9

9.1 Einführung

Merkmale der Blüte Die **Blüte** ist ein Organ der Samenpflanzen, das ihrer Fortpflanzung dient und sich aus Blättern mit Spezialfunktionen aufbaut. Diese Blätter stehen meist wirtelig an Sprossabschnitten, die mit der Blütenbildung ihr Wachstum einstellen und deren Internodien stark gestaucht sind, sodass sich auf engem Bereich (Blütenachse, **Receptaculum**) zahlreiche Blütenblätter befinden.

Blüte der Angiospermen Die Blüten der Angiospermen bestehen aus der Blütenhülle **(Perianth)** und – im Falle eingeschlechtlicher Blüten – einem männlichen **(Androeceum)** oder weiblichen **(Gynoeceum)** Teil, im Falle zweigeschlechtlicher Blüten aus beiden Teilen (▫ Abb. 9.1). Die Blätter der Blütenhülle inserieren an der Sprossachse unterhalb der anderen Blütenblätter. Sie sind bei den Monokotyledonen einheitlich gestaltet **(Perigon,** z. B. Tulpe oder Palmlilie [*Yucca*] zwei Wirtel zu je drei **Perigonblättern;** ▫ Abb. 9.2), bei den Dikotyledonen unterscheiden sich **Kelch-** und **Kronblätter** (meist ein Wirtel Kelchblätter und ein bis mehrere Wirtel Kronblätter, z. B. Rose). Die Kelchblätter (Kelch: **Calyx**) sind meist grün gefärbt. Die Kronblätter (Krone: **Corolla**) haben eine Schutzfunktion und dienen aufgrund ihrer Färbung und Form dem Anlocken und der Auswahl von Bestäubern. Dies gilt auch für die Perigonblätter.

An der Blütenachse aufwärts folgend stehen die Staubblätter (Stamen, pl. **Stamina**), die in ihrer Gesamtheit das Androeceum bilden. Jedes Staubblatt besteht aus dem Staubfaden **(Filament)** und dem Staubbeutel **(Anthere),** der wiederum in zwei **Theken** aufgegliedert ist, die durch das **Konnektiv** verbunden sind. Jede Theka besitzt zwei Pollensäcke, in denen die Pollenkörner gebildet und durch Aufreißen der Wand des Pollensacks freigesetzt werden (▫ Abb. 9.3, 9.4 und 9.5).

Das Gynoeceum wird von den Fruchtblättern **(Karpellen)** gebildet. Jedes Fruchtblatt

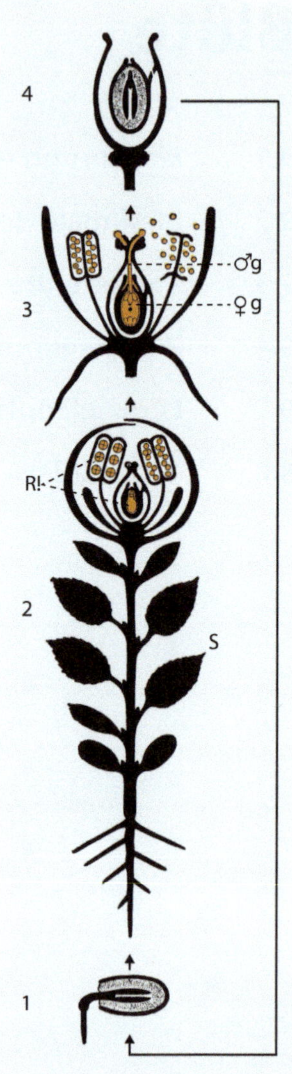

▫ **Abb. 9.1** Entwicklungsgang dikotyler angiospermer Pflanzen mit Zwitterblüten. *1* Keimender Samen: Die Radicula tritt durch die Mikropyle aus dem Samen aus. *2* Fertig ausgebildete Pflanze mit Zwitterblüten: Bei der Bildung der Pollenkörner und der Eizelle findet eine Halbierung des Chromosomensatzes durch Reduktionsteilung statt. *3* Zwitterblüte. Die Pollenkörner werden freigesetzt. Geeignete Pollenkörner keimen auf der Narbe des Fruchtblatts, bilden einen Pollenschlauch und befruchten in der Samenanlage die Eizelle. *4* Der Fruchtknoten wandelt sich zur Frucht mit eingeschlossenem Samen. *Schwarz:* Entwicklungsphase mit doppeltem Chromosomensatz, *orange:* Entwicklungsphase mit halbiertem Chromosomensatz; *g* = Gametophyt; *R!* = Reduktionsteilung; *s* = Sporophyt. (© Kadereit et al. 2014, nach F. Firbas)

■ **Abb. 9.2** *Yucca filamentosa* – Palmlilie, unreife Blüte, bei der drei Perigonblätter entfernt wurden, Ethanolpräparat. *1* Fruchtknoten, *2* Narbe, *3* Perigonblatt, *4* Blütenachse, *5* Staubblatt. (© Universität Leipzig)

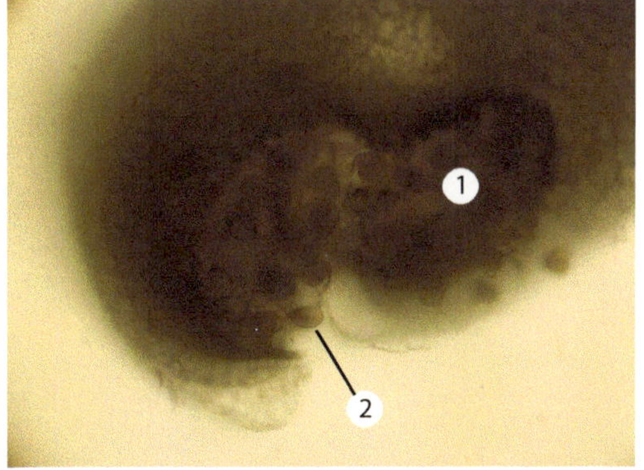

■ **Abb. 9.4** *Yucca filamentosa* – Palmlilie, Pollensack mit Pollenkörnern, Wand des Pollensacks aufgerissen. *1* Pollenkorn, *2* Pollensack. (© Universität Leipzig)

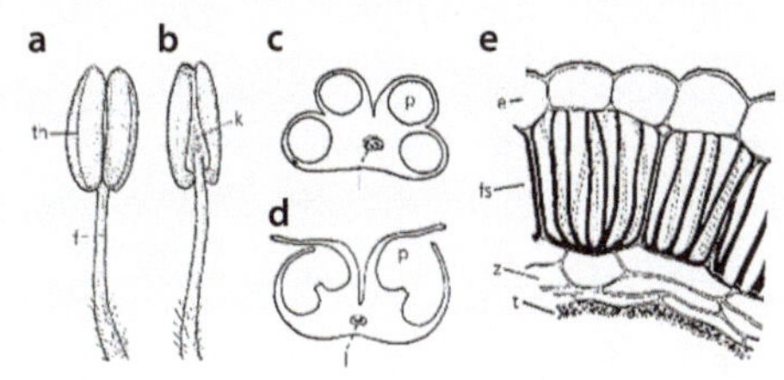

■ **Abb. 9.3** Aufbau eines Staubblatts. **a, b** Ansicht. **c, d** Querschnitt durch die Anthere (Staubbeutel). *E* Querschnitt durch die Wand eines Pollensacks. *e* = Epidermis; *f* = Filament (Staubfaden); *fs* = Faserschicht; *l* = Leitbündel; *k* = Konnektiv; *p* = Pollensack; *t* = Tapetum; *th* = Theka; *z* = Zwischenschicht. (© Kadereit et al. 2014; a, b nach AFW Schimper; c, d nach Strasburger; e nach F Firbas)

besteht aus einem basalen Teil (Fruchtknoten, **Ovar**), in dem sich die Samenanlagen mit den Eizellen befinden, einem darauf aufsitzenden schmaleren Teil (Griffel, **Stylus**) und einem oberen Teil, der Narbe **(Stigma).** Geeignete Pollenkörner keimen auf der Narbe aus und treiben einen Pollenschlauch durch das Griffelgewebe zu einer Samenanlage, in deren Embryosack dann die Eizelle befruchtet wird (■ Abb. 9.6, 9.7, 9.8 und 9.9). Generell können die einzelnen Blütenblätter freistehend, was als ursprüngliches Merkmal angesehen wird, oder miteinander verwachsen sein. Letzteres trifft häufig für Fruchtblätter zu (z. B. Tulpe: drei miteinander verwachsene Fruchtblätter), findet sich aber auch bei Blütenblättern, bei denen besondere Formen der Corolla gebildet werden, die nur bestimmte Bestäuber anlocken bzw. ihnen den Zutritt zum Blüteninneren ermöglichen (z. B. bei der Bestäubung durch Vögel). Bei windbestäubten Blüten (häufig Frühjahrsblüher, z. B. Hasel) ist die Corolla stark reduziert und unscheinbar, sodass eine Bestäubung durch den Wind nicht behindert wird.

Die Blütenglieder stehen bei den Blüten der Monokotyledonen in der Regel zu dritt pro Wirtel (Beispiel Tulpe: zwei Wirtel zu je drei Perigonblättern, zwei Wirtel zu je drei Staubblättern, ein Wirtel mit drei verwachsenen Fruchtblättern), bei den Dikotyledonen in der Regel zu zweit, viert oder fünft (z. B. Rose: ein Wirtel zu fünf Kelchblättern, ein bis mehrere Wirtel zu je fünf Kronblättern, mehrere Wirtel zu je zehn und mehr Staubblättern, ein Wirtel zu einem bis mehreren Fruchtblättern).

Eine Art, die männliche und weibliche Blüten oder Zwitterblüten an einem Individuum bildet, wird als einhäusig **(monözisch)** bezeichnet, eine Art, die männliche und weibliche Blüten an verschiedenen Individuen bildet, als zweihäusig **(diözisch).**

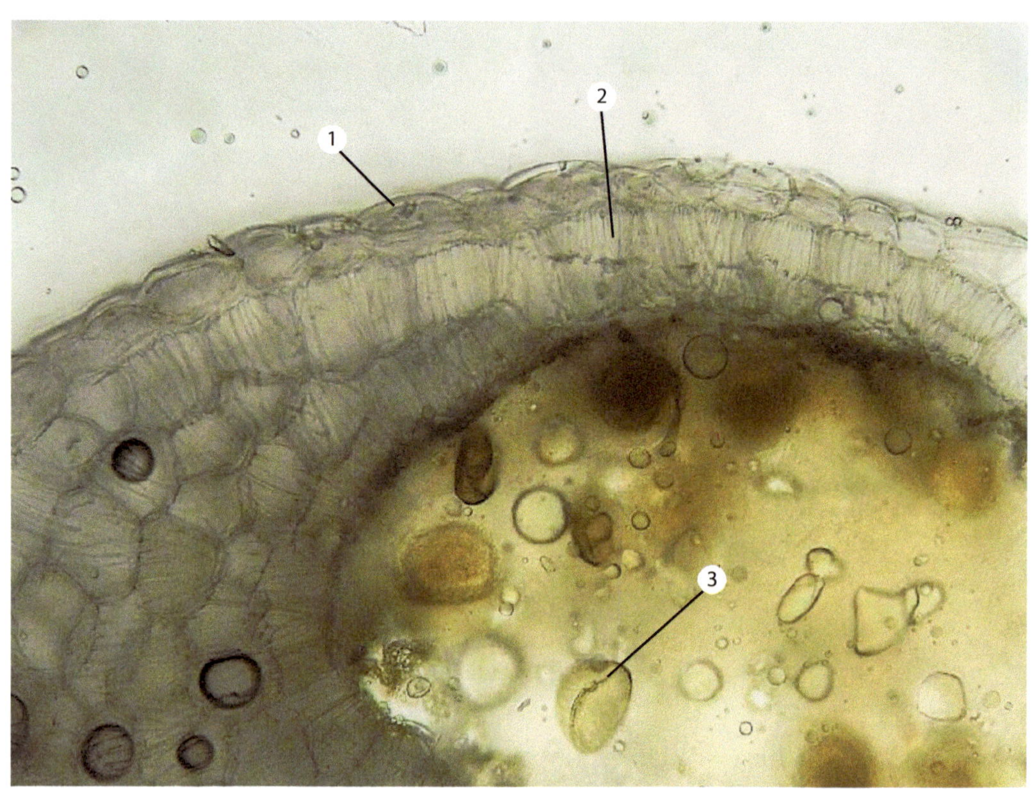

Abb. 9.5 *Yucca filamentosa* – Palmlilie, Querschnitt durch die Wand eines Pollensacks. *1* Epidermis, *2* Faserschicht, *3* Pollenkorn. (© Universität Leipzig)

9

Blüte der Gymnospermen Die Blüten der Gymnospermen, speziell der Nadelbäume, sind eingeschlechtlich und werden als **Zapfenblüten** bezeichnet (Abb. 9.10). Die männlichen Blüten bestehen aus einer Vielzahl in Gestalt eines Zapfens angeordneter Staubblätter. Die weiblichen Blüten stellen **Blütenstände** dar, die sich ebenfalls zapfenförmig aus Einzelblüten aufbauen, von denen jede aus einer **Fruchtschuppe** und einer **Deckschuppe,** die beide verholzen, besteht. Bei den Gymnospermen ist die Samenanlage nicht im Fruchtblatt eingeschlossen, sondern den Pollenkörnern frei zugängig, überwiegend im Zuge einer Windbestäubung.

9.2 Merkmale der Blüte von *Yucca filamentosa*

Die Blüte von *Yucca filamentosa* ist zweigeschlechtlich und zeigt die typischen Merkmale einer Blüte der monokotylen Pflanzen: drei Blütenblätter pro Wirtel und die Ausbildung eines Perigons (Abb. 9.2).

Blütenhülle

Lernziele/Stichwörter

Blüte der Monokotyledonen – Perigon – drei Blütenglieder pro Wirtel – gestauchte Blütenachse (Receptaculum)

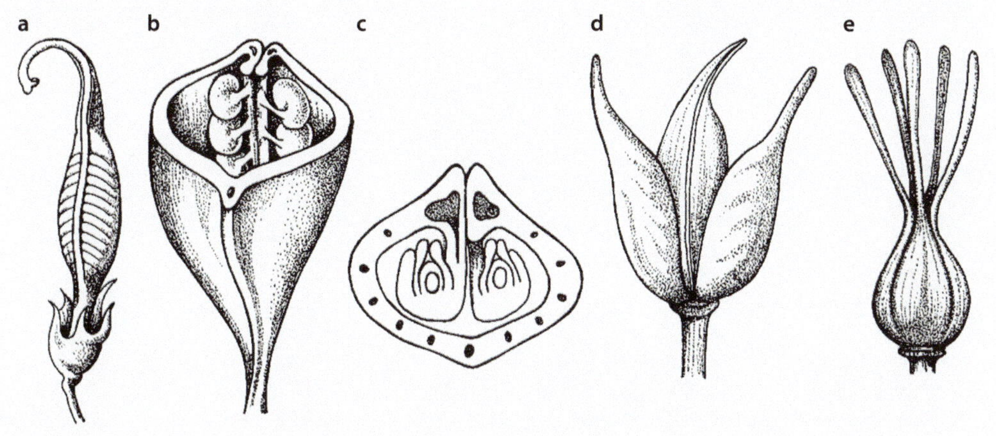

Abb. 9.6 Aufbau des Fruchtknotens. **a–c** Der Fruchtknoten wird von einem Fruchtblatt gebildet. Die Samenanlagen stehen an den verwachsenen Rändern der Fruchtblattspreite. **d** Der Fruchtknoten wird von drei Fruchtblättern gebildet. **e** Der Fruchtknoten wird von fünf Fruchtblättern gebildet, die an der Basis miteinander verwachsen sind. (© Kadereit et al. 2014; a–d nach W Troll; e nach OL Berg)

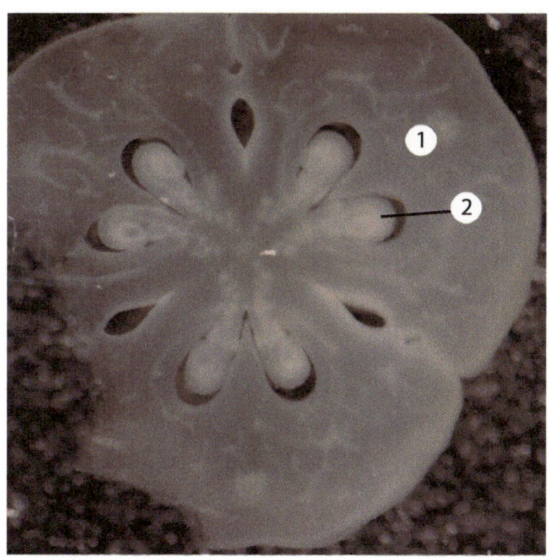

Abb. 9.7 *Yucca filamentosa* – Palmlilie, Querschnitt durch den Fruchtknoten mit drei verwachsenen Fruchtblättern, Ethanolpräparat. *1* Fruchtblatt, *2* Samenanlage. (© Universität Leipzig)

Objekt: *Yucca filamentosa* – Palmlilie

Aufgaben:

- Ansicht der Blüte zeichnen.

Gynoeceum: Typisch für die Blüte von Monokotyledonen ist die Dreizahl ihrer Glieder. Dies zeigt sich auch in den drei miteinander verwachsenen Fruchtblättern, welche den Fruchtknoten bilden. Wichtig ist zu erkennen, dass beim Querschnitt durch den Fruchtknoten zwar je zwei Samenanlagen pro Fruchtblatt zu sehen sind, insgesamt also sechs. Im gesamten Fruchtknoten aber sind wesentlich mehr Samenanlagen vorhanden. Jedes Fruchtblatt bildet eine Vielzahl von Samenanlagen.

Androeceum: Auch hier findet sich die Dreizahl der Blütenglieder je Wirtel: Sechs Staubblätter stehen in zwei Wirteln.

Androeceum von *Yucca filamentosa*

Das Androeceum von *Yucca filamentosa* besteht aus zwei Wirteln zu je drei Staubblättern (Abb. 9.4 und 9.5). Ein Staubblatt (Stamen) setzt sich aus dem Staubfaden (Filament) und dem Staubbeutel (Anthere) zusammen. Die Anthere besteht aus je zwei Theken, die durch ein Gewebe (Konnektiv), in dem ein Leitbündel verläuft, verbunden sind. Jede Theka besteht aus zwei Pollensäcken.

Schneidet man einen Pollensack quer, so erkennt man, dass dessen Hülle unter der Epidermis eine Schicht typischer Zellen

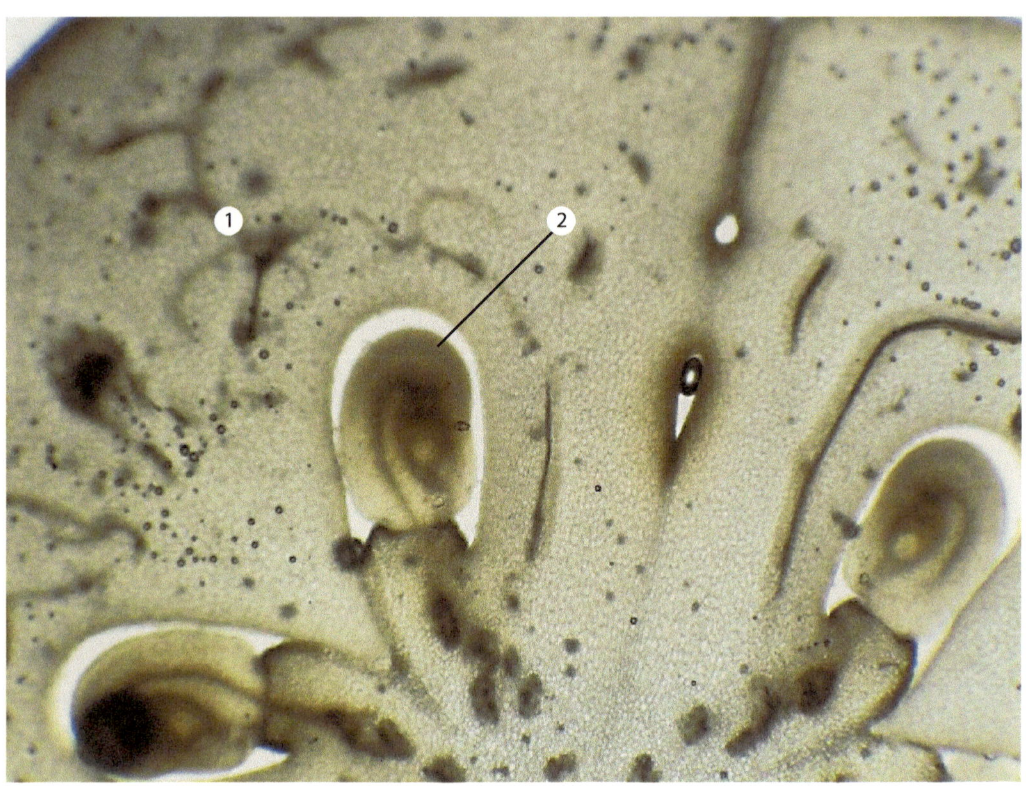

Abb. 9.8 *Yucca filamentosa* – Palmlilie, Querschnitt durch den Fruchtknoten, Fruchtblatt mit Leitbündeln. *1* Fruchtblatt, *2* Samenanlage. (© Universität Leipzig)

besitzt, die leistenförmig verdickte Zellwände bilden und als **Faserschicht** bezeichnet werden. Sind die im Pollensack gebildeten Pollen reif, reißen die Zellen der Faserschicht bei Trockenheit oder mechanischer Belastung (z. B. durch Bestäuber) an vorgebildeten Sollbruchstellen auf, wodurch die Pollenkörner freigesetzt werden.

Lernziele/Stichwörter

Stamen – Filament – Theka – Konnektiv – Pollensack – Faserschicht – Pollenkorn

Objekt: *Yucca filamentosa* – Palmlilie

Aufgaben:

- Ansicht von Anthere und Wand eines Pollensacks zeichnen.
- Anthere und Wand eines Pollensacks schneiden.
- Schnitt mikroskopieren und zeichnen.

Gynoeceum von *Yucca filamentosa*

Das Gynoeceum von *Yucca filamentosa* (Abb. 9.7, 9.8 und 9.9) besteht aus einem Wirtel von drei miteinander verwachsenen Fruchtblättern (Karpellen). Bei einem Querschnitt durch den Fruchtknoten (Ovar) wird deutlich, dass pro Fruchtblatt zwei Reihen von Samenanlagen stehen, sodass in der Schnittebene sechs Samenanlagen sichtbar sind. Die Samenanlagen stehen in Höhlungen des Fruchtblatts, in dem Leitbündel zu erkennen sind, und an dessen Rändern sie mit einem Stielchen, dem **Funiculus,** inserieren. Die Ansatzstelle des Funiculus am Fruchtblatt wird als **Plazenta** bezeichnet. Der dem Funiculus aufsitzende Teil der Samenanlage besitzt zwei Hüllschichten **(äußeres und inneres Integument),** die den **Embryosack** und das umgebende Gewebe **(Nucellus)** so umfassen, dass nur ein kleiner Bereich

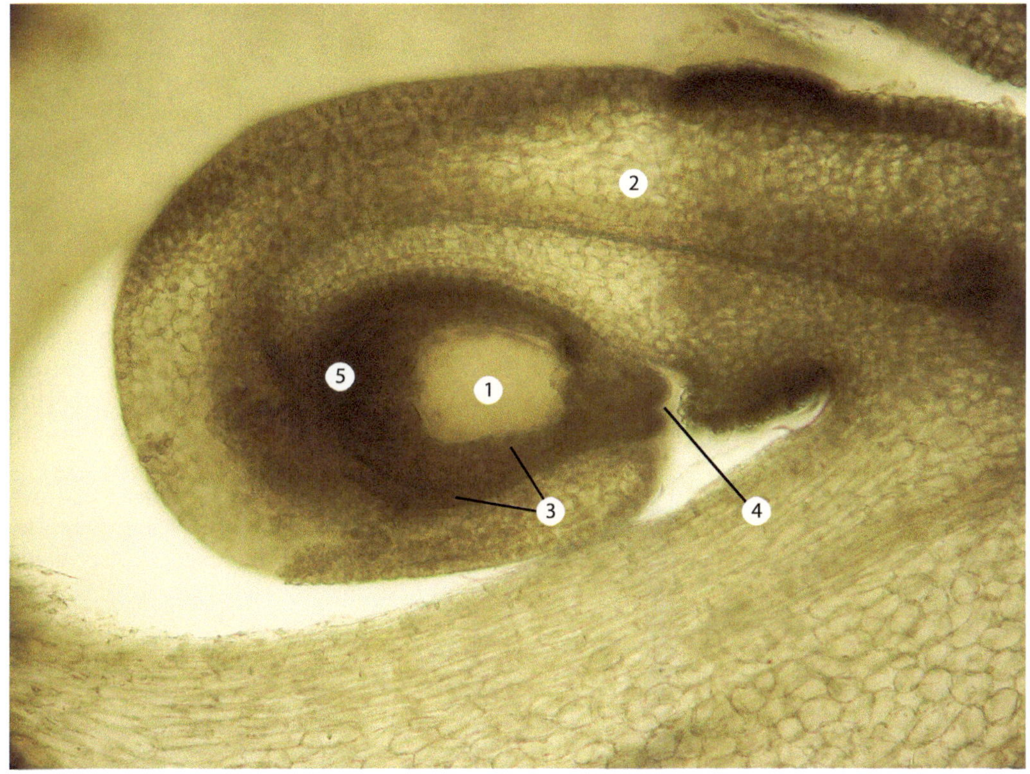

Abb. 9.9 *Yucca filamentosa* – Palmlilie, Querschnitt durch eine Samenanlage. *1* Embryosack, *2* Funiculus, *3* äußeres und inneres Integument, *4* Mikropyle, *5* Nucellus. (© Universität Leipzig)

(Mikropyle) offen bleibt. Im Embryosack befindet sich – neben weiteren Zellen – die **Eizelle.**

Lernziele/Stichwörter

Fruchtblatt (Karpell: Ovar + Stylus + Griffel) – Plazenta – Funiculus – Samenanlage – äußeres und inneres Integument – Mikropyle – Eizelle

Objekt: *Yucca filamentosa* – Palmlilie

Aufgaben:

- Ansicht der Fruchtblätter zeichnen.
- Ovar mit Samenanlage quer schneiden.
- Schnitt mikroskopieren und zeichnen.

9.3 Zapfenblüte

Während bei den Angiospermen (Bedecktsamern) die Samenanlagen im Fruchtblatt eingeschlossen sind und so ein Fruchtknoten entsteht, stehen bei den Gymnospermen (Nacktsamern) die Samenanlagen frei auf dem Fruchtblatt und sind so von außen für die Pollenkörner direkt zugängig. Dementsprechend unterscheiden sich die Blüten: Bei den Gymnospermen, zum Beispiel den Nadelbäumen, werden Zapfenblüten und Zapfenblütenstände gebildet (Abb. 9.10), die überwiegend durch Wind bestäubt werden.

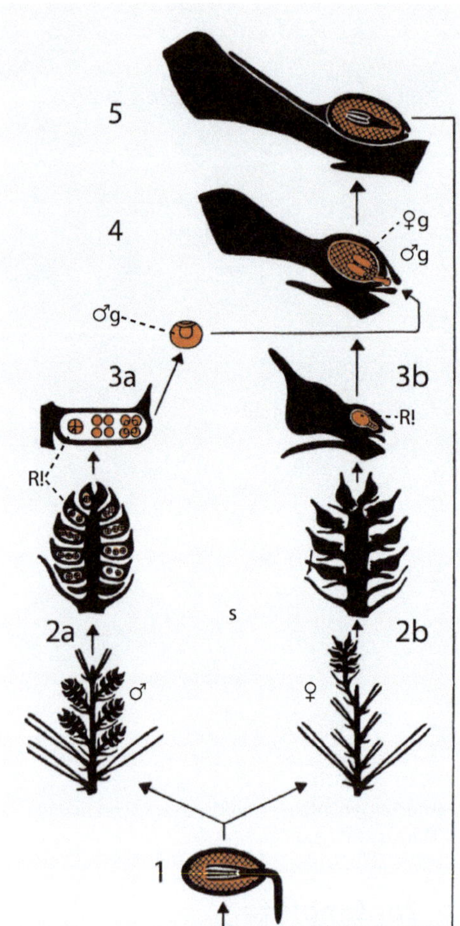

Abb. 9.10 Entwicklungsgang gymnospermer Pflanzen (Beispiel: *Pinus* sp.) mit männlichen und weiblichen Blüten. *1* Keimender Samen : Die Radicula tritt durch die Mikropyle aus dem Samen aus. *2a* Fertig ausgebildete männliche Pflanze mit Zapfenblüten. *2b* fertig ausgebildete weibliche Pflanze mit Zapfenblütenständen: Bei der Bildung der Pollenkörner und der Eizelle findet eine Halbierung des Chromosomensatzes durch Reduktionsteilung statt. *3a* Staubblatt mit Pollenkörnern. *3b* Blüte, bestehend aus sterilem Tragblatt (Deckschuppe) und Fruchtblatt (Samenschuppe). *4* Die Pollenkörner befruchten die Eizelle in der offen auf dem Fruchtblatt liegenden Samenanlage. *5* Reife Samenschuppe mit fertig ausgebildetem, geflügeltem Samen. *Schwarz:* Entwicklungsphase mit doppeltem Chromosomensatz, *orange*: Entwicklungsphase mit halbiertem Chromosomensatz; *g* = Gametophyt; *R!* = Reduktionsteilung; *s* = Sporophyt. (© Kadereit et al. 2014, nach F Firbas)

Die weiblichen Zapfenblütenstände setzen sich aus einer Vielzahl von einzelnen Blüten zusammen, die jeweils aus einer sterilen Deckschuppe und einer Fruchtschuppe bestehen, welche die Samenanlage trägt. Nach der Befruchtung der Eizelle und der Bildung des Samens (eine ruhende neue Pflanze) löst sich die pergamentartig und flügelähnlich gestaltete Fruchtschuppe mit dem Samen von der Zapfenachse ab und wird durch den Wind oder teilweise auch durch nahrungssuchende Tiere verbreitet. Das Ablösen wird dadurch erleichtert, dass sich die verholzten Deckschuppen bei trockenem Wetter von der Zapfenachse wegspreizen.

Die männlichen Zapfenblüten sind aus einer Vielzahl von auf engen Raum stehenden Staubblättern aufgebaut, wobei jede Zapfenblüte an der Basis spezielle Hüllblätter ausbildet.

Zapfenblüte

Lernziele/Stichwörter

weiblicher Zapfen – Fruchtschuppe – Deckschuppe – Samenanlage

▪▪ Objekt: *Pinus* sp. – Kiefer

Aufgaben:

- Ansicht eines weiblichen Zapfenblütenstands zeichnen.

Weiblicher Zapfen: Es handelt sich um einen Blütenstand. Die Einzelblüte besteht aus je einer Fruchtschuppe mit den Samenanlagen und einer Deckschuppe. Wichtig ist, den prinzipiellen Unterschied zur Blüte von *Yucca* zu erkennen: Bei *Pinus* sind die Samenanlagen für den durch den Wind verbreiteten Pollen frei zugängig (Gymnospermenblüte). Bei *Yucca* sind die Samenanlagen nicht frei zugängig. Der Pollen keimt auf der Narbe und bildet einen Pollenschlauch (Angiospermenblüte).

9.4 Pollenkeimung

Der von den Staubblättern gebildete Pollen setzt sich aus einzelnen Pollenkörnern zusammen, die entwicklungsgeschichtlich gesehen Sporen darstellen und nach einem einheitlichen Grundmuster aufgebaut sind. Die Zellwand der Pollenkörner ist zweischichtig und besteht aus einer inneren dünneren Schicht, der **Intine,** und einer dickeren äußeren Schicht, der **Exine.** Die Intine bildet den Pollenschlauch aus, die Exine hat primär eine Schutzfunktion. Sie besteht zu einem großen Teil aus **Sporopollenin,** einem sehr widerstandsfähigen Biopolymer, das dazu beiträgt, dass Pollen unter geeigneten (trockenen) Bedingungen mehrere Jahre, teilweise Tausende Jahre, keimfähig bleibt (◘ Abb. 9.11 und 9.12).

Je nach Lage der Keimfalten (**Aperturen:** Öffnungen in der Exine zum Austreten des Keimschlauchs) unterscheidet man verschiedene **Pollenformen,** die gruppen- und artspezifisch sind und in der Archäologie zur Identifizierung von pflanzlichen Materialien und Lebensmitteln herangezogen werden können **(Palynologie).**

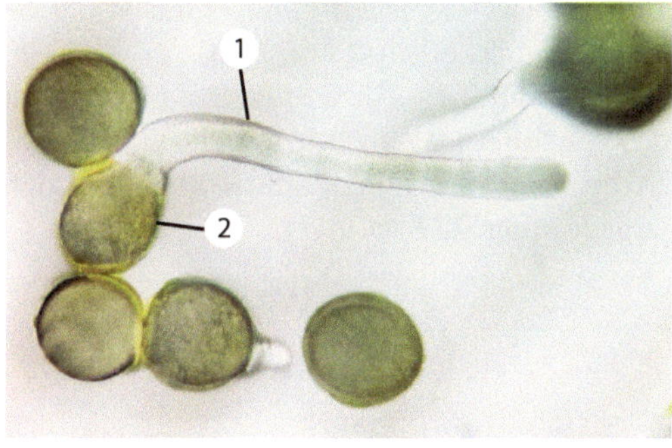

◘ **Abb. 9.11** *Aloe* sp. – Aloe, auskeimendes Pollenkorn. *1* Keimschlauch, *2* Pollenkorn. (© Universität Leipzig)

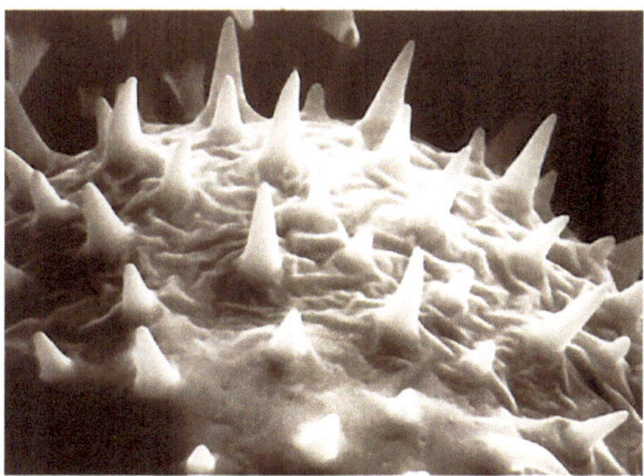

◘ **Abb. 9.12** *Bellis perennis* – Gänseblümchen, Oberfläche eines Pollenkorns, rasterelektronenmikroskopische Aufnahme (REM-Aufnahme M Möschke). (© Universität Leipzig)

Die Pollenkörner können durch lipidhaltige Substanzen, den **Pollenkitt,** miteinander verklebt sein und auf diese Weise ganze Pollenpakete bilden. So ist bei Tierbestäubung sichergestellt, dass bei einem einmaligen Besuch der Blüte eine Vielzahl von Pollenkörnern transportiert wird. Dahingegen beobachtet man bei windbestäubten Blüten häufig, dass der Pollen eine lockere, mehlartige Konsistenz hat und so die Pollenkörner einzeln schon bei geringer Luftbewegung abtransportiert werden können.

Die Pollenkörner keimen auf einer geeigneten Narbe zu einem Pollenschlauch aus, in dem sich unter anderem zwei männlich determinierte haploide Zellkerne befinden. Einer dieser Kerne befruchtet die Eizelle und führt so zur Bildung der diploiden Zygote. Diese wächst zur neuen Pflanze, zunächst in Form des Embryos, heran.

Unter geeigneten Bedingungen kann das Auskeimen der Pollen auch im Labor mithilfe eines geeigneten Agarnährbodens herbeigeführt werden. Dabei hat sich herausgestellt, dass die Keimung sehr empfindlich auf Schadstoffe reagiert. Diese Beobachtung hat zur Entwicklung des **Pollenschlauchtests** geführt, eines Biotests, bei dem das Auskeimen und die Länge des Keimschlauchs als Indikatoren für cytotoxische Schadstoffe im Testgut dienen.

Pollenkeimung
Lernziele/Stichwörter
Pollenaufbau – Pollenkeimung

▪▪ Objekt: Pollen verschiedener Pflanzen

Aufgaben:

- Pollen auf Objektträgern, die mit einem Nährboden überzogen sind, ausstreuen.
- In einer feuchten Kammer für ein bis zwei Stunden inkubieren.
- Auskeimen der Pollen beobachten.

Als feuchte Kammer wird am besten eine mit angefeuchtetem Filterpapier ausgelegte, große Petrischale verwendet; für die Herstellung des Nährbodens siehe Serviceteil Färbungen und Nachweismethoden. Als Pollenspender kommen alle verfügbaren Blüten infrage, zum Beispiel *Bellis perennis.*

9.5 Lernzielkontrolle

1. Welche Rolle spielt die Blütenhülle für die Funktion der Blüte?
2. Warum stellt man sich vor, dass die Blütenglieder durch Blattmetamorphosen entstanden sind?
3. Wie unterscheiden sich die Blüten von Monokotyledonen und Dikotyledonen?
4. An welchen Merkmalen erkennt man windbestäubte Blüten?
5. Vergleichen Sie den Aufbau einer angiospermen Zwitterblüte mit dem Aufbau eines weiblichen Zapfenblütenstands von *Pinus* sp.
6. Warum sind weibliche Zapfenblüten oft windbestäubt?
7. Warum kann man die weiblichen Zapfenblütenstände der Nadelbäume zur Wettervorhersage benutzen?
8. Schildern Sie den Aufbau von Exine und Intine und erläutern Sie deren Funktion.

9.6 Arbeitsblätter

Arbeitsblatt 9.1, *Yucca filamentosa:* Blütenaufbau (▪ Abb. 9.13)
Arbeitsblatt 9.2, *Yucca filamentosa:* a Staubbeutel, quer. b Pollenkorn (▪ Abb. 9.14)
Arbeitsblatt 9.3, *Yucca filamentosa:* Wand des Staubbeutels, quer (▪ Abb. 9.15)
Arbeitsblatt 9.4, *Yucca filamentosa:* Fruchtknoten, quer (▪ Abb. 9.16)
Arbeitsblatt 9.5, *Yucca filamentosa:* Samenanlage, quer (▪ Abb. 9.17)

Pflanzenanatomischer Grundkurs

Arbeitsblatt 9.1	***Yucca filamentosa*: Blütenaufbau**

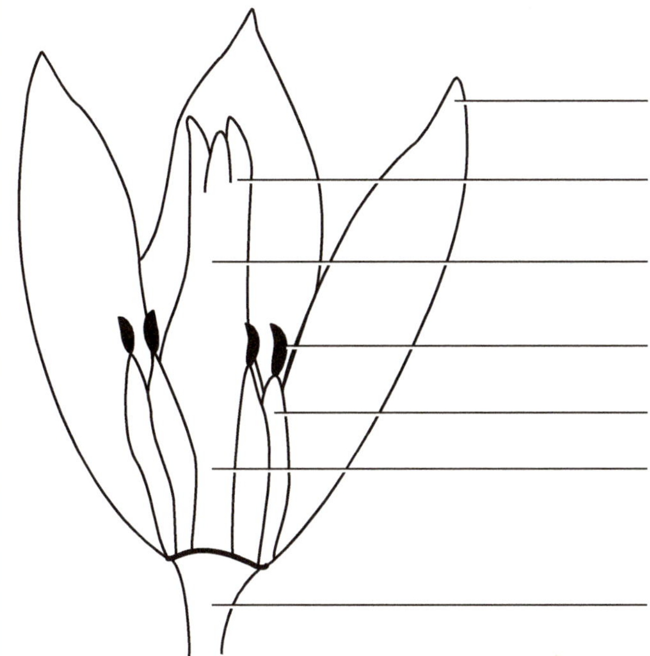

Abb. 9.13 *Yucca filamentosa:* Blütenaufbau

Pflanzenanatomischer Grundkurs

Arbeitsblatt 9.2	***Yucca filamentosa*: Staubbeutel, quer, und Pollenkorn**

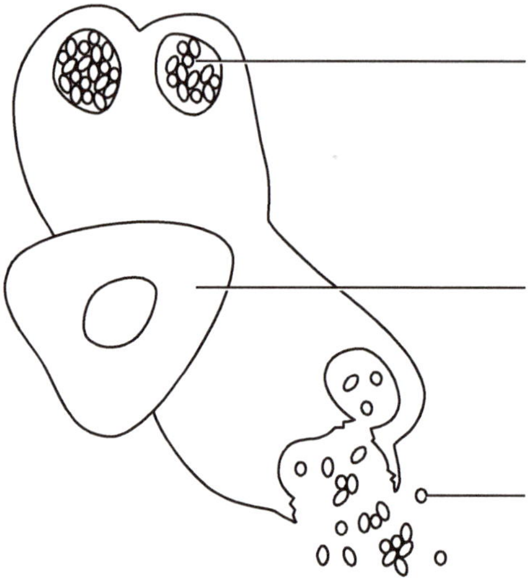

a

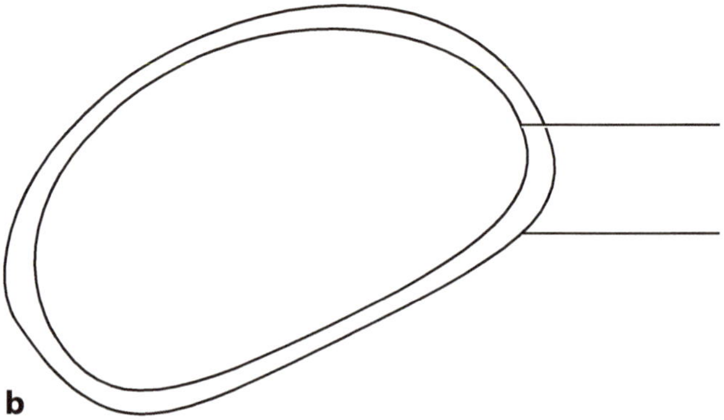

b

Abb. 9.14 *Yucca filamentosa*. **a** Staubbeutel, quer, **b** Pollenkorn

Pflanzenanatomischer Grundkurs

Arbeitsblatt 9.3	***Yucca filamentosa*: Wand des Staubbeutels, quer**

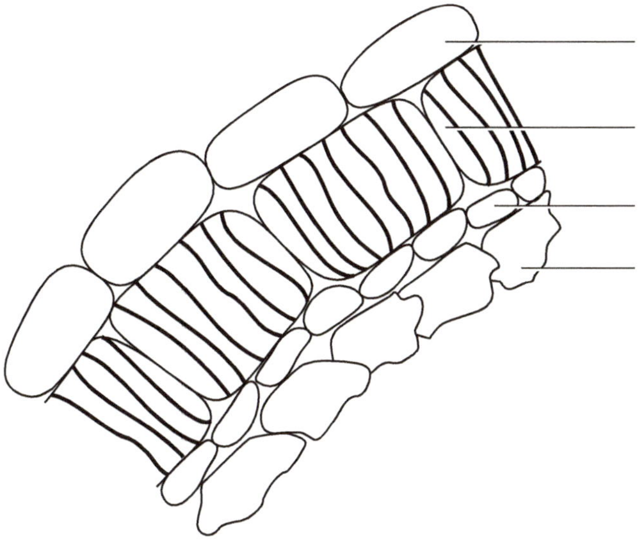

Abb. 9.15 *Yucca filamentosa:* Wand des Staubbeutels, quer

Pflanzenanatomischer Grundkurs

Arbeitsblatt 9.4	***Yucca filamentosa*: Fruchtknoten, quer**

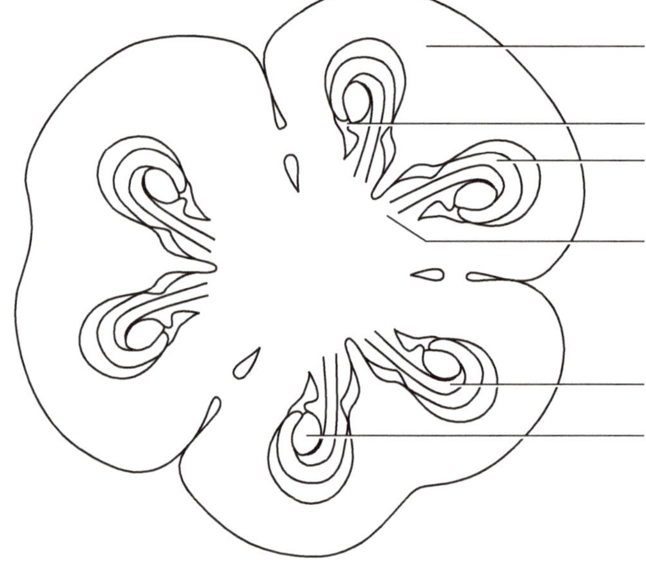

Abb. 9.16 *Yucca filamentosa:* Fruchtknoten, quer

Pflanzenanatomischer Grundkurs

Arbeitsblatt 9.5	***Yucca filamentosa*: Samenanlage, quer**

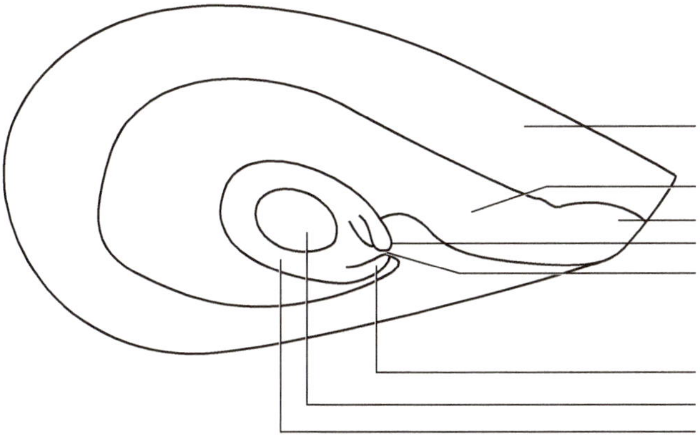

Abb. 9.17 *Yucca filamentosa:* Samenanlage, quer

Samen und Frucht

W. Reißer, F.-M. Dux, M. Möschke, M. Hofmeister, *Pflanzenanatomischer Grundkurs*,
https://doi.org/10.1007/978-3-662-58719-5_10

10.1 Einführung

Bildung des Embryos Die Pollenkörner keimen auf einer geeigneten Narbe zu einem Pollenschlauch aus, in dem sich unter anderem zwei männlich determinierte haploide Zellkerne befinden. Einer von diesen Zellkernen befruchtet die Eizelle und führt so zur Bildung der diploiden Zygote. Diese entwickelt sich kontinuierlich zum Embryo weiter, der dann in eine Ruhephase eintritt (◘ Abb. 10.1). Der **Embryo** ist also die junge neue Pflanze und aus den drei Grundorganen Keimwurzel **(Radicula)**, Keimspross **(Hypokotyl)** und Keimblatt (**Kotyledo**) aufgebaut. Die Embryonen der dikotylen Pflanzen besitzen zwei, die der monokotylen ein Keimblatt. Bei den Gymnospermen wird eine Mehrzahl von Keimblättern gebildet.

Bildung des Samens Während der Embryo ausgebildet wird, werden die Integumente sklerenchymatisch und wandeln sich so zur schützenden Samenschale **(Testa)** um. Nur der Bereich der **Mikropyle** bleibt ausgespart. Dort wird bei der Samenkeimung die Keimwurzel austreten. Ein **Samen** besteht damit aus dem Embryo und der Samenschale. Meist wird zusätzlich auch ein spezielles Speichergewebe zur Ernährung des Embryos ausgebildet.

Samen und Frucht Bei den Gymnospermen werden die Samen frei auf der Fruchtschuppe gebildet, bei den Angiospermen sind sie in einem Fruchtgewebe eingeschlossen. Das Fruchtgewebe entwickelt sich parallel zur Samenbildung primär aus Zellmaterial des Fruchtblatts, speziell des Fruchtknotens, aber auch zum Beispiel aus Material des

10

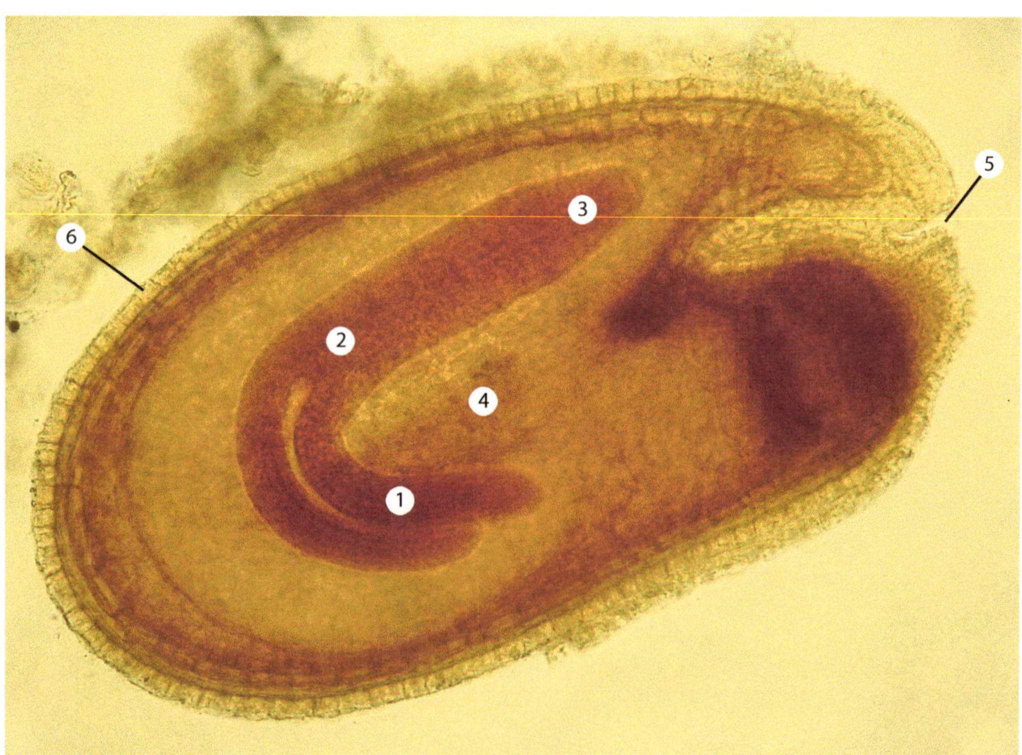

◘ **Abb. 10.1** *Capsella bursa-pastoris* – Hirtentäschelkraut, Samen längs. Der Embryo (*1* Kotyledo, *2* Hypokotyl, *3* Radicula) liegt in einem Nährgewebe (*4* Endosperm) und wird mit der Radicula zuerst durch die Mikropyle (*5*), eine Öffnung in der Samenschale (*6*), auskeimen. (© Universität Leipzig)

Blütenbodens. Als **Frucht** bezeichnet man eine Einheit, welche die Samen einschließt und durch verschiedene Mechanismen deren Ausbreitung sichert. Früchte im Sinne dieser Definition kann es also nur bei Angiospermen geben.

Bildung des Samens
Lernziele/Stichwörter
Embryo – Samen

■■ **Objekt: *Capsella bursa-pastoris* – Hirtentäschelkraut, Dauerpräparat**

Aufgaben:
- Längsschnitt durch den Samen mit fertig ausgebildetem Embryo.

10.2 Samen

Aufbau des Samens Die meisten Samen besitzen ein Speichergewebe, das den ruhenden Samen ernährt und die für die Samenkeimung benötigte Energie liefert. Dieses Speichergewebe kann im Embryo selbst durch eine Hypertrophierung der Keimblätter **(Speicherkotyledonen)** oder des Keimsprosses **(Speicherhypokotyl)** angelegt sein. In anderen Fällen wird es aber auch aus Teilen des ehemaligen Embryosacks gebildet, zum Beispiel aus dem diploiden sekundären Embryosackkern, der nach einer Fusion mit dem zweiten haploiden Kern des Pollenschlauchs ein triploides Speichergewebe, das **Endosperm,** bildet. Dieser Vorgang wird als **doppelte Befruchtung** bezeichnet. Ein weiteres mögliches Speichergewebe ist in einigen Samentypen das **Perisperm,** das sich aus parenchymatischem Gewebe entwickelt, welches den Embryosack umgibt. Daneben gibt es auch Samen ohne jegliche Nährgewebe. Diese Samen sind dann in der Regel beim Auskeimen auf Helferorganismen (z. B. bei Orchideen: Symbiose mit Pilzpartnern) angewiesen.

Meist ist der Embryo in Samen, die ihr versorgendes Nährgewebe im Embryo selbst als Speicherkotyledonen oder als Speicherhypokotyl anlegen, groß und füllt den ganzen Samen aus (◘ Abb. 10.2). In Samen, die

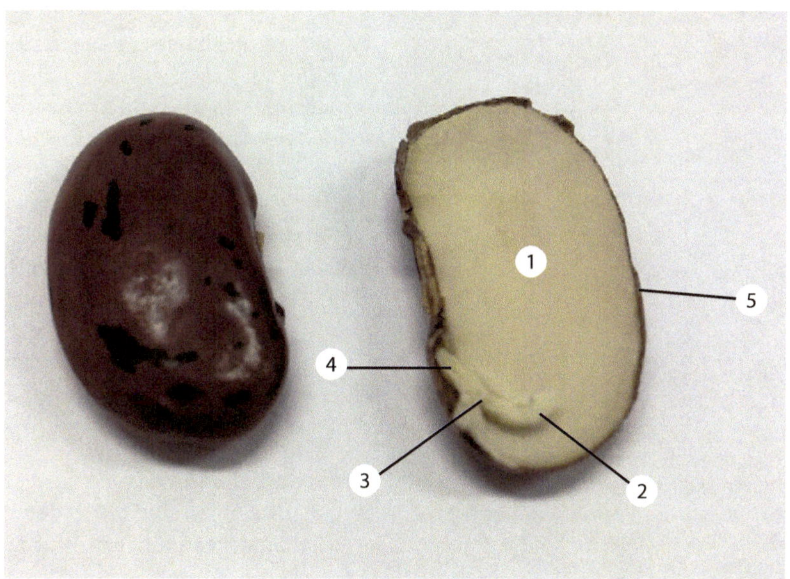

◘ **Abb. 10.2** *Phaseolus coccineus* – Feuer-Bohne, Samen mit Speicherkotyledonen. Die Keimblätter des Embryos sind zu Speicherkotyledonen (*1*) umgebildet, die bei der Keimung im Samen verbleiben. Die ersten oberirdisch sichtbaren Blätter sind Folgeblätter (*2*). *3* Hypokotyl, *4* Radicula, *5* Testa. (© Universität Leipzig)

ihr Nährgewebe außerhalb des Embryos als Endosperm oder Perisperm speichern, ist der Embryo entsprechend kleiner ausgebildet (◘ Abb. 10.3).

Keimung Bei der Keimung des Samens tritt immer zuerst die Keimwurzel durch die Mikropyle aus. Bei Samen mit Nährgewebe außerhalb des Embryos werden dann der Keimspross und die Keimblätter nachgezogen, wobei nach Streckung des Keimsprosses (Hypokotyl) die Keimblätter in der Regel auch die ersten oberirdisch sichtbaren und photosynthetisch aktiven Blätter sind **(epigäische Keimung)**. Bei Samen mit Speichergeweben im Embryo ist dieser zu groß, um durch die Mikropyle austreten zu können. In diesen Fällen werden im Samen schon die ersten Folgeblätter angelegt und nach Austritt der Keimwurzel wird das **Epikotyl**, der Sprossabschnitt zwischen Keim- und Folgeblättern, mit den anhängenden Folgeblättern nachgezogen. Diese sind dann auch, nach weiterer Streckung des Epikotyls, die ersten oberirdisch sichtbaren photosynthetisch aktiven Blätter **(hypogäische Keimung)**.

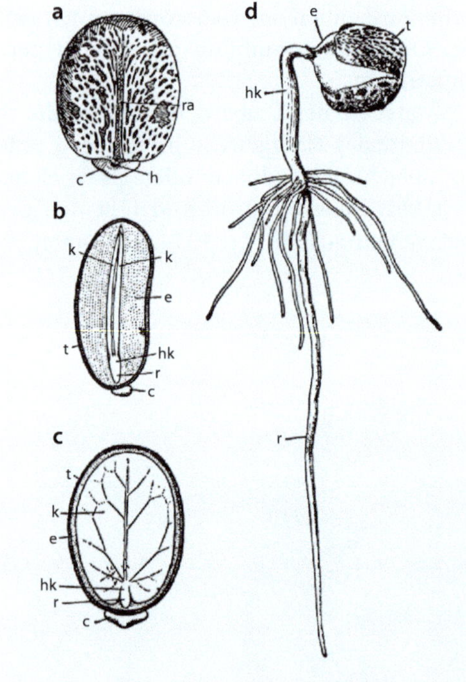

◘ **Abb. 10.3** *Ricinus communis* – Wunderbaum, Samen mit Endosperm als Nährgewebe. Beim Auskeimen tritt die Radicula zuerst aus und zieht Hypokotyl und Kotyledonen nach. **a** Ventralansicht. **b** Längsschnitt median. **c** Längsschnitt transversal. **d** Keimung. *c* = Caruncula (fettreiches Anhangsgewebe); *e* = Endosperm; *h* = Hilum (Abbruchstelle des Funiculus); *hk* = Hypokotyl; *k* = Kotyledonen; *r* = Radicula; *ra* = Raphe; *t* = Testa. (© Kadereit et al. 2014, nach W Troll)

Samenformen

Lernziele/Stichwörter

Samen – Endosperm

▪▪ Objekt: *Ricinus communis* – Wunderbaum

Aufgaben:

- Einen Samen längs schneiden, einen zweiten Samen ebenfalls längs schneiden, jedoch um 90° gedreht.
- Schnitte mit Handlupe oder Stereomikroskop betrachten.
- Übersichten zeichnen.

Es ist empfehlenswert, ausreichend Samen vorrätig zu haben, sodass jeder Teilnehmer mindestens zwei Samen bearbeiten kann: Beide werden längs geschnitten. Der eine so, dass die Schnittebene in der Samenbreite verläuft, der andere im rechten Winkel dazu. Im ersten Fall wird zwischen den Keimblättern geschnitten, die Schnittfläche zeigt eine Keimblattspreite. Im zweiten Fall sieht man den kompletten Samen mit den beiden Keimblättern, dem Keimspross und der Keimwurzel, eingebettet in das Endosperm, das den Embryo ernährt.

Sicherheitshinweis

***Ricinus*-Samen sind durch den hohen Gehalt an Lectinen (u. a. Ricin) sehr giftig.**

Samen mit Speicherkotyledonen

Lernziele/Stichwörter

Samen – Speicherkotyledone

Objekt: *Phaseolus coccineus* – Feuer-Bohne

Aufgaben:
- Einen Samen längs schneiden.
- Schnitt mit Handlupe oder Stereomikroskop betrachten.
- Übersicht zeichnen.

Der weitaus größte Teil des Samenvolumens wird durch die beiden Speicherkotyledonen ausgefüllt. Keimspross und Keimwurzel sind vergleichsweise sehr klein. Auffällig ist, dass die beiden Primärblätter, welche sich als erste photosynthetisch aktive Blätter oberirdisch entfalten werden, schon klein ausgebildet sind.

Bei ungünstigem Schnittverlauf können Teile des Embryos verloren gehen. Im günstigen Fall wird das eine Keimblatt vom Embryo abgetrennt, und der Embryo bleibt mit dem zweiten Keimblatt verbunden.

Abb. 10.4 *Phaseolus vulgaris* – Garten-Bohne, Längsschnitt durch die Hülse (Streufrucht). *1* Endokarp, *2* Samen. (© Universität Leipzig)

10.3 Frucht

Fruchttypen Früchte können nach verschiedenen Merkmalen klassifiziert werden. Wichtig ist dabei der Aufbau der Fruchtwand **(Perikarp),** die immer dreischichtig ist und aus **Exo-**, **Meso-** und **Endokarp** besteht. Daneben unterscheidet man zwischen **Einzelfrüchten,** die aus einem Fruchtblatt entstanden sind, **Sammelfrüchten,** die aus mehreren Fruchtblättern gebildet werden, und **Fruchtständen,** denen Blütenstände zugrunde liegen. Als weiteres Kriterium zur Klassifizierung kann die Frage dienen, ob sich die Früchte bei Samenreife öffnen, dann spricht man von **Streufrüchten,** oder aber geschlossen bleiben, dann liegen **Schließfrüchte** vor.

Rolle des Perikarps Streufrüchte lassen sich nach Art des Öffnungsmechanismus bei der Samenreife in **Balg-**, **Hülsen-**, **Schoten-** und **Kapselfrüchte** unterteilen. Bei der Balgfrucht (z. B. Pfingstrose) öffnet sich die Fruchtwand mit einer Naht, bei der Hülse (z. B. Bohne, Erbse, Erdnuss, Abb. 10.4) mit zwei Nähten. Bei der Schote (z. B. Kreuzblütler) öffnet sich die Fruchtwand ebenfalls mit zwei Nähten, jedoch liegen die Samen einer zentralen Scheidewand an. Bei der Kapselfrucht (z. B. Mohn, Paranuss) öffnet sich die Frucht mithilfe eines Deckels.

Schließfrüchte lassen sich am einfachsten nach der Ausgestaltung des Perikarps klassifizieren. Sind alle drei Schichten des Perikarps (Endo-, Meso- und Exokarp) sklerenchymatisch, spricht man von einer **Nussfrucht** (z. B. Haselnuss, Marone; Abb. 10.5). Ist nur das Endokarp verholzt, das Mesokarp aber parenchymatisch und das Exokarp als festes

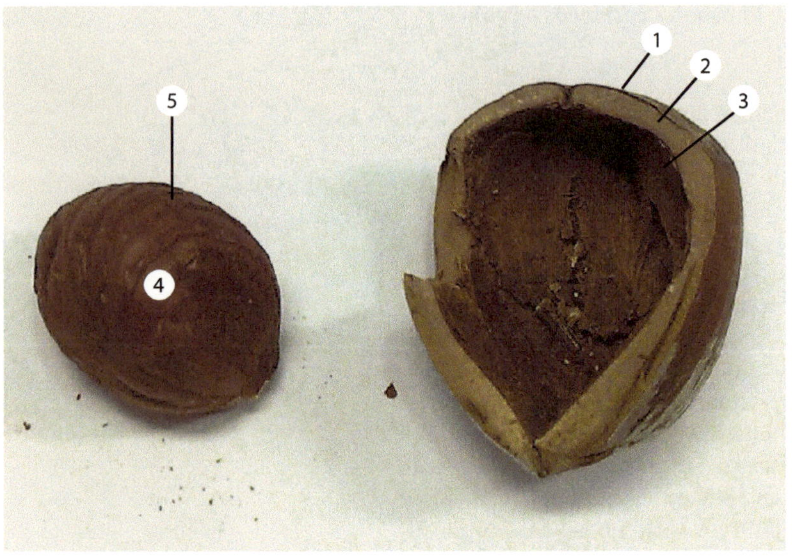

Abb. 10.5 *Corylus avellana* – Haselnuss, Nuss. Das Perikarp (*1* Exokarp, *2* Mesokarp, *3* Endokarp) ist verholzt. Der Samen (*4*) ist von einer faserigen sklerenchymatischen Testa (*5*) eingeschlossen. (© Universität Leipzig)

Häutchen ausgebildet, liegt eine **Steinfrucht** vor (z. B. Kirsche, Pflaume, Aprikose, Pfirsich, Walnuss; Abb. 10.6), in deren „Kern" sich der Samen befindet. Bei einer **Beerenfrucht** sind Endo- und Mesokarp parenchymatisch und das Exokarp bildet ebenfalls ein festes Häutchen (z. B. Weinbeere, Johannisbeere, Banane, Melone, Gurke, Paprika; Abb. 10.7 und 10.8).

Fruchtformen

Lernziele/Stichwörter

Nussfrucht – Steinfrucht – Beerenfrucht – Hülsenfrucht

Objekt: *Corylus avellana* – Haselnuss

Aufgaben:
- Eine Nussfrucht quer schneiden.
- Schnitt mit Handlupe oder Stereomikroskop betrachten.
- Schnitt zeichnen.

Das Endokarp als innere Schicht der Fruchtwand (Perikarp) ist bräunlich und faserartig ausgebildet. Die Samenschale ist ein braunes Häutchen und wird in der Regel mitgegessen.

Objekt: *Prunus avium* – Süßkirsche

Aufgaben:
- Eine Steinfrucht quer schneiden.
- Schnitt mit Handlupe oder Stereomikroskop betrachten.
- Schnitt zeichnen.

Es sollte klar werden, dass der (Kirsch-)Kern nicht der Samen selbst ist, sondern die innere verholzte Schicht (Endokarp) der Fruchtwand, die den Samen umgibt. Dies gilt auch für die Walnuss, die am Baum als Frucht mit grün gefärbtem Exokarp und fleischigem Mesokarp gebildet wird. Der Embryo der Walnuss besitzt Speicherkotyledonen.

Alternativ können gewählt werden: *Prunus domestica* – Pflaume, *Prunus persica* – Pfirsich, *Prunus armeniaca* – Aprikose, *Juglans regia* – Walnuss.

Objekt: *Actinidia chinensis* – Kiwi

Aufgaben:
- Eine Beerenfrucht quer schneiden.
- Schnitt mit Handlupe oder Stereomikroskop betrachten.
- Schnitt zeichnen.

■ **Abb. 10.6** *Prunus avium* – Kirsche, Steinfrucht. Exokarp (*1*) und Mesokarp (*2*) sind parenchymatisch, das Endokarp (*3*) ist sklerenchymatisch ausgebildet und bildet den Kirschkern, worin sich der Samen befindet. (© Universität Leipzig)

Bei der Kiwifrucht (Beere) sind die „Kerne" tatsächlich die Samen. Alternativ können gewählt werden:

Ribes nigrum – Schwarze Johannisbeere, *Vitis vinifera* – Weinrebe (Weinbeere).

■■ Objekt: *Phaseolus vulgaris* – Garten-Bohne

Aufgaben:

- Eine Hülsenfrucht quer schneiden.
- Schnitt mit Handlupe oder Stereomikroskop betrachten.
- Schnitt zeichnen.

■ **Abb. 10.7** *Actinidia chinensis* – Kiwi, Beere. *1* Blütenachse, *2* Exokarp, *3* Mesokarp, *4* Samen. (© Universität Leipzig)

■ **Abb. 10.8** *Citrus sinensis* – Apfelsine, Zitrusfrucht. Das Endokarp (*1*) bildet Trichome (Saftschläuche) aus. *2* Mesokarp, *3* Exokarp. (© Universität Leipzig)

Es handelt sich um eine Hülsenfrucht, die Fruchtwand öffnet sich an zwei Nähten. Das Endokarp ist als dünnes Häutchen silbrig glänzend ausgebildet. Bei Gerichten mit „grünen Bohnen" werden die unreifen Früchte gegessen, bei „Bohnengerichten" die reifen Samen.

! Achtung

Material von *Phaseolus* vor dem Verzehr immer kochen, um giftige Lectine (z. B. Phaseolin) zu inaktivieren.

10

Zitrusfrucht

Die **Zitrusfrucht** stellt eine Variante der Beerenfrucht dar. Das Exokarp ist von einer Cuticula überzogen und seine Zellen sind reich an Chloroplasten, die sich bei Fruchtreife in gelb-rötlich gefärbte Chromoplasten umwandeln. Das Mesokarp (Albedo) hat im reifen Zustand eine faserartige Struktur und unterteilt das Fruchtinnere in einzelne radiär angelegte Kammern, die jeweils aus einem Fruchtblatt hervorgehen. Das Endokarp liegt den Kammern von innen an und bildet das Fruchtfleisch, indem es nach innen **Saftschläuche** ausbildet. Dies sind anatomisch gesehen Trichome, das heißt von einzelnen Zellen gebildete schlauchartige Auswüchse, die reich an Vakuolen sind, in denen sich der „Zellsaft" mit den für den menschlichen Geschmack charakteristischen Säuren und anderen Stoffen befindet. Die sogenannten Kerne stellen die Samen dar und werden zur zentralen Achse der Frucht hin, wo die Fruchtblätter miteinander verwachsen sind, ausgebildet (◘ Abb. 10.8).

Lernziele/Stichwörter
Zitrusfrucht

Objekt: *Citrus sinensis* – Apfelsine

Aufgaben:
- Eine Zitrusfrucht quer schneiden.
- Schnitt mit Handlupe oder Stereomikroskop betrachten.
- Schnitt zeichnen.

Es handelt sich um eine Beerenfrucht, die Kerne sind also die Samen. Das Endokarp bildet nach innen hin Saftschläuche (Trichome) aus, die stark vakuolisiert sind.

Orangeat (analog zu Citronat) ist kandiertes Exokarp.

Alternativ können gewählt werden: *Citrus limon* – Zitrone, *Citrus maxima* – Pampelmuse, *Citrus paradisi* – Grapefruit.

Karyopse

Die **Karyopse** stellt eine Sonderform der Nussfrucht dar, bei der Samenschale und Fruchtwand unlösbar miteinander verbunden sind (◘ Abb. 10.9, 10.10 und 10.11). Der Samen birgt einen relativ kleinen Embryo und besitzt als Speichergewebe ein Endosperm **(Mehlkörper)**, dessen Zellen im Reifezustand mit Stärkekörnern gefüllt sind. Nach außen hin wird das Endosperm von einer Zellschicht umgeben, die reich an Proteinen ist (**Aleuron**- oder **Kleberschicht**).

Die Karyopse ist charakteristisch für Gräser und Getreide und damit die für die menschliche Ernährung bedeutendste Fruchtform. Helle Mehle sind stark ausgemahlen, das heißt, sie bestehen fast ausschließlich aus Stärke und zu einem geringen Anteil aus Protein, das für die Backfähigkeit des Mehles verantwortlich ist. Die ernährungsphysiologisch wichtigen Ballaststoffe von Samenschale und Fruchtwand fehlen jedoch. Dies gilt zum Beispiel auch für geschälten Reis.

Bei der **Achäne**, der Fruchtform der Asteraceae (Korbblütengewächse, z. B. Sonnenblume), handelt es sich ebenfalls um eine Nussfrucht, bei der Fruchtwand und Samenschale miteinander verwachsen sind. Während sich bei der Karyopse jedoch die Frucht aus einem oberständigen Fruchtknoten bildet, geschieht dies bei der Achäne aus einem unterständigen Fruchtknoten.

Lernziele/Stichwörter
Karyopse – Mehlkörper – Kleberschicht

Objekt: *Triticum aestivum* – Weizen

Aufgaben:
- Eine Karyopse quer schneiden.
- Schnitt mit Handlupe oder Stereomikroskop betrachten.
- Schnitt zeichnen.

Die Masse des Samens wird vom Mehlkörper (Endosperm) eingenommen. Der Embryo ist relativ klein und durch ein Schildchen (Scutellum) vom übrigen Samen abgetrennt.

Alternativ können gewählt werden: *Secale cereale* – Roggen, *Helianthus annuus* – Sonnenblume (Achäne).

Abb. 10.9 *Triticum aestivum* – Weizen, Karyopse. (© jeka1984/Getty Images/iStock/Thinkstock)

Sammelfrucht

Sammelfrüchte entstehen durch Beteiligung mehrerer Fruchtknoten an der Fruchtbildung. Die Erdbeere bildet zum Beispiel eine **Sammelnussfrucht** aus. Bei dieser entsteht das Fruchtfleisch durch Wucherungen des Blütenbodens und der Blütenachse. Auf der Oberfläche dieses Gebildes inserieren die einzelnen Nüsse, auch als Nüsschen bezeichnet, als dunkle „Körner" (Abb. 10.12).

Bei Brombeeren und Himbeeren liegen zum Beispiel **Sammelsteinfrüchte** vor, deren innerer Teil – analog dem Kirschkern – das verholzte Endokarp ist.

Bei Apfel und Birne handelt es sich um **Sammelbalgfrüchte.** Bei ihnen entsteht das Fruchtfleisch durch Wucherungen der Blütenachse. Das Kerngehäuse besteht aus den meist fünf miteinander verwachsenen Fruchtblättern, die jeweils eine Balgfrucht ausbilden (Abb. 10.13).

Lernziele/Stichwörter

Sammelnussfrucht – Sammelsteinfrucht – Sammelbalgfrucht

Objekt: *Fragaria x ananassa* – Garten-Erdbeere

Aufgaben:

- Eine Sammelnussfrucht längs schneiden.
- Schnitt zeichnen.

Auf der Oberfläche der Erdbeere sind die einzelnen Nussfrüchte inseriert, in denen sich die Samen befinden. Die Erdbeere ist demnach eine Sammelnussfrucht. Erdbeeren werden überwiegend durch Ausläufer vermehrt.

Objekt: *Rubus idaeus* – Himbeere

Aufgaben:

- Eine Sammelsteinfrucht längs schneiden.
- Schnitt zeichnen.

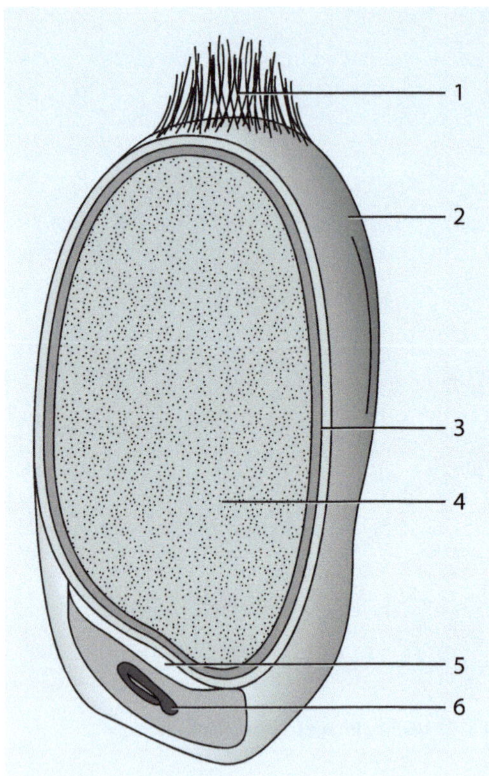

Abb. 10.10 Getreidekorn. *1* Haare, *2* Fruchtwand (Perikarp und Samenschale), *3* Aleuronschicht, *4* Mehlkörper (Endosperm), *5* Scutellum, *6* Embryo

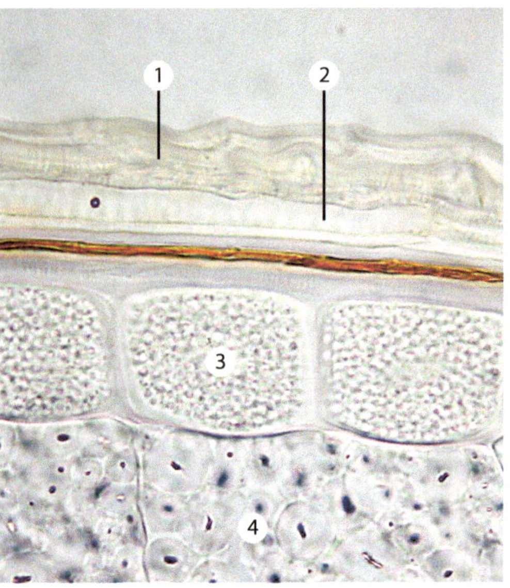

Abb. 10.11 *Triticum aestivum* – Weizen, Karyopse. Perikarp (*1*) und Testa (*2*) sind verwachsen. Unter der Testa liegt eine Schicht proteinreicher Zellen (*3* Aleuronschicht), dann folgt das Endosperm (*4*), dessen Zellen mit Stärkekörnern gefüllt sind. (© Universität Leipzig)

10

Der Samen befindet sich in den Kernen der einzelnen Steinfrüchte, die in ihrer Gesamtheit die Sammelsteinfrucht bilden.

Alternativ kann auch gewählt werden *Rubus fruticosus* – Brombeere.

Objekt: *Malus domestica* – Apfel

Aufgaben:

- Eine Sammelbalgfrucht längs und quer schneiden.
- Schnitte zeichnen.

Die Apfelkerne sind die Samen. Sie sind im Kerngehäuse eingeschlossen. Die Klassifizierung der Apfelfrucht wird diskutiert. Wir stellen sie hier als eine Sammelbalgfrucht vor, die von einer parenchymatischen Wucherung

Abb. 10.12 *Fragaria x ananassa* – Garten-Erdbeere, Sammelnussfrucht. *1* Kelchblätter, *2* Nüsschen. (© Universität Leipzig)

Abb. 10.13 *Malus* sp. – Apfel, Sammelbalgfrucht mit fünf miteinander verwachsenen Fruchtblättern. (© ja.arn/an.schau)

der Blütenachse eingehüllt ist. Nach einer anderen Interpretation handelt es sich beim Kerngehäuse jedoch um einen Teil des Perikarps, dessen äußere Anteile fleischig-parenchymatisch ausgebildet sind.

Alternativ kann auch gewählt werden: *Pyrus communis* – Birne.

10.4 Lernzielkontrolle

1. Erläutern Sie, warum gymnosperme Pflanzen keine Früchte bilden.
2. Erläutern Sie an Beispielen die Rolle der Frucht bei der Samenausbreitung.
3. Erläutern Sie die Rolle des Samens als Überdauerungs- und Ausbreitungseinheit der Samenpflanzen.
4. Nennen Sie mögliche Speichergewebe in Samen.
5. Welcher Teil der Frucht wird zur Bestimmung des Fruchttyps herangezogen?
6. Nennen Sie Beispiele, bei denen die botanische Bezeichnung des Fruchttyps von der in der Alltagssprache üblichen Bezeichnung abweicht.
7. Nennen Sie für die menschliche Ernährung wichtige Gräser und beschreiben Sie deren Frucht.
8. Erläutern Sie den umgangssprachlichen Begriff „Korn" am Beispiel von Weizen und Himbeere.
9. Erläutern Sie den umgangssprachlichen Begriff „Kern" am Beispiel von Kirsche und Apfel.
10. Erläutern Sie den umgangssprachlichen Begriff „Nuss" am Beispiel von Haselnuss, Walnuss und Paranuss.

10.5 Arbeitsblätter

Arbeitsblatt 10.1, *Capsella bursa-pastoris:* Samen mit Embryo (Abb. 10.14)
Arbeitsblatt 10.2, *Ricinus communis:* Samen mit Endosperm (Abb. 10.15)
Arbeitsblatt 10.3, *Phaseolus coccineus:* Samen mit Speicherkotyledonen (Abb. 10.16)
Arbeitsblatt 10.4, *Actinidia chinensis:* Frucht (Abb. 10.17)
Arbeitsblatt 10.5, *Prunus avium:* Frucht (Abb. 10.18)
Arbeitsblatt 10.6, *Citrus sinensis:* Frucht (Abb. 10.19)
Arbeitsblatt 10.7, *Triticum aestivum:* Frucht (Abb. 10.20)

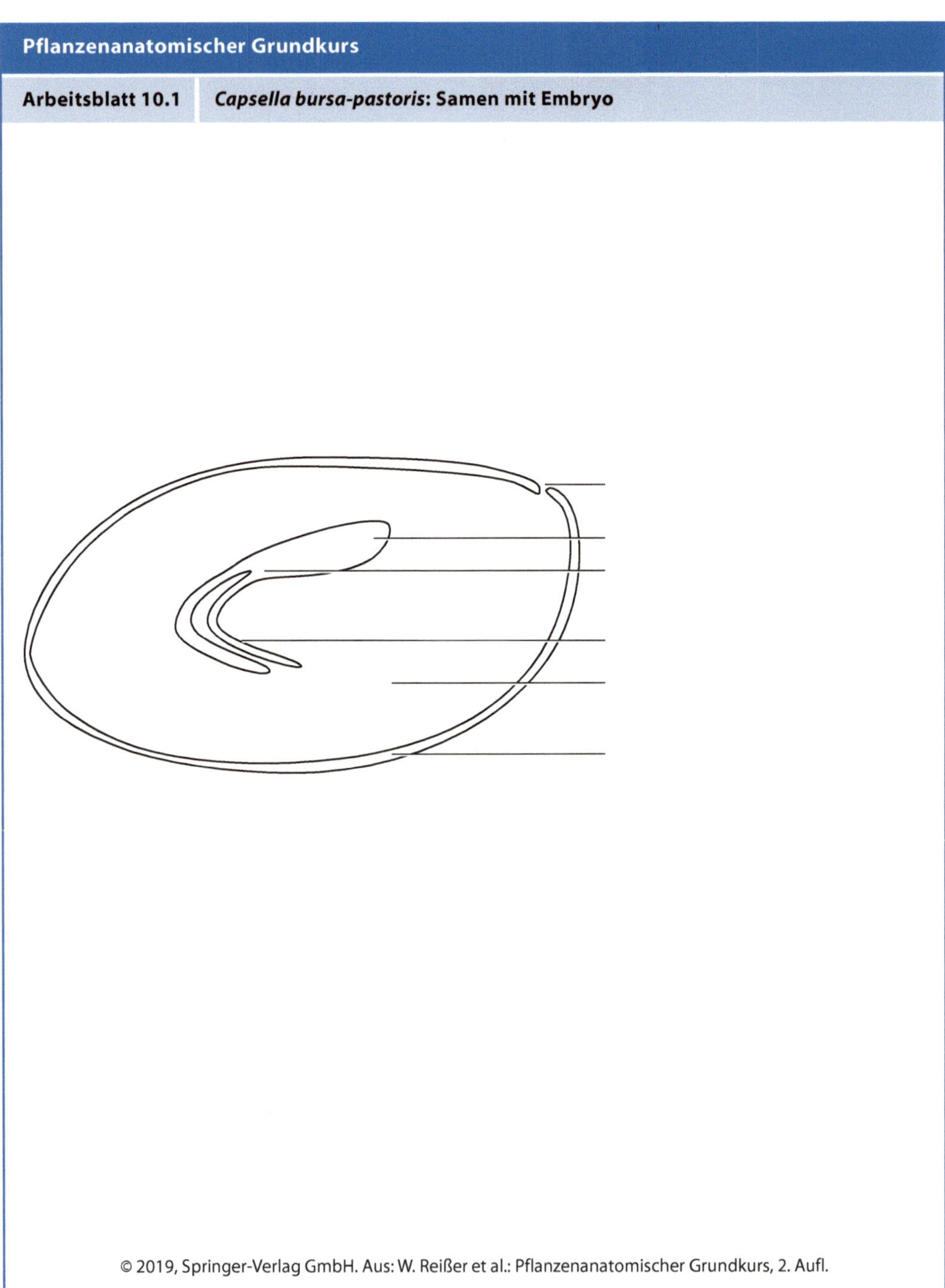

Abb. 10.14 *Capsella bursa-pastoris:* Samen mit Embryo

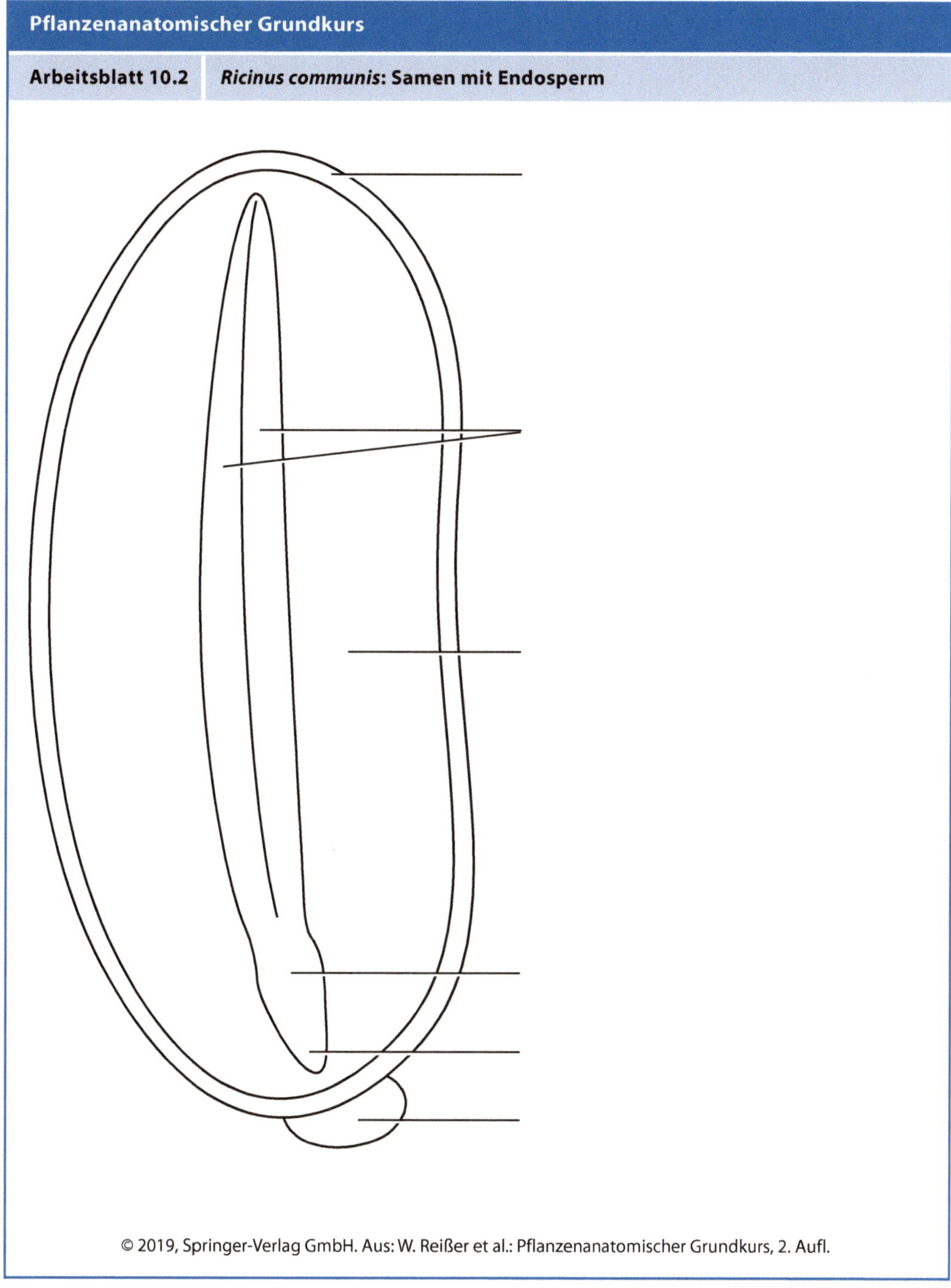

Abb. 10.15 *Ricinus communis:* Samen mit Endosperm

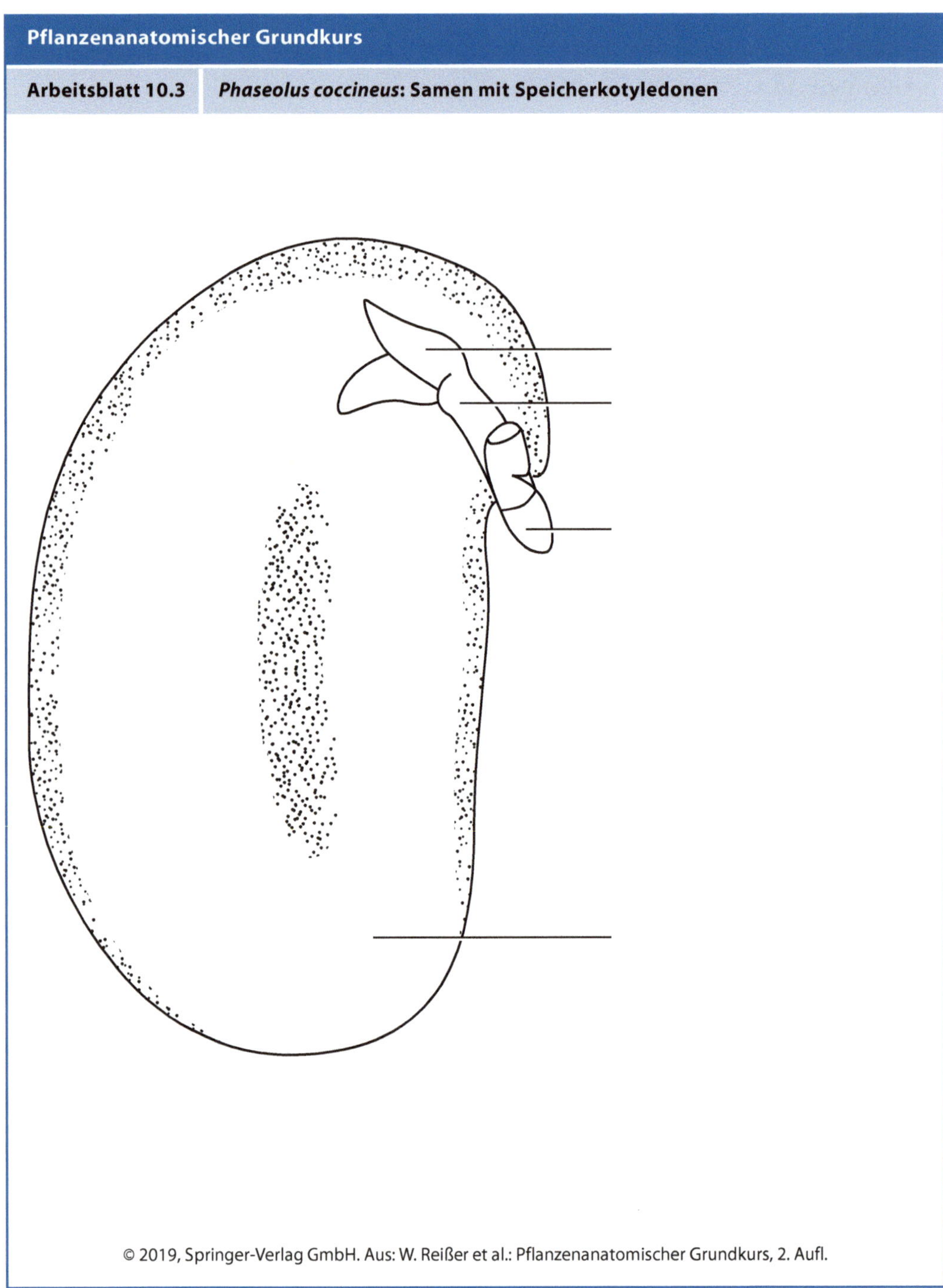

■ **Abb. 10.16** *Phaseolus coccineus:* Samen mit Speicherkotyledonen

Pflanzenanatomischer Grundkurs

Arbeitsblatt 10.4	***Actinidia chinensis*: Frucht**

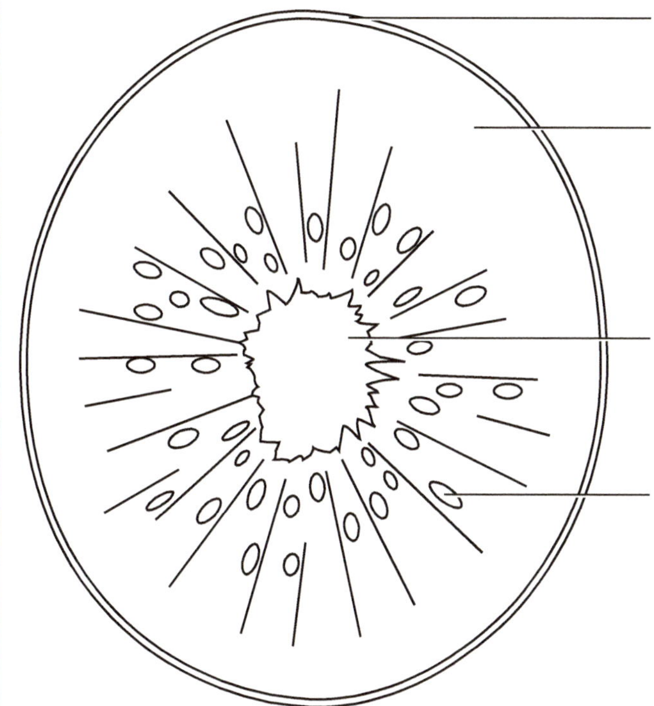

Abb. 10.17 *Actinidia chinensis:* Frucht

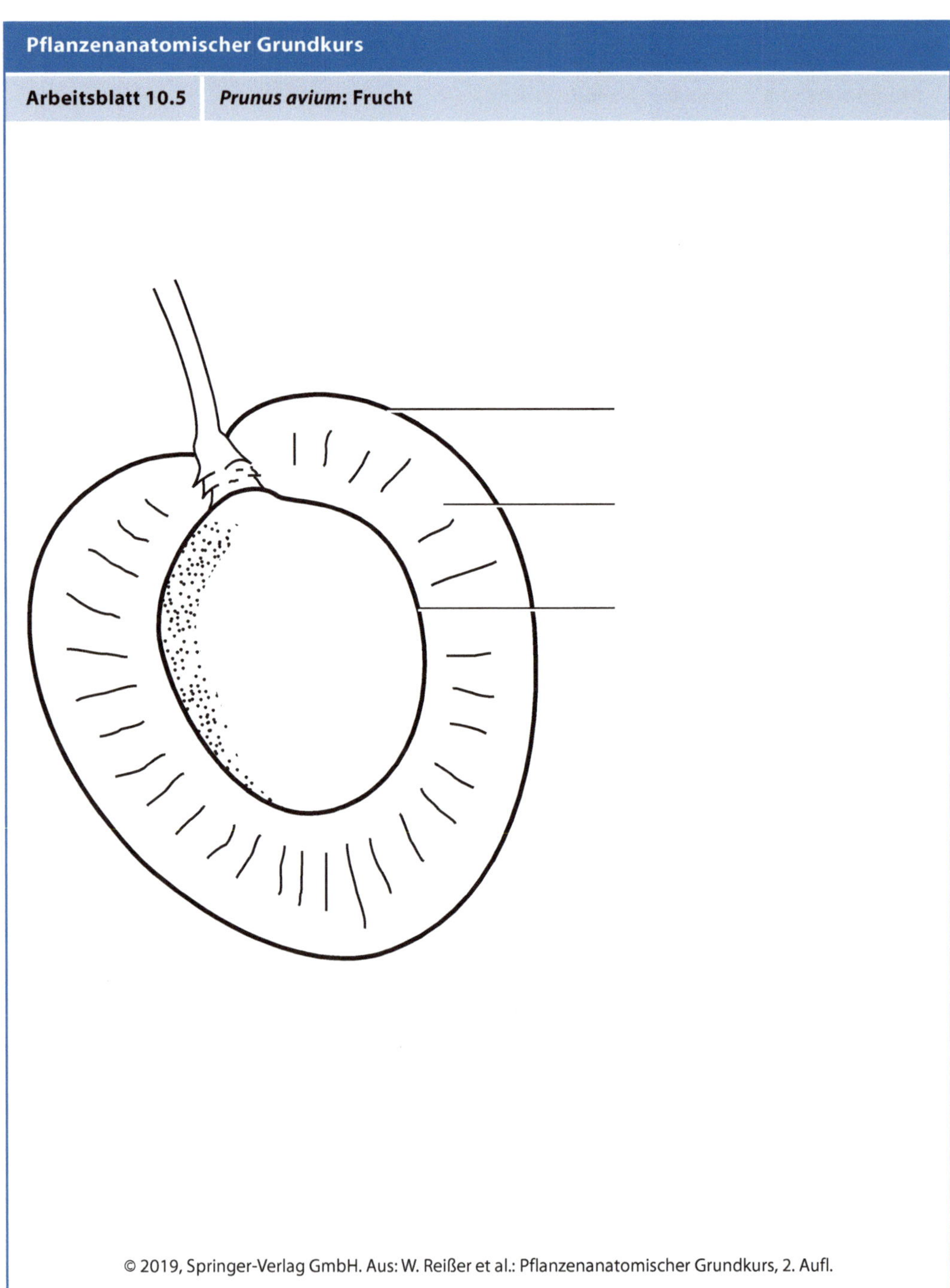

Abb. 10.18 *Prunus avium:* Frucht

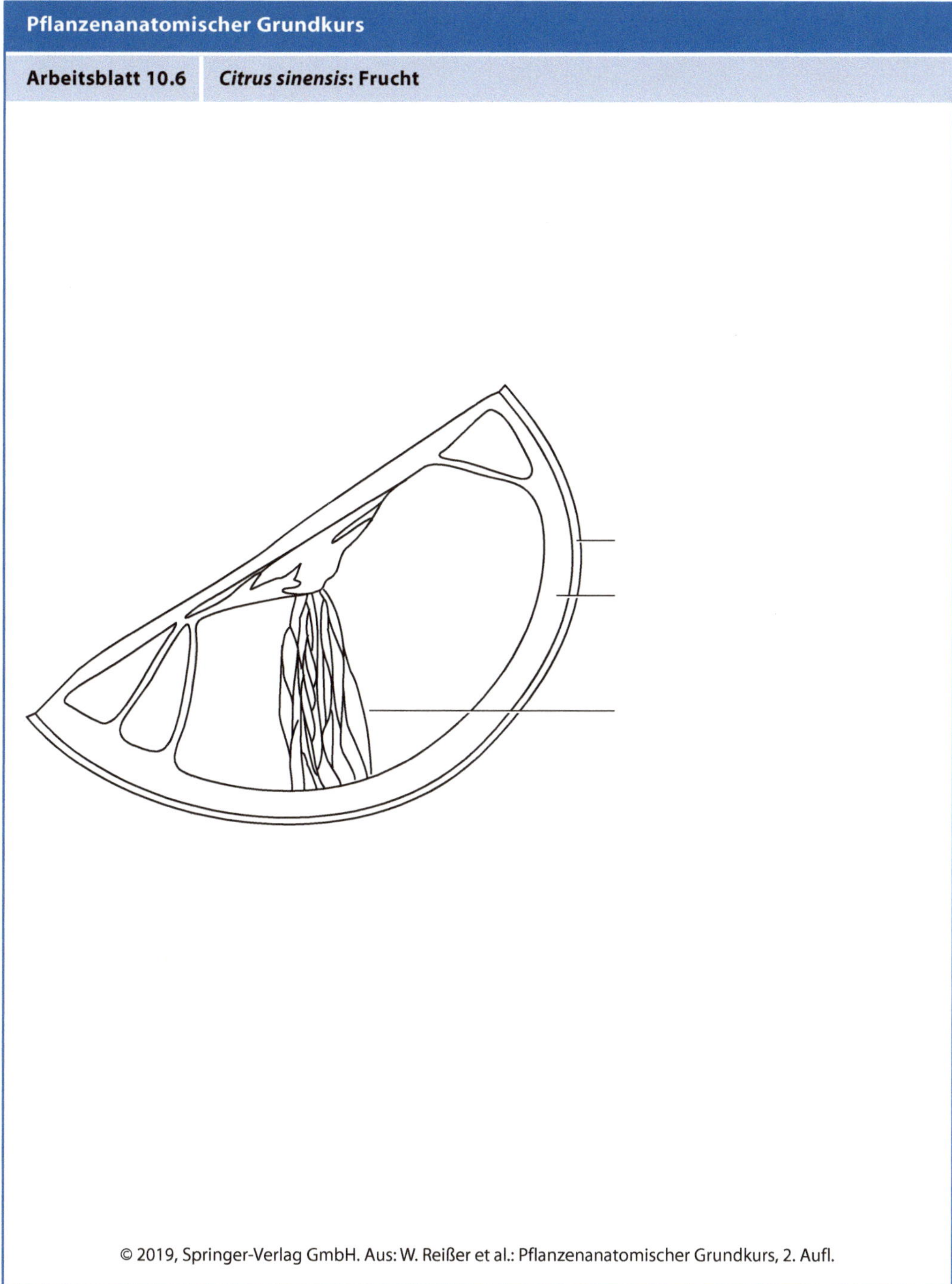

Abb. 10.19 *Citrus sinensis:* Frucht

Pflanzenanatomischer Grundkurs

Arbeitsblatt 10.7	***Triticum aestivum*: Frucht**

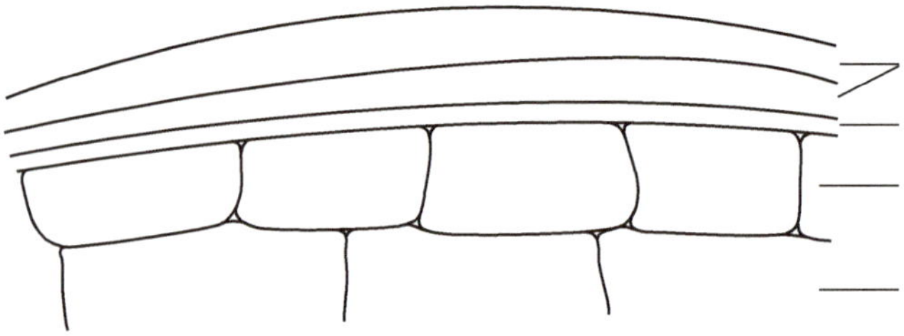

Abb. 10.20 *Triticum aestivum:* Frucht

Metamorphosen pflanzlicher Grundorgane

W. Reißer, F.-M. Dux, M. Möschke, M. Hofmeister, *Pflanzenanatomischer Grundkurs*,
https://doi.org/10.1007/978-3-662-58719-5_11

11.1 Einführung

Anpassungen Als **Metamorphose** bezeichnet man in der Botanik Änderungen von Morphologie und Anatomie eines pflanzlichen Grundorgans, die durch die evolutionäre Anpassung an spezifische Umweltbedingungen und die Übernahme neuer oder zusätzlicher Aufgaben bedingt sind. So zeigen Pflanzen, die an trockene Standorte angepasst sind, im Blattbereich xeromorphe Metamorphosen, wie z. B. eine verstärkte Ausbildung der Cuticula, eingesenkte Spaltöffnungen und eine Reduktion der Blattfläche bis hin zur Bildung von Dornen. Blattmetamorphosen kennzeichnen auch den Blütenbereich: Die ursprüngliche Funktion des Blattes (Photosynthese) wird aufgegeben zugunsten einer Schutz- und Anlockungsfunktion (Blätter der Blütenhülle) bzw. einer Funktion im Dienste der Fortpflanzung (Staubblätter und Fruchtblätter).

Metamorphosen können sowohl homologe als auch analoge Strukturen erzeugen. Als homolog bezeichnet man Bildungen, die herkunftsgleich, also aus demselben Grundorgan abgeleitet sind. Ein Beispiel ist die Ausbildung von Dornen, die sich durch Reduktion von Seitensprossen (Sprossdornen, z. B. *Gleditsia triacanthos* – Gleditschie) oder Blättern (Blattdornen, z. B. *Berberis vulgaris* – Berberitze) entwickelt haben und eine Anpassung an trockene Standorte bzw. auch einen Fraßschutz darstellen. Sie sind ihren jeweiligen Grundorganen homolog. Homologie findet sich auch zwischen den Blättern des Blütenbereichs, die eine Metamorphose zu Fruchtblättern durchlaufen haben, und den Photosynthese treibenden Laubblättern.

Ein Beispiel für die Herausbildung analoger Strukturen durch Metamorphose sind die blattartigen Erweiterungen der Haupt- und Nebensprosse, die bei sprosssukkulenten Pflanzen auftreten können, welche häufig ihre Blattoberfläche reduzieren. Hier übernimmt also eine Ausbildung des Sprosses die Funktion eines anderen Grundorgans, des Blattes.

Als **Konvergenz** bezeichnet man die Ähnlichkeit in der äußeren Gestalt oder auch in der Ausbildung bestimmter Stoffwechselwege im Zuge der evolutionären Anpassung an bestimmte ökologische Bedingungen bei Arten, die systematisch zu unterschiedlichen Gruppen gehören. Ein Beispiel für eine konvergente morphologische Entwicklung ist die Sprosssukkulenz, die bei Vertretern unterschiedlicher Pflanzenfamilien auftritt.

In der neueren Literatur wird der Begriff Konvergenz für die ähnliche Gestaltausbildung durch unterschiedliche Organe verwendet, also z. B. für die Ausbildung von Dornen aus Blättern oder Sprossen. Hingegen wird die Ausbildung gestaltähnlicher Strukturen desselben Grundorgans bei systematisch zu unterschiedlichen Gruppen gehörenden Pflanzen als **Parallelismus** bezeichnet, z. B. bei Vorliegen von Sprosssukkulenz (s. u.).

11.2 Sprossmetamorphosen

Eine an trockenen Standorten häufig vorzufindende Metamorphose des Sprosses (◻ Abb. 11.1, 11.2, 11.3, 11.4, 11.5 und 11.6) ist die Sprosssukkulenz, d. h. die Ausbildung von Wasser und Nährstoffe speichernden Geweben, z. B. aus der primären Rinde. Dabei sind in der Regel die Seitenverzweigungen stark reduziert, die Blätter sind zu Dornen umgewandelt, sodass die Photosynthese vom Spross geleistet werden muss. Sprosssukkulenz findet sich bei Vertretern unterschiedlicher Familien, z. B. bei den Cactaceae, den Euphorbiaceae und den Asteraceae, sie ist somit auch ein Beispiel für Parallelismus. Die blattartig abgeflachten Sprosse werden als **Platykladien** bezeichnet, die als Phyllokladien (abgeleitet aus Kurzsprossen) oder als **Kladodien** (abgeleitet aus Langsprossen, z. B. bei *Zygocactus truncatus* – Weihnachtskaktus) auftreten können. Weitere Beispiele für Metamorphosen des Sprosses sind Rhizome, oft als Überdauerungseinrichtung dienende unterirdisch wachsende Sprosse (z. B. *Zingiber officinale* – Ingwer), und die Sprossknollen,

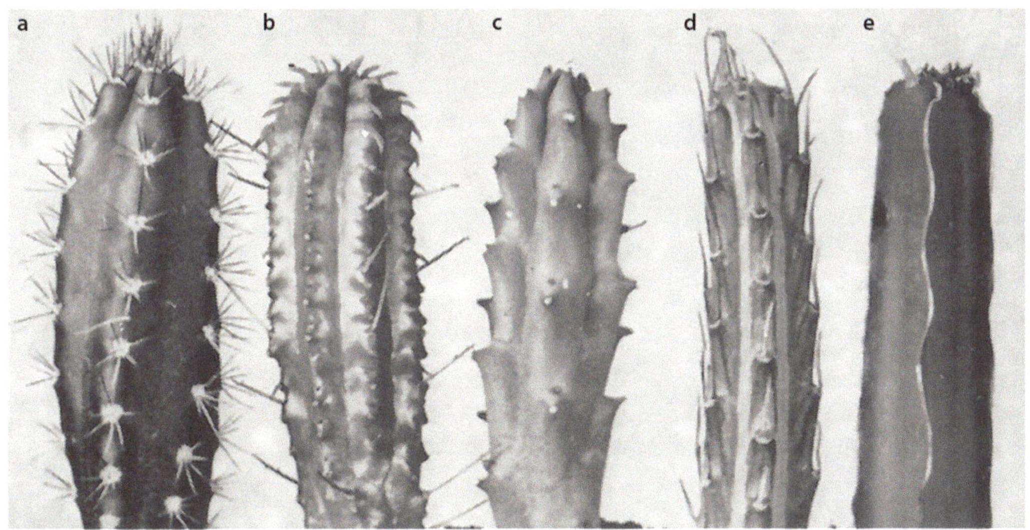

Abb. 11.1 Sprosssukkulenz. **a** *Cereus iquiquensis* (Cacataceae), **b** *Euphorbia fimbriata* (Euphorbiaceae), **c** *Huernia verekeri* (Asclepiadaceae), **d** *Kleinia stapeliiformis* (Asteraceae), **e** *Cissus cactiformis* (Vitaceae). (© Kadereit et al. 2014, nach v. Denffer)

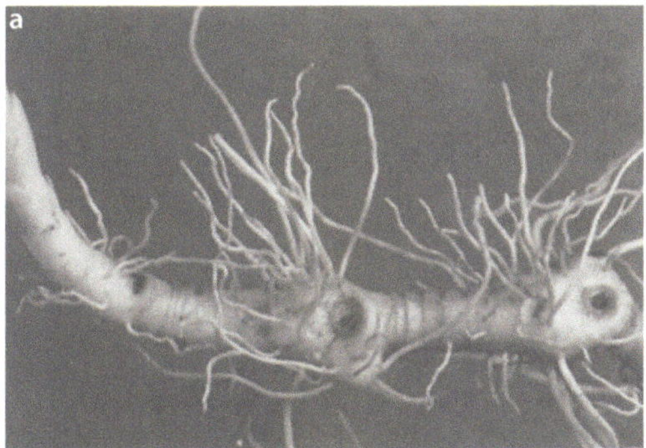

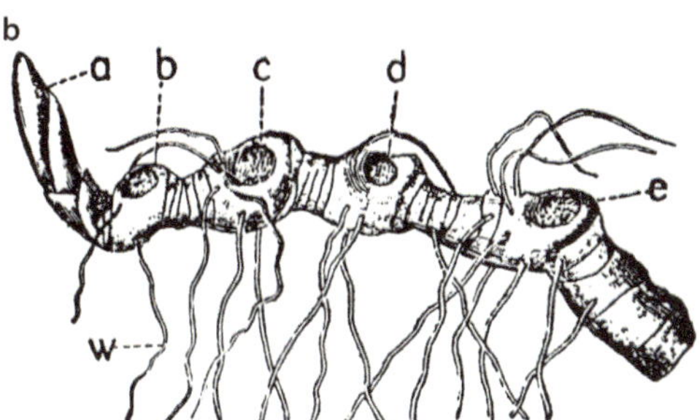

Abb. 11.2 *Polygonatum multiflorum* – Vielblütige Weißwurz, Rhizom. *a* Knospe des nächstjährigen oberirdischen Blütentriebes; *b, c, d* und *e* Narben der oberirdischen Triebe des letzten *(b)* und dreier voraufgegangener Jahre (*c, d* und *e*); *w* sprossbürtige Nebenwurzeln. (© **a** Kadereit et al. 2014; **b** v. Denffer et al. 1983, nach Schenck)

z. B. bei *Solanum tuberosum* – Kartoffel, aber auch bei *Beta vulgaris* – Rote Beete und *Raphanus sativus* – Radieschen, beides Hypokotylknollen. *Brassica oleracea* var. *gongylodes* – Kohlrabi bildet eine Sprossrübe. Seitensprosse können zu Sprossdornen umgewandelt sein (z. B. bei *Gleditsia triacanthos* – Gleditschie). Verbreitet sind auch Sprossranken, z. B. bei *Parthenocissus tricuspidata* – Jungfernrebe, und Kriechsprosse, oberirdisch dem Erdboden anliegende Sprosse, an deren Ende ein neuer beblätterter und mit Wurzeln versehener aufrecht stehender Spross entsteht (sog. Ausläufer, z. B. bei *Fragaria vesca* – Erdbeere).

Sprossmetamorphosen

Lernziele/Stichwörter

Sprossknollen, Kladodien

■■ Objekt: *Solanum tuberosum – Kartoffel*

Aufgaben:

- Auskeimende Knolle mit jungen Sprossen zeichnen.
- Jungen Spross quer schneiden und die Gewebeverteilung zeichnen.
- Knolle quer, Stärkenachweis mit I_2/KI.

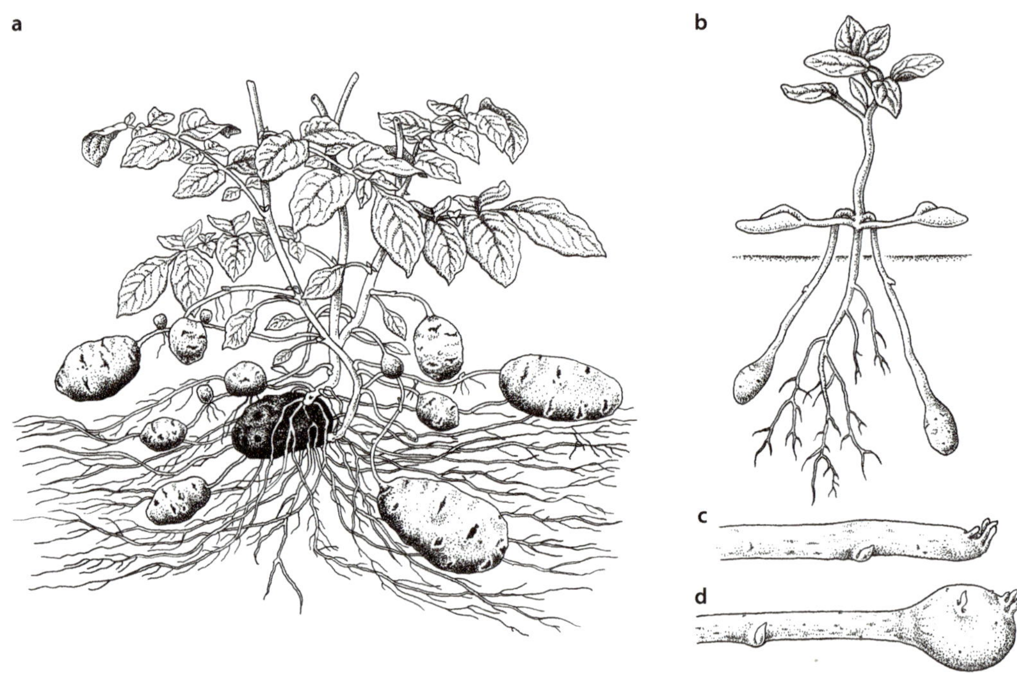

Abb. 11.3 *Solanum tuberosum* – Kartoffel. **a** Unterer Teil einer älteren Pflanze. Die dunkle mittlere Knolle ist die Mutterknolle, aus der sich die Pflanze entwickelt hat. **b** Keimpflanze (Achselsprosse der Keimblätter mit jungen Sprossknollen. **c** und **d** Ausläuferenden (Stolone) bei beginnender Knollenbildung. (© Kadereit et al. 2014)

Objekt: *Zygocactus truncatus* – Weihnachtskaktus

Aufgaben:

- Habitus zeichnen.
- Kladodium quer schneiden und die Gewebeverteilung zeichnen.

11.3 Wurzelmetamorphosen

Die Metamorphosen der Wurzel (Abb. 11.7, 11.8, 11.9 und 11.10) sind ebenso zahlreich wie die unterschiedlichen Standorterfordernisse. Sie umfassen die Ausbildung von Wurzeldornen (z. B. bei *Cryosophila* sp., Palmae) und Wurzelranken (z. B. bei *Vanilla planifolia* – Gewürzvanille), von Wurzelknollen (z. B. bei *Dahlia variabilis* – Dahlie und auch *Dioscorea* sp. – Yams) und Wurzelrüben (z. B. bei *Beta vulgaris* – Zuckerrübe, *Daucus carota* – Möhre), von Haftwurzeln bei Kletterpflanzen und Epiphyten (z. B. bei *Hedera helix* – Efeu), von Stelzwurzeln (z. B. bei Mangroven, um die Pflanze über dem mittleren Hochwasserniveau zu halten) und Stützwurzeln (z. B. sprossbürtige Stützwurzeln bei *Zea mays* – Mais), von Atemwurzeln (Pneumatophoren, z. B. in schlecht durchlüfteten Sumpf- und Schlickböden, u. a. bei Mangroven) und selbst von Assimilationswurzeln (Luftwurzeln, die in den Rindenzellen Chloroplasten besitzen, z. B. bei einigen Orchideen) und Luftwurzeln, die mit einem Velamen radicum versehen sind (► Kap. 7), das Wasser aufnehmen und speichern kann (z. B. bei *Philodendron* und *Ficus* spp.).

Wurzelmetamorphosen
Lernziele/Stichwörter

Bastrübe

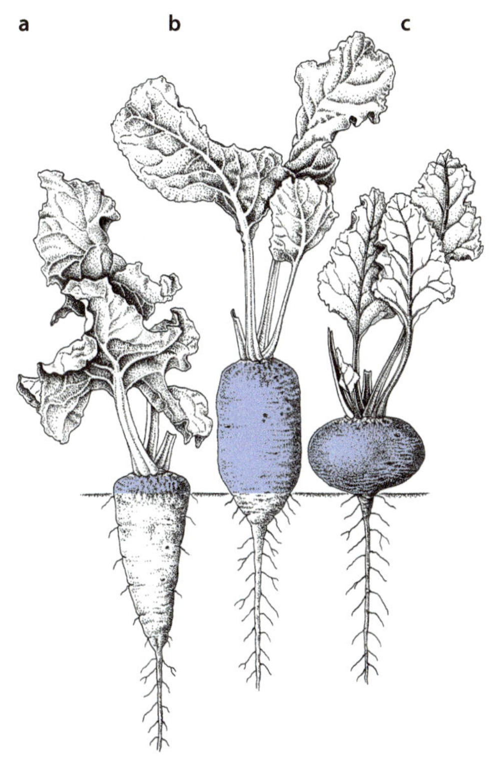

■ **Abb. 11.4** Bildung von Rüben unter Beteiligung von Primärwurzel und Hypokotyl (blau) bei **a** Zuckerrübe, **b** Futterrübe, **c** Rote Beete. (© Kadereit et al. 2014)

■ **Abb. 11.5** *Gleditsia triacanthos* – Gleditschie, Sprossdornen. (© Kadereit et al. 2014)

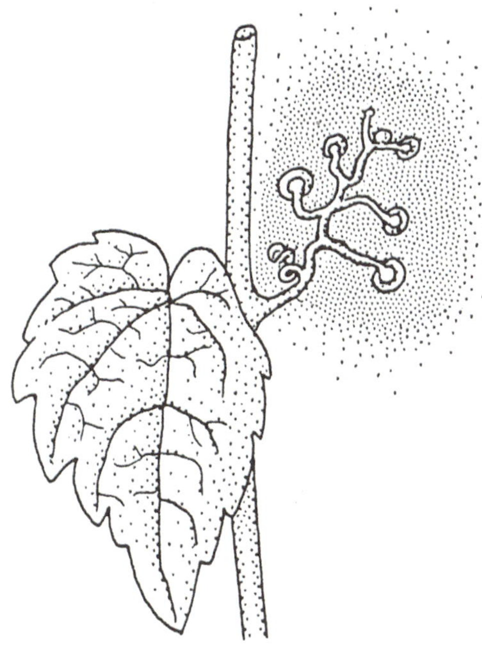

■ **Abb. 11.6** *Parthenocissus tricuspidata* – Jungfernrebe, Sprossranke mit Haftscheiben. (© Kadereit et al. 2014, nach Noll)

■■ Objekt: *Daucus carota* – Möhre (▶ Kap. 7)

Aufgaben:

- Rübe längs schneiden und zeichnen.

11.4 Blattmetamorphosen

Beispiele für Metamorphosen der Blätter (■ Abb. 11.11, 11.12, 11.13, 11.14, und 11.15) sind *Allium cepa* – Küchenzwiebel (chlorophyllfreie Speicherblätter, die sich aus dem Blattgrund abgestorbener Laubblätter entwickelt haben), *Berberis vulgaris* – Berberitze (Blattdornen, entstanden aus den Tragblättern von Kurztrieben), *Robinia pseudoacacia* – Robinie (Nebenblattdornen), *Pisum sativum* – Erbse

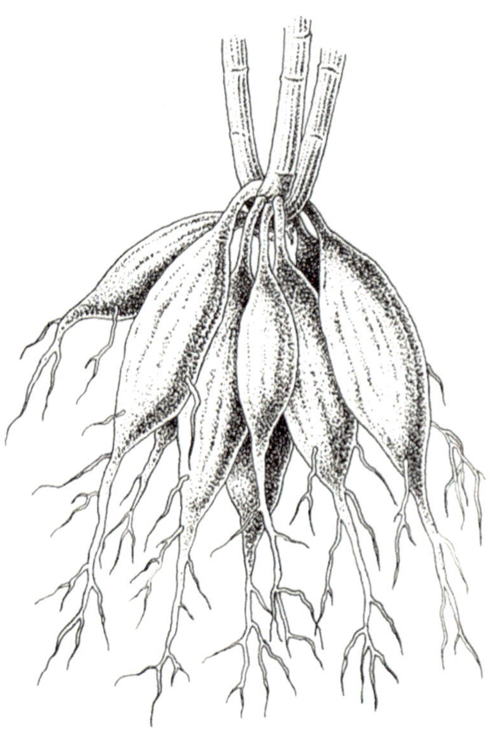

Abb. 11.7 *Dahlia variabilis* – Dahlie, sprossbürtige Speicherwurzeln (Wurzelknollen). (© Kadereit et al. 2014)

11

(Fiederblattranken, entstanden aus dem oberen Teil des Fiederblattes), *Nepenthes fusca* – Kannenpflanze (Blattspreite zum kannenförmigen Behälter umgebildet: Gleitfalle) oder *Dionaea muscipula* – Venusfliegenfalle (Blattspreite zu Klappfalle umgeformt) und die verschiedenen Ausprägungen der Blattsukkulenz (neben *Allium cepa* z. B. auch *Sedum rubrotinctum* – Mauerpfeffer).

Blattmetamorphosen

Lernziele/Stichwörter

Speicherblätter

Objekt: *Allium cepa – Küchenzwiebel*

Aufgaben:

- Zwiebel längs schneiden.
- Skizze mit Wurzel, gestauchtem Spross und Speicherblättern anfertigen.

Abb. 11.8 *Hedera helix* – Efeu, Haftwurzeln. (© Kadereit et al. 2014)

Abb. 11.9 *Rhizophora* sp. – Rote Mangrove, Stelzwurzeln. (© Kadereit et al. 2014)

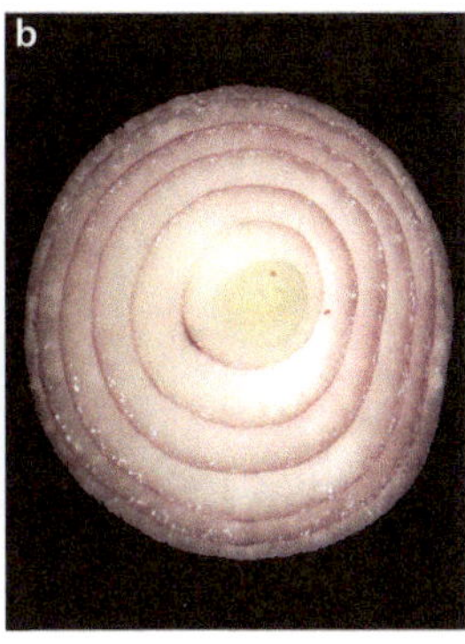

■ **Abb. 11.10** *Allium cepa* – Küchenzwiebel. **a** Längs-, **b** Querschnitt. (© Kadereit et al. 2014)

■ **Abb. 11.11** *Berberis vulgaris* – Berberitze, Blattdornen. (© Kadereit et al. 2014)

11.5 Lernzielkontrolle

1. Nennen Sie Beispiele für Metamorphosen des Grundorgans Blatt.

■ **Abb. 11.12** *Robinia pseudoacacia* – Robinie, Nebenblattdornen. (© Kadereit et al. 2014)

2. Anhand welcher Merkmale lassen sich Rhizome von Wurzeln und Kriechsprossen unterscheiden?
3. Definieren und unterscheiden Sie die Begriffe Stachel und Dorn.
4. Definieren und unterscheiden Sie die Begriffe Rübe und Knolle. Nennen Sie Beispiele.
5. Beschreiben Sie Standortbedingungen, die eine Selektion auf verdornte Strukturen begünstigen.
6. Welche evolutionären Entwicklungstendenzen zeigen sich bei Pflanzen, die an trockene Standorte angepasst sind?

11.6 Arbeitsblätter

Arbeitsblatt 11.1, *Solanum tuberosum:* Spross quer (■ Abb. 11.16)
Arbeitsblatt 11.2, *Zygocactus truncatus:* Kladonium, quer (■ Abb. 11.17)
Arbeitsblatt 11.3, *Allium cepa:* gestauchter Spross und Speicherblätter (■ Abb. 11.18)

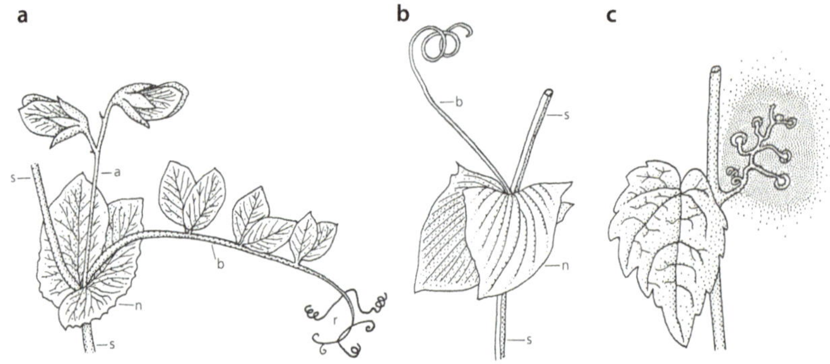

Abb. 11.13 *Pisum sativum* – Erbse, Fiederblattranke. **a** blütentragender Achselspross, *b* Rhachis, *n* Nebenblätter, *r* zu Ranken umgewandelte Blattfiedern, *s* Spross. (© Kadereit et al. 2014, nach Schenck)

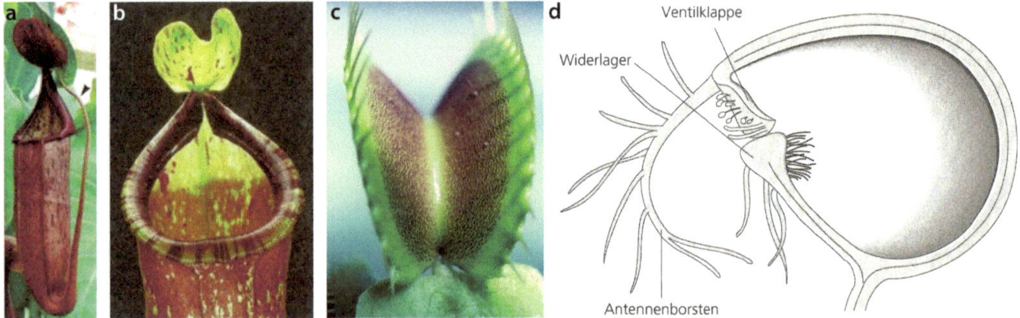

11

Abb. 11.14 Blattfallen carnivorer Pflanzen. **a, b** Kannenfalle von *Nepenthes*. **c** Fangblase von *Utricularia vulgaris* – Wasserschlauch. (© Kadereit et al. 2014)

Abb. 11.15 Blattsukkulenz. **a** *Sedum rubrotinctum* – Mauerpfeffer. **b** *Sempervivum* sp. – Hauswurz. (© Kadereit et al. 2014)

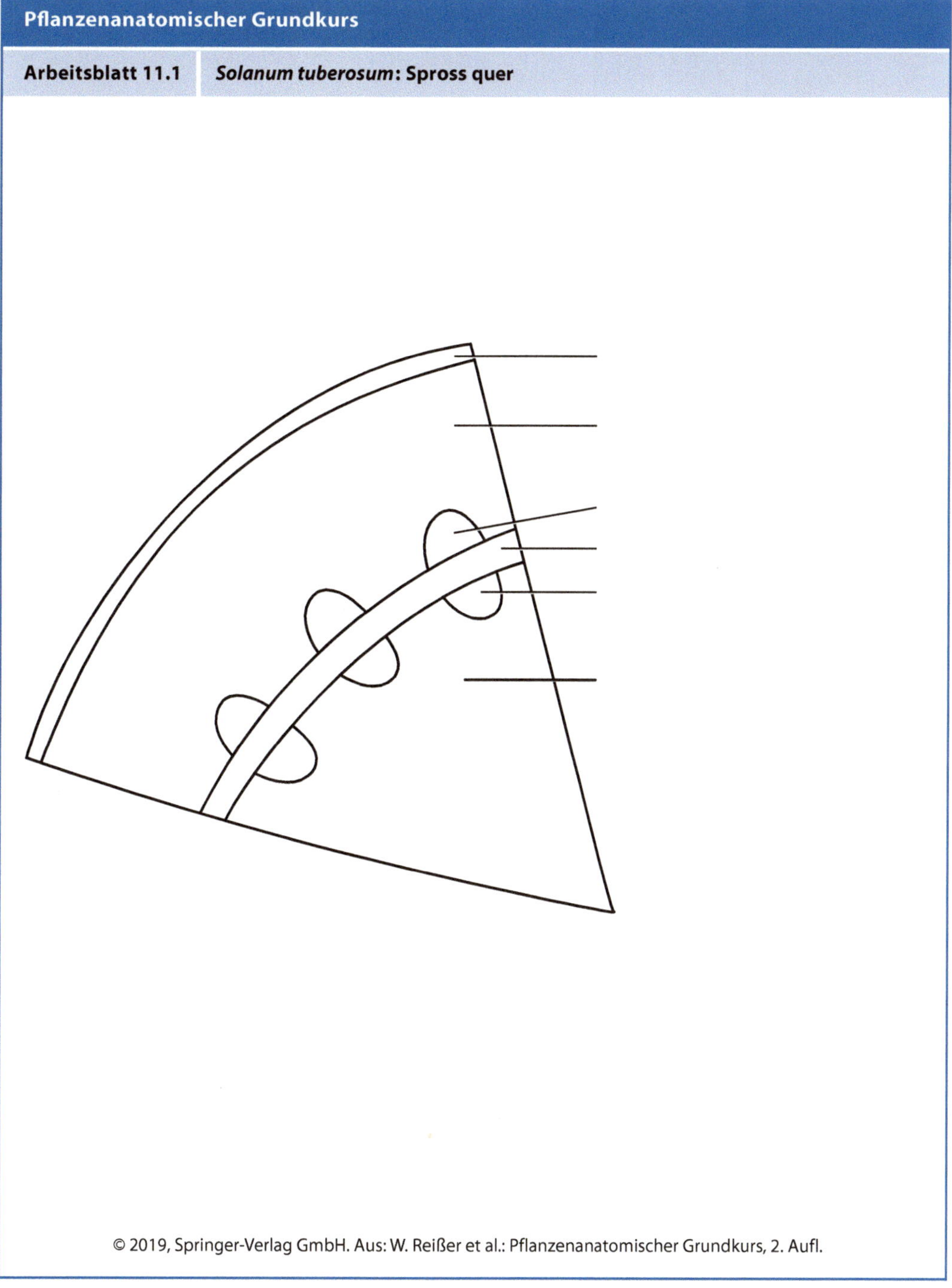

Abb. 11.16 *Solanum tuberosum:* Spross quer

Pflanzenanatomischer Grundkurs

Arbeitsblatt 11.2	***Zygocactus truncatus*: Kladonium, quer**

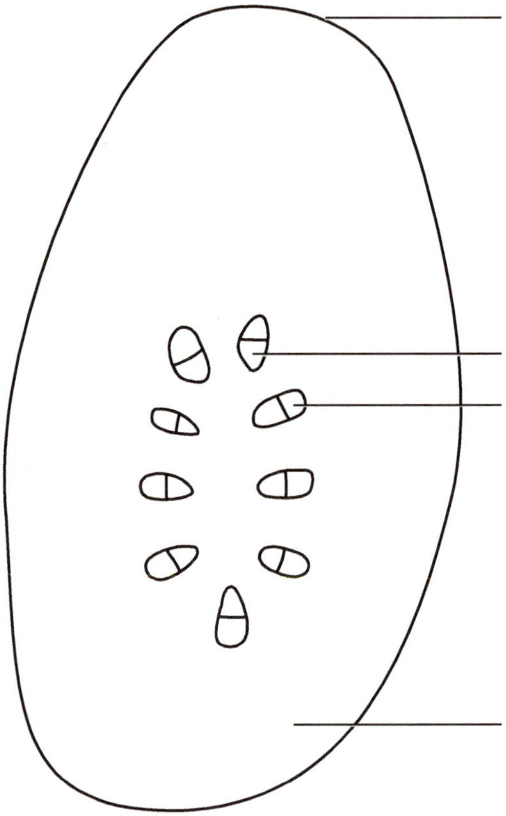

Abb. 11.17 *Zygocactus truncatus:* Kladonium, quer

Pflanzenanatomischer Grundkurs

Arbeitsblatt 11.3	***Allium cepa*: gestauchter Spross und Speicherblätter**

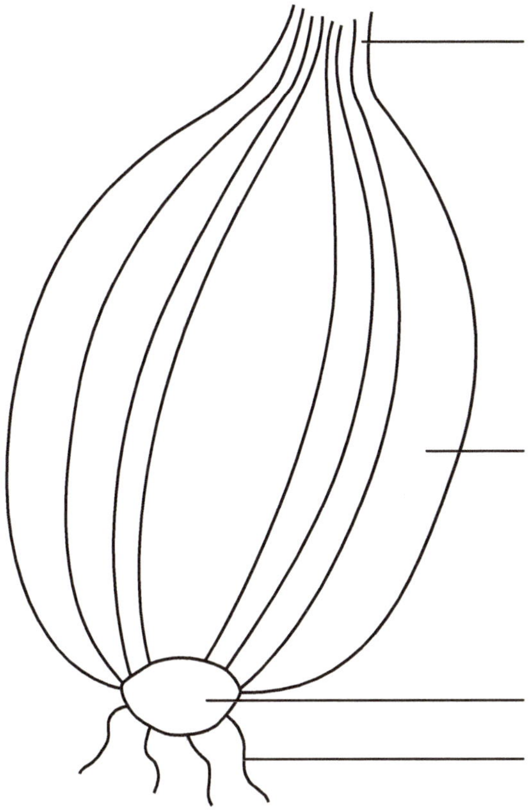

Abb. 11.18 *Allium cepa:* gestauchter Spross und Speicherblätter

Pilze und Flechten

W. Reißer, F.-M. Dux, M. Möschke, M. Hofmeister, *Pflanzenanatomischer Grundkurs*,
https://doi.org/10.1007/978-3-662-58719-5_12

12.1 Einführung

Die dritte große Gruppe Die **Pilze (Mycota)** stellen neben den Tieren (Animalia) und Pflanzen (Plantae) die dritte große Gruppe der Eukaryonten dar, wobei es ebenso wenig den typischen Pilz wie das typische Tier oder die typische Pflanze gibt. Pilze können in einzelliger und mehrzelliger Organisation auftreten. Im Unterschied zu Pflanzen und Tieren besitzen sie allerdings keine echten Gewebe und unterscheiden sich zusätzlich von den Pflanzen durch das Fehlen einer Photosynthese.

Unter taxonomischen Gesichtspunkten stellen die Pilze ein phylogenetisch uneinheitliches Konglomerat eukaryotischer Organisationsformen dar, die teils eigenständig im System stehen, teils Verwandtschaft zu pflanzlichen bzw. tierischen Ausgangsformen vermuten lassen (▫ Abb. 12.1).

Destruenten, Pathogene, Symbionten Im ökologischen Kontext spielen die Pilze als heterotrophe Organismen mit überwiegend parasitischer und saprobiontischer Lebensweise eine überragende Rolle als phagozytierende und resorbierende Destruenten. Sie sind wirtschaftlich bedeutende Pathogene von Pflanzen und Tieren und treten als Symbiosepartner mit Algen in **Flechten** sowie mit Landpflanzen in **Mykorrhiza** auf.

Dem Laien begegnen die Pilze meist in Form von (essbaren) Hutpilzen, als Konsolen an Bäumen oder als Verursacher von Schorfen, Rosten, Bränden und Mehltau an Kulturpflanzen sowie als Schimmelbildner auf Lebensmitteln.

Aus wissenschaftshistorischen Gründen sind die Pilze ursprünglich vor allem von Botanikern bearbeitet worden, was zur Folge hat, dass eine Reihe von mykologischen Fachtermini, wie z. B. die Begriffe „Fruchtkörper", „Generationswechsel" oder „Flechtthallus" botanischen Ursprungs sind und in der irrigen Annahme vergeben wurden, dass es sich bei Pilzen um eine wenn auch besondere Form von Pflanzen handelt.

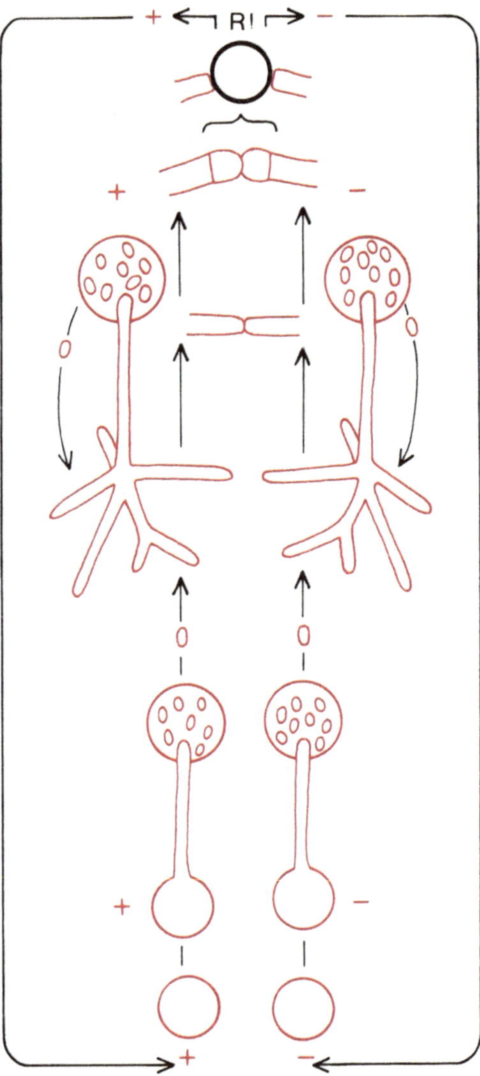

▫ **Abb. 12.1** Entwicklungsgang Zygomycota. Rote Linien: Haplophase, schwarze Linien: Diplophase, R! Meiose. (© v. Denffer et al. 1983)

Im Kurs können natürlich die Pilze, die vermutlich artenreicher als die Pflanzen, nach Meinung einiger Fachleute auch als die Tiere, sind, nur ganz kursorisch behandelt werden. Dabei liegt das Augenmerk auf den Pilzen, die uns im Alltag begegnen, also auf Schimmelbildnern, Speisepilzen und **Hefen**. Besondere Beachtung soll zusätzlich den Flechten als Beispielen einer Symbiosebildung gelten.

12.2 Schimmelbildner

Mit dem Begriff Schimmel werden im allgemeinen Sprachgebrauch Pilze bezeichnet, die organische Substrate wie Heu, Stroh, Früchte oder Lebensmittel mit einem unterschiedlich gefärbten Hyphengeflecht (meist blau, grau, schwarz oder weiß) überziehen. Dabei ist in der Regel das, was der Laie als Schimmel bezeichnet, das **Luftmyzel,** an dem für die schnelle Ausbreitung des Pilzes verantwortliche Sporen gebildet werden. Das **Substratmyzel** ist mit bloßem Auge nicht sichtbar, weshalb bei Lebensmitteln nicht nur die äußerste schimmeltragende Schicht entfernt, sondern besser das gesamte Produkt entsorgt werden sollte. Häufig wird die Ausbildung von Schimmel durch einen hohen Grad an Luftfeuchtigkeit gefördert.

Brotschimmel

Lernziele/Stichwörter

Luftmyzel, Sporangien, Sporangiophoren

▪▪ Objekt: *Rhizopus* sp. auf Brot

Aufgaben:

- Ein Stück Tesafilm mit der Klebeseite leicht auf den Schimmel drücken und dann mit derselben Seite auf einen Objektträger kleben.
- Übersichtskizze von Luftmyzel mit Sporangien an Sporangiophoren und verstreuten Sporen anfertigen.

Brotschimmel wird in der Regel durch Arten der Gattung *Rhizopus* (Zygomycota) verursacht. *Rhizopus* bildet im Luftmyzel farblose Hyphen aus, an denen sich senkrecht stehende Spezialhyphen (Sporangiophoren) ausbilden. Diese tragen dunkel pigmentierte Sporangien, in denen die Mitosporen gebildet werden.

Als Zygomycota (Jochpilze) werden Pilze zusammengefasst, die sich durch eine besondere Form der sexuellen Fortpflanzung auszeichnen, bei der ganze, häufig gleichgestaltete, vielkernige Gametangien miteinander zu einer **Zygospore** verschmelzen **(Gametangiogamie)**. In der reifenden Zygospore erfolgt anschließend die Karyogamie. Die Zygospore dient als Überdauerungsstadium und bildet nach einer Ruhephase ein Sporangium, in dem dann die Meiose und die Bildung von haploiden Sporen stattfinden (▫ Abb. 12.1).

12.3 Speisepilze

▪ Basidiomycota

Der Champignon (*Agaricus* sp.) gehört zu den Hutpilzen (Hymenomycetes) innerhalb der Gruppe der **Basidiomycota,** für welche die Ausbildung eines typisch geformten Sporangiums, der **Basidie**, an der in der Regel vier Meiosporen abgegliedert werden, namensgebend ist (▫ Abb. 12.2). Die Basidien werden an einem Fruchtkörper gebildet, der als **Basidiokarp** bezeichnet wird. Das Basidiokarp wird aus einem unechten Gewebe, einem **Plectenchym**, geformt, indem einzelne Zellfäden (Hyphen) miteinander verkleben. **Hyphen** sind die typische Wuchsform der Eumycota. Es sind langgestreckte schlauchförmige Zellen, die ein ausgeprägtes Spitzenwachstum aufweisen und über ihre Oberfläche gelöste Nahrung bzw. durch Exoenzyme aufgespaltenes organisches Substrat resorbieren. Die Gesamtheit der Hyphen eines Pilzes wird als **Myzel** bezeichnet. Dabei ist es interessant, dass der überwiegende Teil des Vegetationskörpers eines Pilzes sich in der Regel im Substrat (z. B. Boden) befindet, dort das sog. Substratmyzel bildet, wohingegen nur bei der Fortpflanzung des Pilzes, vor allem für die Sporenproduktion, ein anders geformtes und nun sichtbares plectenchymatisches Myzel, das Luftmyzel, ausgebildet wird. Was also der Laie als Champignon, Steinpilz usw. bezeichnet, ist das Luftmyzel des Pilzes, der sich vor der Bildung der Fruchtkörper schon weitgehend im Substrat ausgebreitet hat.

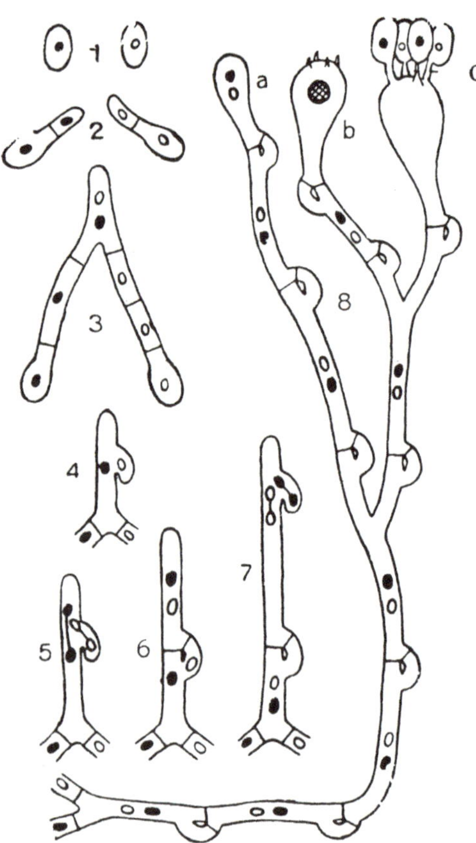

Abb. 12.2 Basidiomycota. Entwicklungsschema des Schnallenmyzels. 1 Genotypische verschiedene (+, –) Sporen, 2 deren Keimung zu schnallenlosem Myzel, 3 Plasmogamie, 4–6 Bildung der ersten Schnalle, 7 der folgenden, 8 Schnallenmyzel mit einer paarkernigen Basidienanlage (*a*), einer jungen Basidie mit Verschmelzungskern (*b*) und einer reifen Basidie mit Basidiosporen verschiedenen Kreuzungstyps (*c*). (© v. Denffer et al. 1983, nach Harder)

Das Basidiokarp der Hutpilze ist typisch aufgebaut und beim Champignon als Lamellenpilz auf seiner Unterseite in eine Vielzahl von dunkel pigmentierten Lamellen gegliedert. Diese tragen auf ihrer Oberfläche das **Hymenium,** die Basidien bildende Schicht. Bei der Sporenreife fallen die von den Basidien abgegliederten Basidiosporen heraus und werden bei trockenem Wetter vom Wind verbreitet (Abb. 12.3).

Bei anderen Basidiomycota ist das Hymenium nicht auf Lamellen lokalisiert, sondern kleidet auf der Unterseite des Hutes befindliche Röhren aus (Röhrenpilze, z. B. *Boletus edulis* – Steinpilz).

Agaricus sp. (Champignon)

Lernziele/Stichwörter

Fruchtkörper, plectenchymatisches Myzel, Hymenium, Basidie, Basidiosporen, Cystide

Objekt: Champignon (Agaricus *sp.*)

Aufgaben:

- Längsschnitt durch den Fruchtkörper.
- Übersichtskizze mit Aufbau, Hut und Stiel anfertigen.
- Plectenchym zeichnen.
- Lamelle mit Hymenium und Basidien mit Basidiosporen zeichnen.

Achtung

Der Braune Champignon (*Agaricus bisporus* var. *hortensis*) bildet nur zwei Basidiosporen pro Basidie aus, statt der sonst bei den Basidiomycota, z. B. bei *Agaricus campestris* – Wiesenchampignon, typischen vier (Abb. 12.4).

Ascomycota

Zu den begehrtesten Speisepilzen gehören Morcheln und Echte Trüffeln. Im Jahr 2008 erreichte eine Weiße Trüffel *(Tuber magnatum)* einen Auktionspreis von 158.000 €, was fast 150 € je Gramm entspricht. Morcheln und Trüffeln gehören zu den **Ascomycota,** für die die Ausbildung eines typisch geformten (Meio-)Sporangiums, des **Ascus,** charakteristisch ist. Im Ascus werden in der Regel acht Meiosporen (bei *Tuber* nur vier), die **Ascosporen,** gebildet (Abb. 12.5).

Innerhalb der Gruppe der Ascomycota gehören die Morchel und die Trüffel zu den Becherlingsartigen (Pezizales), deren Vertreter sich durch die Bildung überwiegend scheiben-, schüssel- oder becherförmiger Fruchtkörper, den **Apothecien,** auszeichnen (Abb. 12.6). Bei Morcheln ist der ursprüngliche Becher nach außen umgeschlagen und durch Stege

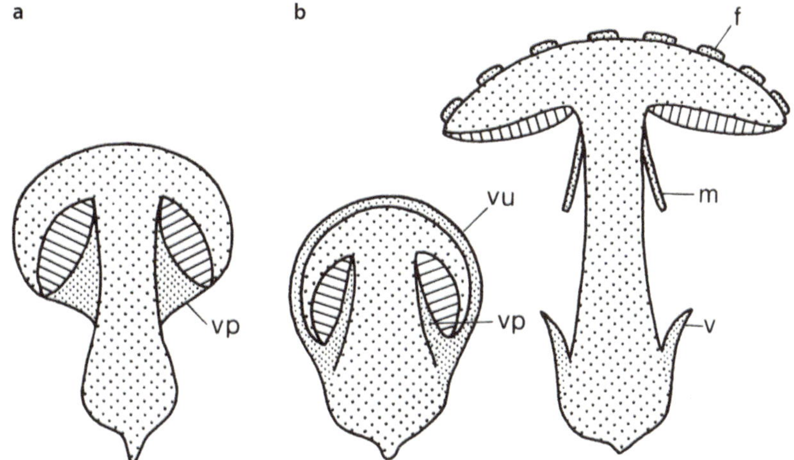

Abb. 12.3 Schematische Längsschnitte durch Fruchtkörper. **a** Mit Velum partiale (*vp*). **b** Mit Velum universale (*vu*) und Velum partiale (*vp*); links im jungen, rechts im reifen Stadium; *m* Manschette als Rest des Velum partiale, *v* Volva als Rest des Velum universale an der Stielbasis, *f* Reste des Velum universale auf dem Hut. (© v. Denffer et al. 1983, nach E. Fischer)

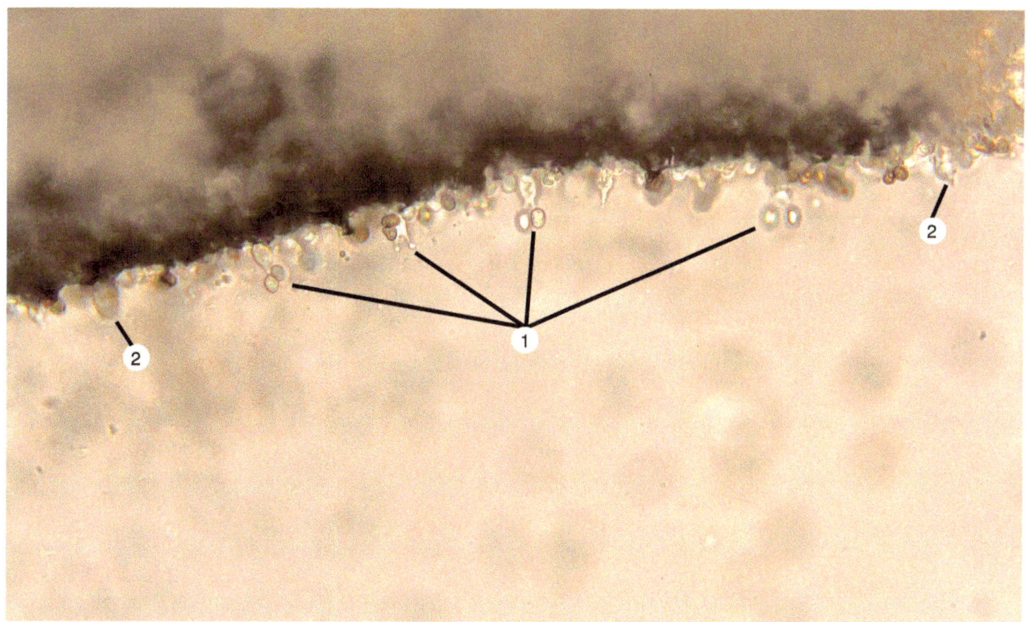

Abb. 12.4 *Agaricus bisporus* var. *hortensis* – Brauner Champignon, Schnitt durch das Hymenium. ***1*** Basidien mit zwei Basidiosporen je Basidie, ***2*** Cystiden. (© Universität Leipzig)

unterteilt. Das Hymenium mit den Asci findet sich in den kammerförmigen Vertiefungen (Abb. 12.7). Bei den hypogäischen Trüffeln ist das Hymenium extrem nach innen gefaltet und im reifen Stadium reduziert und kaum zu erkennen (Abb. 12.8). Die Asci liegen

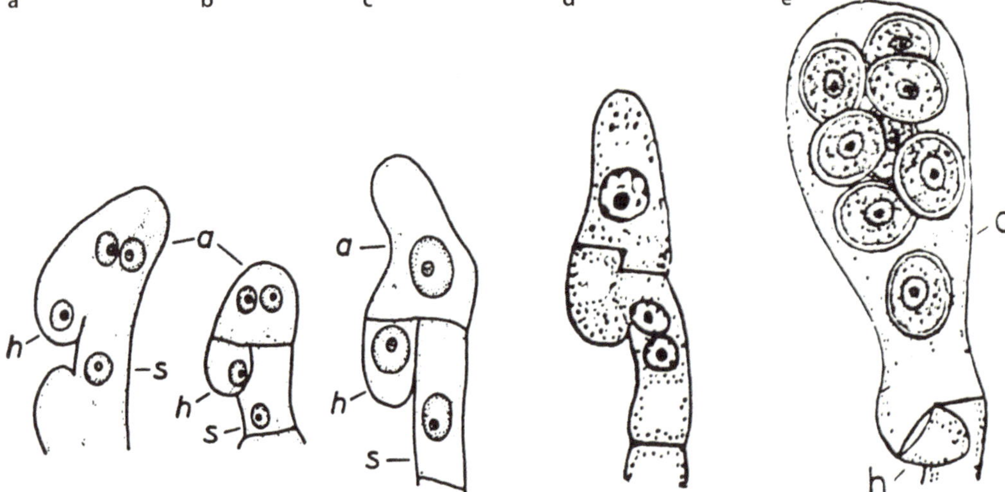

Abb. 12.5 Entwicklungsgang Ascomycota. **a–d** Ascusentwicklung von *Pyronema confluens.* **e** junger Ascus von *Boudiera* (*c*) mit Ascosporen. *s* Stielzelle, *h* Haken, *a* späterer Ascus. (© v. Denffer et al. 1983; a–d nach Harper, e nach Claussen)

Abb. 12.6 *Peziza varia* – Veränderlicher Becherling, Apothecium. (© Dörfelt & Ruske 2014)

Abb. 12.7 *Morchella esculenta* – Speise-Morchel, morchelloides Komplexapothecium. (© Dörfelt & Ruske 2014)

nesterartig in der Fruchtmasse (Gleba) verstreut und enthalten meist vier charakteristisch ornamentierte Ascosporen.

Morchella sp. (Morchel)

Lernziele/Stichwörter

Fruchtkörper, Apothecium, Ascus, Ascosporen

Objekt: Morchel (Morchella *sp.*)

Aufgaben:

- Längsschnitt durch den Fruchtkörper.
- Übersichtsskizze von Aufbau, Hut und Stiel anfertigen.
- Hymenium mit Asci und Ascosporen zeichnen.

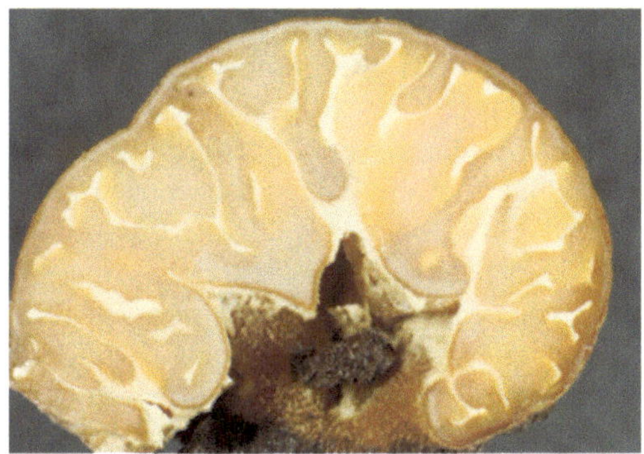

Abb. 12.8 *Tuber excavatum* – Olivbraune Trüffel, Fruchtkörper im Schnitt. (© Dörfelt & Ruske 2014)

Tuber sp. (Trüffel)
Lernziele/Stichwörter

Fruchtkörper, Gleba, Ascus, Ascosporen

Objekt: Trüffel *(Tuber sp.)*

Aufgaben:

- Längsschnitt durch den Fruchtkörper.
- Übersichtsskizze anfertigen.
- Gleba mit Asci und Ascosporen zeichnen.

Symbiontische Lebensgemeinschaften I – Mykorrhiza

Interessant und jedem Pilzkenner bekannt ist auch die Beobachtung, dass bestimmte Pilze bevorzugt in der Nähe bestimmter Bäume auftreten. Dies ist auf das Phänomen der Mykorrhizabildung zurückzuführen. Die meisten Landpflanzen bilden im Wurzelbereich eine spezifische Symbiose mit Vertretern der Eumycota, bei der die Pilzhyphen in die Wurzeln eindringen oder sie mit einem mantelartigen Geflecht umgeben. Wahrscheinlich versorgt der pflanzliche Partner den Pilz mit Kohlenhydraten und erhält von diesem Wasser und darin gelöste Salze, wobei die Pilzhyphen die Funktion der Wurzelhaare übernehmen und dadurch die resorbierende Oberfläche der Pflanze im Wurzelbereich erhöhen. Neuere Untersuchungen geben auch Anlass zu der Vermutung, dass Bäume über das Mykorrhizanetzwerk Informationen untereinander austauschen können. Schätzungen zufolge bilden über 90 % der Landpflanzen Mykorrhiza, und wahrscheinlich wurde der Landgang der Pflanzen vor ca. 450 bis 500 Mio. Jahren erst durch Mykorrhizabildung erfolgreich.

12.4 Hefen

Als Hefen werden in der Regel einzellige Pilze bezeichnet, die klassifikatorisch zu den Ascomycota zählen und eine besondere Art der inäqualen Zellteilung aufweisen, die Knospung. Die neu gebildeten Knospen können sich von der Ausgangszelle, die mehrfach Knospen bilden kann, lösen oder an dieser verbleiben, wodurch dann ein sog. Sprossungsmyzel entsteht (Abb. 12.9). Interessant ist, dass unter geänderten Umweltbedingungen (u. a. verringertes Nährstoffangebot) einige Hefen auch in der Lage sind, ein für Ascomyceten typisches fädiges Myzel zu bilden.

Natürlicher Standort der Hefen sind zuckerhaltige Pflanzensäfte wie Nektar und Phloemsaft. Beim Abbau der Zucker werden

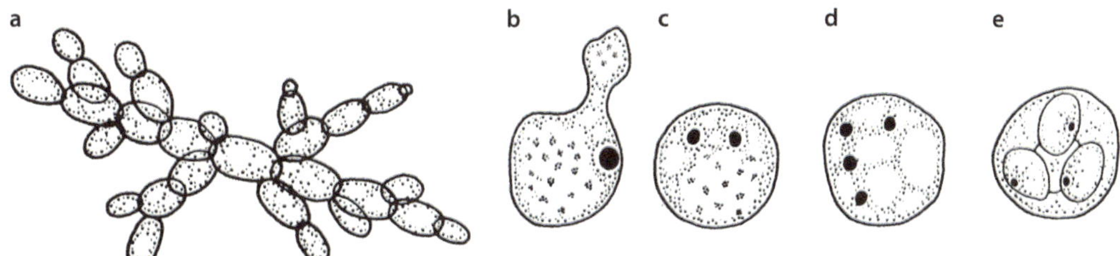

Abb. 12.9 *Saccharomyces cerevisiae* – Bierhefe. **a** Sprossketten, **b–e** Ascusbildung. (© v. Denffer et al. 1983; a nach Lindau, b–e nach Guillermond)

CO_2 und Alkohole gebildet. Bei den **Brauhefen** steht die Alkoholproduktion im Vordergrund, bei den **Backhefen** die Bildung von CO_2. Die meisten technisch eingesetzten Hefen gehören zu den Echten Hefen, den Saccharomycetales (wörtl. „Zuckerpilze“), die von einigen Autoren auch als die „ältesten Kulturorganismen des Menschen“ bezeichnet werden. Grabmalereien aus dem alten Ägypten belegen, dass dort schon vor ca. 5000 Jahren die Brau- und Backtechniken ein hohes Niveau erreicht hatten.

Hefen werden in der Forschung auch häufig als Modellorganismen eingesetzt. Das Genom der Bierhefe *Saccharomyces cerevisiae* war das erste vollständig sequenzierte Genom eines eukaryotischen Organismus.

Mikroskopische Erfassung von Hefen (*Saccharomyces* sp.) und ihren Teilungsstadien aus Flüssig- und Substratkultur bei unterschiedlichem Nährstoffangebot

Lernziele/Stichwörter

Einzellige Pilze, inäquale Zellteilung (Knospung)

▪▪ Objekt: *Saccharomyces cerevisiae* – Bierhefe

12

Aufgabe:

- Hefezellen und Sprossungsstadien zeichnen.

12.5 Flechten

▪ Symbiontische Lebensgemeinschaften II

Als Flechten werden symbiontische Lebensgemeinschaften von Pilzen mit Algen bezeichnet, die morphologisch und physiologisch eine Einheit bilden und sich wie ein einziger Organismus mit eigenen typischen Eigenschaften verhalten. Infolgedessen wurden Flechten früher auch als eigenständige Organismengruppe der *Lichenes* mit eigener Taxonomie und binärer Nomenklatur behandelt. In der modernen Forschung setzt sich jedoch mehr und mehr die Ansicht durch, dass Flechten am besten als eine gesonderte Lebensform von Pilzen zu verstehen sind, die sich Algen und deren Fähigkeit zur Photosynthese zunutze machen.

Als Algenpartner **(Photobionten)** treten einzellige und fädige Cyanobakterien (Blaualgen) sowie meist einzellige Grünalgen auf. Bei Letzteren sind die Gattungen *Trebouxia* und *Chlorella* (Chlorophyta) weit verbreitet. Beim Pilzpartner **(Mykobiont)** handelt es sich in der Regel um einen Ascomyceten.

Der Vegetationskörper der Flechten mit Cyanobakterien als Photobionten ist in der Regel **homöomer** organisiert, d. h. Algen und Pilz formen ein einheitliches Konglomerat, in dem die Symbiosepartner gleichmäßig verteilt sind. Bei den **heteromeren** Flechten findet sich dagegen eine deutliche Zonierung: Der Vegetationskörper wird zur Ober- und Unterseite durch ein plectenchymatisches Myzel (sog. Rinde) abgegrenzt, dazwischen befindet sich das Mark mit meist locker liegenden Hyphen. Die Masse des Photobionten (meist Grünalgen) ist unter der oberen Rinde lokalisiert (▫ Abb. 12.10). Aus der unteren Rinde differenzieren sich oft sog. Rhizinen, welche den Vegetationskörper auf dem Substrat fixieren (▫ Abb. 12.11). Die heteromeren Flechten können in sehr unterschiedlicher Gestalt auftreten, man unterscheidet u. a. Krusten-, Blatt-, Strauch- und Laubflechten, d. h. der Symbiosebildung folgt auch eine eigenständige Gestaltausbildung, weshalb in der Literatur auch von einem Flechtenthallus gesprochen wird (▫ Abb. 12.12).

Symbiosespezifische, eigenständige Merkmale finden sich auch in der Physiologie der Flechten. Die Photobionten scheiden im Zuge ihrer Photosynthese Zucker (Cyanobakterien: meist Glukose) bzw. Zuckeralkohole (Grünalgen: Mannitol, Sorbitol, Erythritol) aus, die vom Mykobionten als C-Quelle genutzt und zu CO_2 veratmet werden, das der Algenphotosynthese wieder zur Verfügung steht. Im Falle der Flechten, welche N_2-fixierende Cyanobakterien als Photobionten besitzen, werden von diesen auch N-haltige Verbindungen an den Pilz

Abb. 12.10 *Xanthoria parietina* – Becherflechte, Thallusquerschnitt. (© Universität Leipzig)

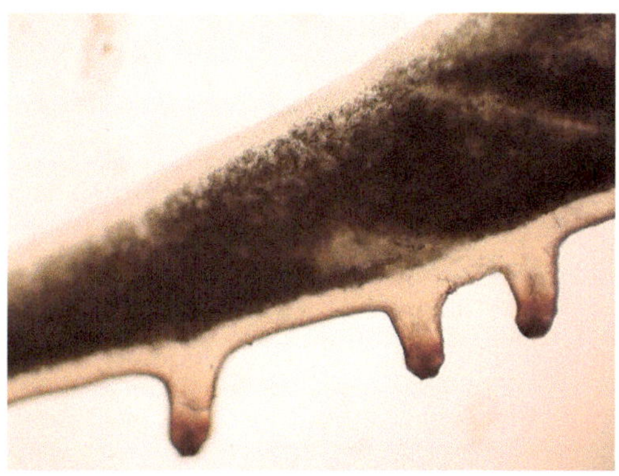

Abb. 12.11 *Cetraria islandica* – Isländisch Moos, Thallusquerschnitt. (© Universität Leipzig)

abgegeben. Der Mykobiont speichert in seinem Myzel Feuchtigkeit und gelöste Mineralien, die den Algen zur Verfügung stehen. Außerdem schirmt das Myzel die Algen auch gegen UV-Strahlung ab. Aufgrund dieser Eigenschaften sind Flechten häufig Erstbesiedler **(Pionierorganismen)** und können sich sowohl an heißen trockenen Standorten als auch in Kältewüsten (Hochgebirge, Antarktis) behaupten.

Bei einigen Flechten ist die Photosynthese des Photobionten sehr empfindlich gegen luftgetragene Schadstoffe, wie z. B. SO_2, was zur Entstehung einer sog. Flechtenwüste der Innenstädte führen kann. Entsprechend werden Flechten als Bioindikatoren eingesetzt. Daneben finden sie aufgrund ihrer Inhaltsstoffe auch pharmazeutisch Verwendung.

Flechten wachsen im Allgemeinen sehr langsam. Einige felsbewohnende Krustenflechten können wahrscheinlich mehrere tausend Jahre alt werden und dienen für Altersbestimmungen ihres Substrates.

Der Photobiont vermehrt sich in der Flechtengemeinschaft vegetativ durch Zellteilung, der Mykobiont bildet seine typischen Fruchtkörper (Ascokarpien) aus und setzt die entsprechenden Ascosporen frei. Allerdings ist die Bedeutung dieses Mechanismus für die Ausbreitung der Flechte vermutlich gering, da die Wahrscheinlichkeit für eine

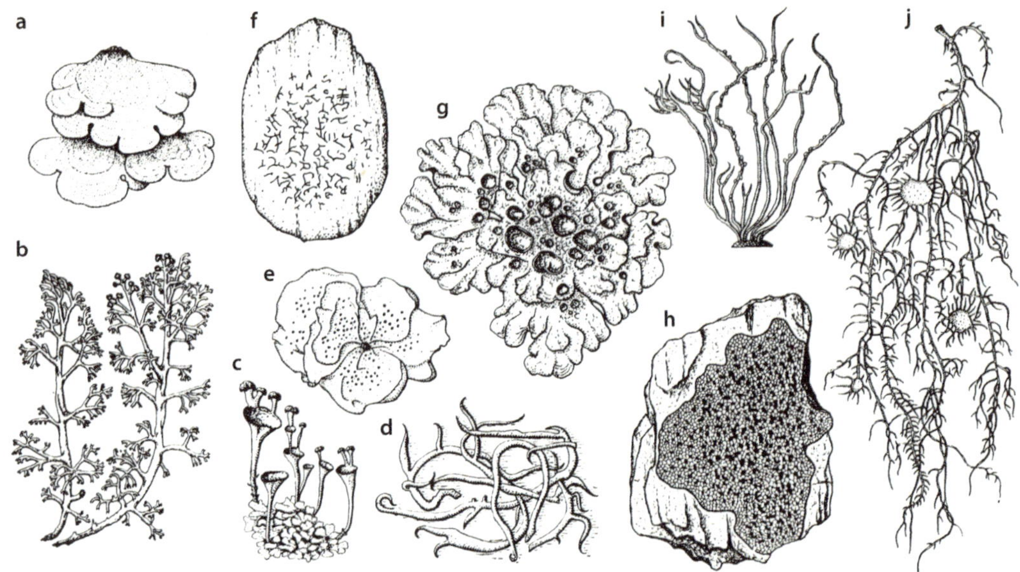

Abb. 12.12 Flechten, Habitustypen. **a** *Cora pavonia* (syn. *Dictyonema pavonia*, Basionym: *Thelephora pavonia*), **b** *Cladonia rangiferina*, **c** *Cladonia pyxidata* (Thallus mit becherförmigen Podetien), **d** *Thamnolia vermicularis*, **e** *Dermatocarpon miniatum*, **f** *Graphis scripta*, **g** *Parmelia acetabulum*, **h** *Rhizocarpon geographicum*, **j** *Roccella boergesenii*, **k** *Usnea florida*. (© Kadereit et al. 2014, nach Mägdefrau)

Spore, eine geeignete Partneralge zu finden, nicht allzu groß ist. Die vegetative Ausbreitung der Flechten erfolgt wahrscheinlich primär durch leicht abbrechende spezielle Thallusauswüchse (Isidien) bzw. durch von Pilzmyzel umsponnene Algenzellen, die als Pakete (Soredien) an bestimmten Thallusorten (Sorale) gebildet werden.

Xanthoria parietina

Lernziele/Stichwörter

Aufbau eines heteromeren Flechtenthallus

Objekt: *Xanthoria parietina*

Aufgaben:

- Schnitt durch den Flechtenthallus.
- Skizze mit Gliederung in Rinden- und Markbereich, Algenschicht anfertigen.

12.6 Lernzielkontrolle

1. Nennen Sie die spezifischen charakterisierenden Merkmale, mit denen sich die Eumycota von den Plantae unterscheiden.
2. Was versteht man unter Substrat- und Luftmyzel?
3. Welche Phase im Entwicklungszyklus eines Pilzes wird mit den Begriffen Schimmel, Mehltau, Rost oder Schorf bezeichnet?
4. Nennen Sie Unterschiede zwischen Back- und Brauhefen. Zu welcher Pilzgruppe gehören die Hefen?
5. Warum finden sich bestimmte (Speise-)Pilze bevorzugt in der Nähe bestimmter Bäume?
6. Warum lassen sich bis heute nur wenige Speisepilze unter

kontrollierten Bedingungen kultivieren?
7. Welche Rolle spielen die Pilze in der Evolution der Landpflanzen?
8. Erläutern Sie die ökologische Bedeutung der Pilze.
9. Schildern Sie den Aufbau eines Flechtenthallus.
10. Warum werden einige Flechten auch zu den Pionierorganismen gezählt?

12.7 Arbeitsblätter

Arbeitsblatt 12.1, *Rhizopus* sp. auf Brot (▣ Abb. 12.13)
Arbeitsblatt 12.2, Champignon *(Agaricus sp.)* (▣ Abb. 12.14)
Arbeitsblatt 12.3, *Saccharomyces cerevisiae* (▣ Abb. 12.15)
Arbeitsblatt 12.4, *Xanthoria parietina* (▣ Abb. 12.16)

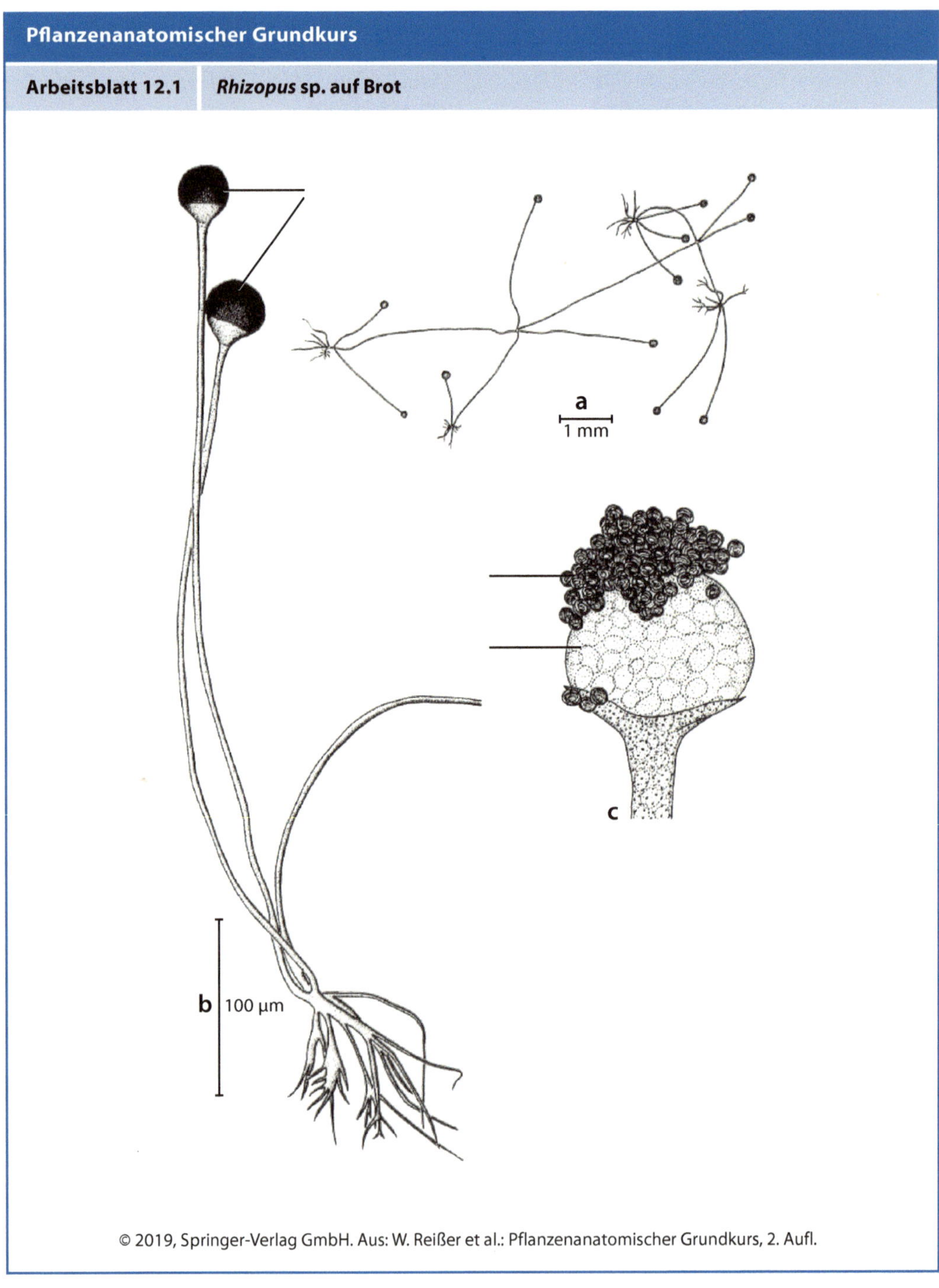

Abb. 12.13 *Rhizopus* sp. auf Brot (Webster 1983)

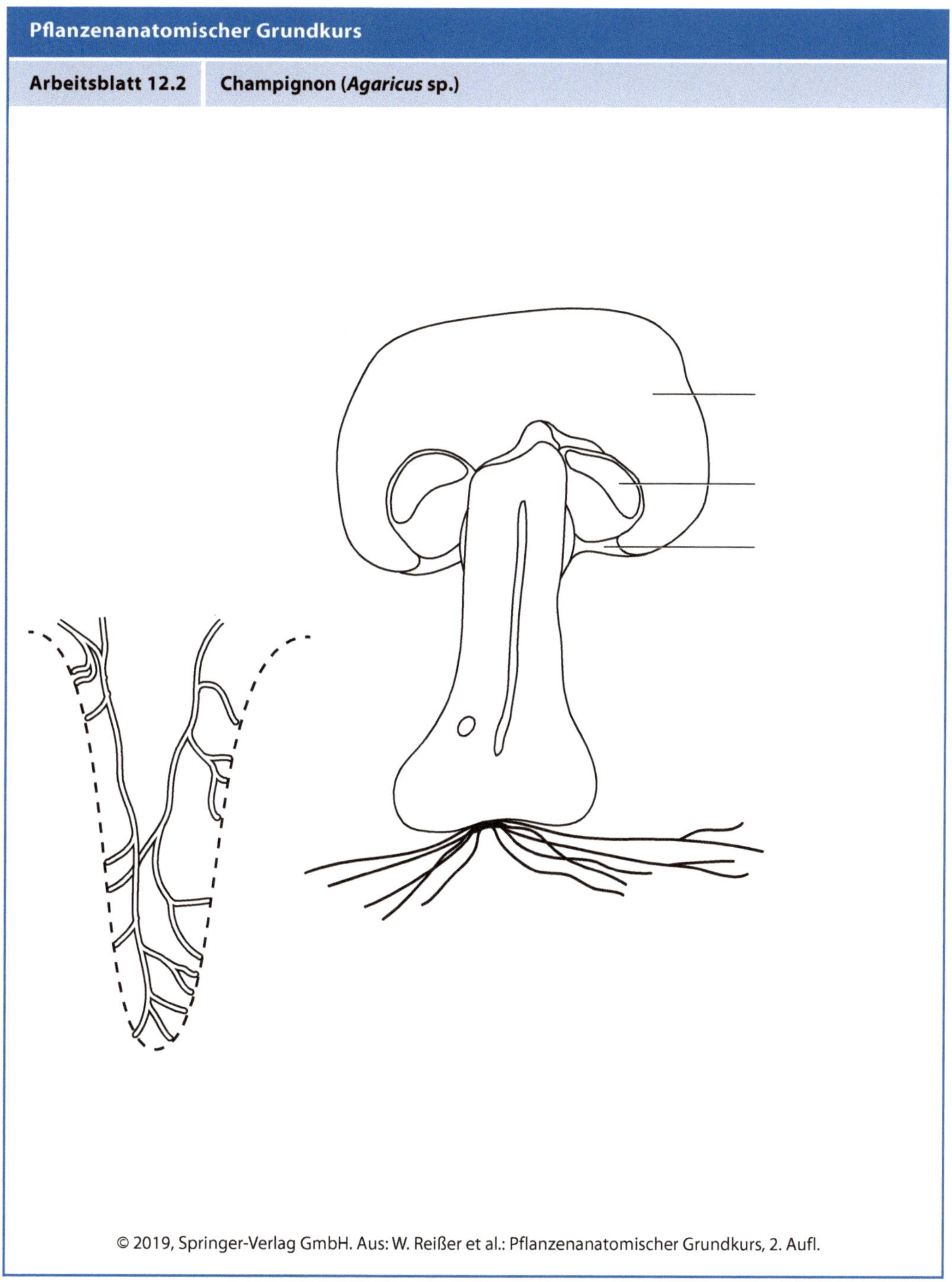

Abb. 12.14 Champignon (*Agaricus* sp.)

Pflanzenanatomischer Grundkurs

Arbeitsblatt 12.3	***Saccharomyces cerevisiae***

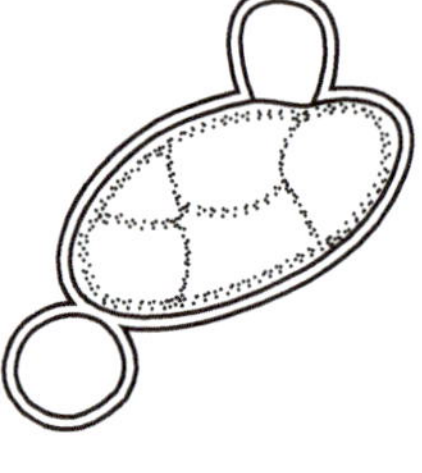

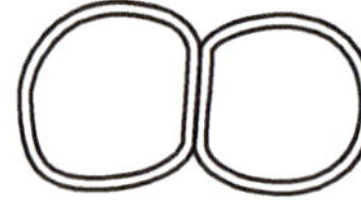
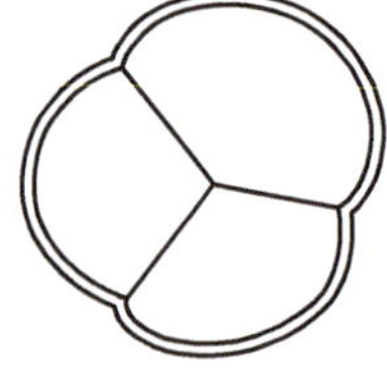

Abb. 12.15 *Saccharomyces cerevisiae*

Abb. 12.16 *Xanthoria parietina*

Serviceteil

W. Reißer, F.-M. Dux, M. Möschke, M. Hofmeister, *Pflanzenanatomischer Grundkurs*,
https://doi.org/10.1007/978-3-662-58719-5

Färbungen und Nachweisreaktionen

Die gängigen Färbe- und Identifizierungsmethoden für pflanzliche Zellen sind in Tab. A.1 dokumentiert.

Mehrfachfärbung Die Methode der Mehrfachfärbung arbeitet mit Farbstoffgemischen. Ein häufig verwendetes Gemisch ist FSA (Fuchsin-Safranin-Astrablau), das unverholzte und nicht cutinisierte Zellwände blau (Cellulose) und verholzte Zellwände rot (Lignin) färbt.

Wirkung und Herstellung ausgewählter Färbe- und Nachweisreagenzien

Mehrfachfärbung mit Fuchsin-Safranin-Astrablau (FSA-Färbung nach Etzold)

Benötigt werden basisches Fuchsin (10 mg), Safranin (40 mg), Astrablau (150 mg), A. dest. (100 ml) und Eisessig (2 ml).

- Fuchsin durch Kochen in einem Teil des Wassers lösen.
- Auf 100 ml auffüllen.
- Andere Farbstoffe und den Eisessig unter Rühren zusetzen.

Die Lösung ist über Jahre hinweg ohne Einschränkung haltbar.

Färbung meristematischer Zellwände mit Tannin-Eisen(III)-Chlorid

- Schnitte für ca. 10 min in Gerbsäurelösung (1 g Gerbsäure in 100 ml A. dest. mit etwas Thymol lösen) einlegen.
- Anschließend gut mit Wasser spülen.
- Für 3–5 min in Eisen(III)-Chlorid-Lösung inkubieren.
- Wieder mit Wasser spülen.

Die Zellwände färben sich blau-schwarz. Gegebenenfalls die Prozedur wiederholen.

Tab. A.1 Färbungen und Nachweisreaktionen

Nachweis von	Reagenz	Färbung
Cellulose	Chlorzinkiod	Blau
Cellulose	FSA[a]	Blau
Pektin	Resorcinblau	Hellblau
Lignin	Anilinsulfat	Gelb
Lignin	FSA[a]	Rot
Lignin	Phloroglucin + HCl	Rot
Cutin/Suberin	Sudan III	Rot-orange
Stärke	I_2/KI[b]	Blauviolett

[a]Fuchsin-Safranin-Astrablau
[b]Iod-Kaliumiodid-Lösung
Phloroglucin + HCl und Resorcinblau vertragen sich mit keiner anderen Färbung; Anilinsulfat, Sudan III und I_2/KI können im selben Präparat angewendet werden.

Allgemeiner histochemischer Fettnachweis

Färbung von Neutralfetten (Triglyceriden) und Cutin/Wachsen sowie Suberin (Kork) mit Sudan III

- 0,01 g handelsübliches Sudan III in 5 ml 96 %igem Ethanol lösen.
- 5 ml Glycerin dazugeben.

Differenzierter histochemischer Fettnachweis

Färbung von sauren Lipiden (z. B. Phospholipiden) mit Nilblau zur Unterscheidung zwischen neutralen (Triglyceriden, Cholesterinestern, Steroiden) und sauren Lipiden (Fettsäuren, Chromolipiden, Phospholipiden)

- Schnitte oder Zupfpräparate in Nilblaulösung einlegen.
- 2 min färben lassen.
- Danach mit Wasser abspülen.
- Zur besseren Differenzierung anschließend 1 %-ige Essigsäure zutropfen.
- 1–2 min einwirken lassen.

Ungesättigte Glyceride (Neutralfette) sind rosa bis rot angefärbt. Fettsäuren bzw. saure Lipide sowie Fettgemische färben sich blau bis violett.

Färbung von Chromatin mit Karminessigsäure

- 45 ml Eisessig mit 55 ml A. dest. mischen.
- 0,5–1,0 g Karmin (pulv.) zugeben.
- Unter Rückflusskühlung 0,5–1 h ganz schwach kochen.
- Nach dem Abkühlen filtrieren.

Die Lösung ist gut verschlossen unbegrenzt haltbar.

Nachweis von Stärke als pflanzlichem Reservestoff mit Iod-Kaliumiodid

Iod-Kaliumiodid-Lösung, auch Iod-Iodkalium-Lösung oder Lugol'sche Lösung (lat. *Solutio Lugoli*) genannt, ist eine wässrige Lösung mit einem Verhältnis von 1:2 von Iod zu Kaliumiodid, von bräunlich-roter Farbe und mit charakteristischem Geruch. Der Stärkenachweis beruht auf einer sehr empfindlichen Farbreaktion aufgrund der Einlagerung der Iodionen in die Stärkemoleküle. Dabei wird die Stärkeform Amylose blau/blaugrau und die Stärkeform Amylopektin rot/blauviolett angefärbt. Die verschiedenen Farbreaktionen beruhen auf dem unterschiedlichen Molekülbau von Amylose (schraubenförmig unverzweigt) und Amylopektin (verzweigt) und der damit verbundenen veränderten Lichtabsorption.

- **Identifizierung von Kristallen**
  - Schwefelsäure: kristallisiert **Oxalat** zu Gips um (Objekt: Kristalle in Zwiebelzellen)
  - Salzsäure: löst **Kalk** unter Bläschenbildung (CO_2), Oxalat jedoch ohne Gasentwicklung (Objekt: Kristalle in *Ficus*-Blättern)
  - Essigsäure: löst **Kalk-**, aber nicht **Oxalatkristalle** (Objekt: Kristalle in *Begonia*-Blattstielen)

Achtung!
Die Anwendung der genannten Säuren erfordert entsprechende Sicherheitsvorkehrungen für die Objektive der Mikroskope:
Säuren nicht auf dem Objekttisch des Mikroskops, sondern auf einer unempfindlichen Unterlage durch das Präparat saugen und zum Mikroskopieren stets das Objekt mit einem Deckglas abdecken.

▪ Demonstration Pollenkeimung

Rezeptur des Nährbodens für die Pollenkeimung (Keimungsmedium): 1 % Agar, 10 % Saccharose, 0,001 % Borsäure, A. dest.

- Keimungsmedium aufkochen, damit der Agar sich löst und mit den zugefügten Bestandteilen gut verrühren lässt.
- Flüssiges Medium als dünne Nährbodenschicht auf Objektträger gießen (überschüssiges Medium durch Schräghalten des Objektträgers ablaufen lassen).
- Beschichtete Objektträger in einer feuchten Kammer (Petrischale ausgelegt mit feuchtem Rundfilter) abkühlen lassen.
- Nach dem Erstarren des Nährbodens die Blüten (z. B. von *Bellis perennis*) über den Objektträger halten und durch Klopfen den Pollen ausstreuen (bei unreifen Blüten zuvor die Antheren mit Skalpell oder Rasierklinge anritzen).
- Zur Induktion der Pollenkeimung die Objektträger wieder in die feuchte Kammer überführen.
- In Abständen (30 min bis 2–3 h) die Ausbildung eines Keimschlauchs mit dem Mikroskop prüfen und protokollieren.

▪ Anzucht Hefe

Material: Trockenhefe, jeweils 50–100 ml einer wässrigen 1,5 %-igen und einer 0,15 %-igen Rohrzuckerlösung, zwei mit Filterpapier ausgelegte Petrischalen

- Jeweils ein Tütchen Trockenhefe in der wässrigen 1,5 %-igen und in der 0,15 %-igen Rohrzuckerlösung aufschwemmen.
- Das Papier in den Petrischalen jeweils mit einigen ml der Aufschwemmungen anzufeuchten, Petrischalen beschriften.
- Restliche Aufschwemmungen bei Zimmertemperatur aufbewahren und, mit einem Deckel versehen, ab und zu schütteln.

Nach ca. einer Woche werden die Proben mikroskopiert. Die Hefezellen erscheinen farblos mit kugeliger bis leicht ovaler Form, meist einzeln liegend, z. T. aber auch aneinandergereiht. Bei stärkster Vergrößerung ist Knospenbildung zu beobachten.

Interessant ist die Frage, ob Unterschiede zwischen den Hefen aus dem Flüssigansatz und dem Ansatz auf Filterpapier und den verschiedenen Rohrzuckerlösungen zu beobachten sind.

Beschaffung und Präparation

Pflanzen Das Pflanzenmaterial ist so gewählt, dass es ganzjährig verfügbar sein sollte. Mögliche Bezugsquellen sind im Einzelnen erwähnt. Auf die Angabe von Internetadressen wurde verzichtet, da diese wechseln und im Allgemeinen einfach zu recherchieren sind.

Das Pflanzenmaterial für den Unterricht kann auf verschiedene Weise beschafft werden – zum einen durch Sammeln im Freiland (Landschafts- und Naturschutzbedingungen beachten), zum anderen über Botanische Gärten und den Blumen-, Garten-, Obst- und Gemüsehandel. In einigen Fällen wird die eigene Anzucht erforderlich sein. Dauerpräparate können über entsprechende Anbieter bezogen werden. Oft lohnt sich auch, eine Präparatesammlung von Wurzeln, Sprossachsen, Blättern und Blütenknospen anzulegen. Dazu wird frisches Pflanzenmaterial zunächst für 3–4 Tage in 96 %-igen Ethanol überführt, um dem Material Wasser zu entziehen und es zu festigen. Danach kann die Flüssigkeit gegen 70 %-igen Ethanol ausgetauscht werden. Hartes und festes Pflanzenmaterial kann sofort in 70 %-igen Ethanol überführt werden. Die Präparate können bei Raumtemperaturen in einem Sammlungsschrank mit entsprechender Belüftung und in gut verschließbaren Gefäßen über Jahre aufbewahrt werden.

Herkunft, Anzucht und Einsatz der im Praktikum benötigten Organismen

***Actinidia chinensis* – Kiwi** - Lebensmittelhandel

***Agaricus* sp. – Champignon** - Lebensmittelhandel

***Allium cepa* – Küchenzwiebel** - Obst- und Gemüsehandel; Zwiebeln zur Bildung von Wurzeln auf Wasser ansetzen; Wurzelspitzen ernten und in Ethanol-Eisessig-Gemisch (3:1) fixieren (12 h); anschließend in Karminessigsäure kurz aufkochen und färben lassen; rote Varietät: Blattepidermis

***Anabaena* sp.** - SAG, Bestellnummer 1403-2 (siehe Quellen)

***Apatococcus* sp.** - SAG, Bestellnummer 34.83 (siehe Quellen)

***Begonia rex* – Begonie** - Gartenfachhandel, kann durch vegetative Vermehrung über das Rhizom ständig verjüngt werden

***Bellis perennis* – Gänseblümchen** - fast ganzjährig witterungsbedingt auf Rasen und Wiesen vorhanden

***Caltha palustris* – Sumpf-Dotterblume** - im Frühjahr in sumpfigem Gelände, meist an Bachläufen, in Botanischen Gärten; für die ständige Nutzung können Dauerpräparate als Klassensatz erworben werden (Anbieter im Internet zu recherchieren)

***Capsella bursa-pastoris* – Hirtentäschelkraut** - Samenhandel

***Chroococcus* sp.** - SAG, Bestellnummer 36.85 (siehe Quellen)

***Citrus limon* – Zitrone** - Lebensmittelhandel

***Citrus maxima* – Pampelmuse** - Lebensmittelhandel

***Citrus paradisi* – Grapefruit** - Lebensmittelhandel

***Citrus sinensis* – Apfelsine** - Lebensmittelhandel

***Cladophora* sp.** - Zoo- oder Gartenfachhandel, aus Aquarien oder aus Teichen in Botanischen Gärten, in stehenden und langsam fließenden Gewässern

***Clematis vitalba* – Waldrebe** - wächst als wild rankender Strauch an Zäunen

***Clivia miniata* – Klivie** - Gartenfachhandel

***Convallaria majalis* – Maiglöckchen** - im Frühsommer in Gärten, Gartenfachhandel

***Corylus avellana* – Haselnuss** - Lebensmittelhandel

***Cucurbita pepo* – Gartenkürbis** - Keimung in Gartenerde oder auf Fließpapier in Petrischalen; Gartenfachhandel, Samenhandel

***Daucus carota* – Gartenmöhre** - Lebensmittelhandel

***Dryopteris* sp. – Wurmfarn** - Gartenfachhandel, natürliche Bestände, zum Beispiel in Botanischen Gärten

***Elodea canadensis* oder *Elodea densa* – Wasserpest** - Zoohandlung, Botanische Gärten

***Fagus sylvatica* – Rotbuche** - Laubblatt; Blätter im Sommer sammeln

Flechten - Internet-Versandhandel, Gartenfachhandel (als „Bastelmoos" oder „Dekomoos")

***Fragaria × ananassa* – Garten- oder Kulturerdbeere** - Lebensmittelhandel

***Helianthus annuus* – Sonnenblume** - Blumen- und Gartenfachhandel

***Helleborus niger* – Nieswurz** - Garten bzw. Blumenfachhandel oder aus Botanischen bzw. privaten Gärten;

frische Blätter sammeln; einzelne Blattspreitenabschnitte können auch in 70 %-igem Ethanol eingelegt werden

Hippuris vulgaris – Tannenwedel - in den Frühlings- und Sommermonaten an Rändern von Gewässern, Botanische Gärten, Gartenfachhandel

Hordeum vulgare – Gerste - Samenhandel, Bioladen; zum Keimen eine Woche vorher eine ausreichend große Petrischale mit Filterpapier auslegen, dieses mit Leitungswasser befeuchten und darauf die Gerstenkörner verteilen; im Dunkeln bei Zimmertemperatur inkubieren

Hoya carnosa – Wachsblume - Zierpflanzenbau, private und Botanische Gärten

Iris germanica – Deutsche Schwertlilie - Wurzel, Blumen- und Gartenfachhandel, private und Botanische Gärten, Garten- und Blumenfachhandel; Wurzel sammeln und in 70 %-igem Ethanol einlegen

Juglans regia – Walnuss - Lebensmittelhandel

Juncus effusus – Flatter-Binse - an feuchten sumpfigen Standorten von Teichen und Seen, in Botanischen Gärten

Kalanchoe daigremontiana – Brutblatt - Anzucht bzw. Kauf im Gartenfachhandel; kann später über die Brutknospen immer wieder vegetativ vermehrt und angezogen werden; benötigt gewöhnliche Gartenerde als Substrat

Lamium album – Weiße Taubnessel - auf Wiesen, an Wegrändern; es empfiehlt sich, die Sprossachsen für eine entsprechende Präparatesammlung in 70 %-igem Ethanol aufzubewahren

Levisticum officinale – Liebstöckel - private und Botanische Gärten

Malus domestica – Apfel - Lebensmittelhandel

Marchantia polymorpha – Brunnenlebermoos - auf feuchten Randstreifen von Waldwegen, auf Blumentöpfen von Pflanzen vom Gartencenter bzw. von Botanischen Gärten

Micrasterias sp. - SAG, Bestellnummer 153.80 (siehe Quellen)

Morchella esculenta – Speise-Morchel - Lebensmittelhandel, getrocknetes Material enthält meist nur leere Asci

Nerium oleander – Oleander - Gartenfachhandel

Nicotiana tabacum – Tabak - Selbstanzucht oder aus Botanischen Gärten; Frischmaterial (Blätter) einsetzen

Pediastrum sp. - SAG, Bestellnummer 87.81 (siehe Quellen)

Petroselinum crispum – Petersilie - Lebensmittelhandel

Phaseolus coccineus – Feuer-Bohne - Samenhandel, Bioladen

Phaseolus vulgaris – Garten-Bohne - Samenhandel, Bioladen; Keimung in Gartenerde oder auf Filterpapier in Petrischalen

Pinus nigra – Schwarz-Kiefer - dünne Zweige ganzjährig aus Parkanlagen, Wäldern

Pinus sylvestris – Wald-Kiefer - dünne Zweige ganzjährig aus Parkanlagen, Wäldern

Pisum sativum – Garten-Erbse - Keimung in Gartenerde oder auf Filterpapier in Petrischalen

Prunus armeniaca – Aprikose - Lebensmittelhandel

Prunus avium – Süßkirsche - Lebensmittelhandel

Prunus domestica – Pflaume - Lebensmittelhandel

Prunus persica – Pfirsich - Lebensmittelhandel

Pyrus communis – Birne - Lebensmittelhandel

Ranunculus repens – Kriechender Hahnenfuß - auf feuchten Randstreifen von Waldwegen, in Botanischen Gärten

Rhizopus sp. – Brotschimmel - Selbstanzucht in Petrischalen auf Graubrot (ohne Konservierungsstoffe, eventuell aus Biobäckerei) und feuchtem Filterpapier

Ribes nigrum – Schwarze Johannisbeere - Lebensmittelhandel

Ricinus communis – Ricinus - Samenhandel

Robinia pseudoacacia – Robinie - Parkanlagen, Wälder

Rubus idaeus – Himbeere - Lebensmittelhandel

Rubus fruticosus – Brombeere - Lebensmittelhandel

Saccharomyces cerevisiae – Backhefe - Lebensmittelhandel

Saccharum officinarum – Zuckerrohr - Botanische Gärten

Sambucus nigra – Schwarzer Holunder - ruderale Standorte an Waldrändern, Wegschneisen, aus privaten oder Botanischen Gärten

Secale cereale – Roggen - Samenhandel, Bioladen

Solanum tuberosum – Kartoffel - Lebensmittelhandel

Spirogyra sp. - SAG, Bestellnummer 170.80 (siehe Quellen)

Tilia cordata – Winter-Linde - Parkanlagen, Wälder

Tortula muralis – Drehzahnmoos - Überzüge auf Steinmauern

Tradescantia spathacea – Dreimasterblume - Gartenfachhandel; kann durch vegetative Vermehrung ständig weiterkultiviert werden

Triticum aestivum – Weizen - Samenhandel, Bioladen

Tuber sp. – Trüffel - Lebensmittelhandel

Ulva lactuca – Meersalat - Zoo- oder Gartenfachhandel, Herbarmaterial

***Urtica urens* – Brennnessel** - am Wegrand, auf Ruderalflächen, aus Gärten; Blätter sammeln und in 70 %-igem Ethanol einlegen (Präparatesammlung)

***Verbascum* sp. – Königskerze** - eigene Anzucht im Gelände, Garten- und Blumenfachhandel, Botanische oder private Gärten; Blätter können gesammelt und in 70 %-igem Ethanol eingelegt werden (Präparatesammlung)

***Vicia faba* – Ackerbohne** - Samenhandel, Bioladen; Keimung auf Gartenerde oder Perlit

***Viola wittrockiana* – Garten-Stiefmütterchen** - Gartenfachhandel

***Vitis vinifera* – Weinrebe** - Lebensmittelhandel

***Volvox* sp.** - SAG, Bestellnummer 170.80 (siehe Quellen)

***Xanthoria parietina* – Gewöhnliche Gelbflechte** - auf Laubbäumen, auch auf Mauern

***Yucca filamentosa* – Palmlilie** - Gartenfachhandel; noch nicht entfaltete, unreife Blüten (Blütenknospen) verwenden und in 70 %-igem Ethanol einlegen

***Zea mays* – Mais** - Keimung in Gartenerde oder auf Fließpapier in Petrischalen

Quellen

SAG: Experimentelle Phykologie und Sammlung von Algenkulturen der Universität Göttingen (EPSAG)

Nikolausberger Weg 18
D-37073 Göttingen
Tel.: +49 551 39 7871
E-Mail: epsag@uni-goettingen.de

Glossar

Achäne Nussfucht, bei der Samenschale (Testa) und Fruchtwand (Perikarp) miteinander verwachsen sind; typische Fruchtform der Asteraceae (unterständiger Fruchtknoten). ▸ Frucht, ▸ Fruchttyp, ▸ Karyopse

***Actinidia chinensis* – Kiwi** Actinidiaceae

© atoss / Fotolia

***Agaricus* sp. – Champignon** Basidiomycota

© ValentynVolkov / Getty Images / iStock

***Allium cepa* – Küchenzwiebel** Amaryllidaceae

© gandolf / Fotolia

Allorrhizie Ausbildung einer (stark ausgebildeten) Hauptwurzel und (schwächer ausgebildeter) Nebenwurzeln. ▸ Homorrizie

Amyloplast stärkespeichernder Leukoplast; auch Bezeichnung für Chloroplast, der die photosynthetisch gebildete Stärke akkumuliert. ▸ Proplastid ▸ Chloroplast

Analogie Vorliegen funktionsgleicher Strukturen. ▸ Homologie

***Anabaena* sp.** Cyanobakterien

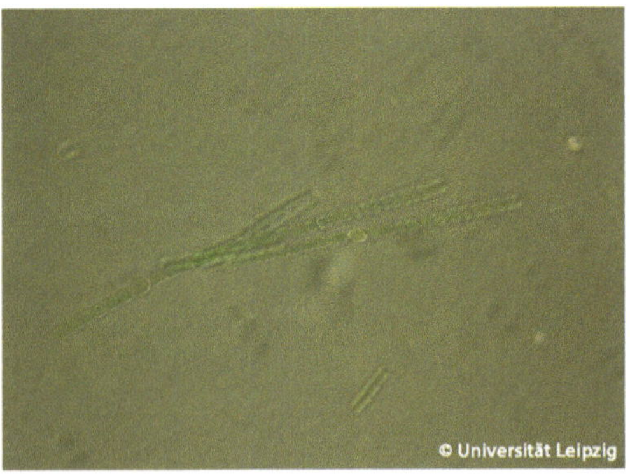

© Universität Leipzig

Anatomie Organisation und Struktur eines Lebewesens

Angiospermenblüte Samenanlagen von außen nicht frei zugängig, da im Fruchtblatt (Karpell) eingeschlossen. ▸ Karpell

Androeceum Gesamtheit der männlichen Blütenteile (= Stamina, Staubblätter). ▸ Gynoeceum, ▸ Stamen, ▸ Staubblatt

Anpassung, xeromorph Anpassung an einen trockenen Standort durch Ausbildung spezieller morphologischer Strukturen (z. B. Bildung einer Hypodermis als zusätzlicher Verdunstungsschutz). ▸ Nadelblatt

Anthere Staubbeutel. ▸ Stamen

Apatococcus lobatus Ulvophyceae, Chlorophyta

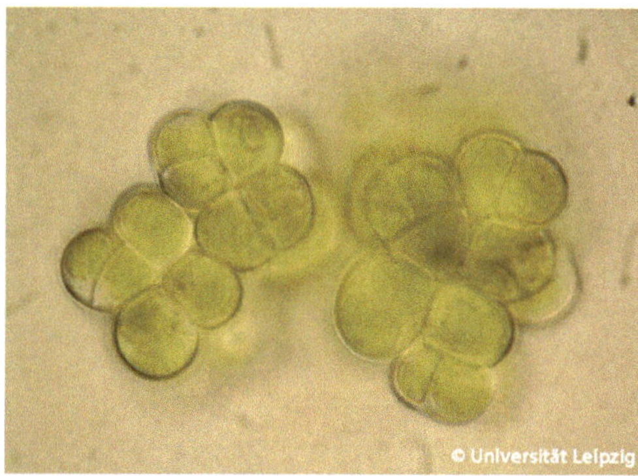
© Universität Leipzig

Apfelfrucht Sammelbalgfrucht. ▸ Frucht, ▸ Fruchttyp

Apikalmeristem Spitzenmeristem von Sprossachse und Wurzel. ▸ Meristem

apoplastischer Wassertransport Transport des Bodenwassers durch Diffusion in der Zellwand von den Wurzelhaaren zur Endodermis. ▸ symplastischer Wassertransport, ▸ Wurzel

Apoptose kontrolliertes Absterben von Zellen, zum Beispiel bei der Bildung von Leitungsbahnen aus Tracheen und Tracheiden

Armpalisadenzelle Zellen im Mesophyll der Nadelblätter, die in das Zellinnere vorspringende Zellwandverdickungen aufweisen. ▸ Palisadenparenchym

Ascokarp Fruchtkörper der Ascomycota ▸ Ascomycota

Ascomycota Schlauchpilze, Gruppe der Eumycota, die in ihren Fruchtkörpern (Ascokarpien) typisch geformte Sporangien, die Asci, bildet, in denen Meiosporen (Ascosporen) entstehen. ▸ Eumycota, ▸ Ascus

Ascus schlauchförmiges Meiosporangium der Ascomycota, in dem die Ascosporen gebildet werden. ▸ Ascomycota

autotroph Aufbau körpereigener Substanz aus anorganischen Vorstufen. ▸ heterotroph

Backhefe Hefe, die beim Abbau von Zuckern überwiegend CO_2 freisetzt. ▸ Hefen

Balg Streufrucht; Öffnung bei Samenreife an einer Naht. ▸ Frucht, ▸ Fruchttyp

Basidie Meisporangium der Basidiomycota, in dem die Basidiosporen gebildet werden. ▸ Basidiomycota

Basidiokarp Fruchtkörper der Basidiomycota. ▸ Basidiomycota

Basidiomycota Ständerpilze, Gruppe der Eumycota, die in ihren Fruchtkörpern (Basidiokarpien) typisch geformte Sporangien, die Basidien, bildet, welche Meiosporen (Basidiosporen) abgliedern. ▸ Eumycota, ▸ Basidie

Bast infolge sekundären Wachstums entstandenes Phloem; bei Angiospermen oft Differenzierung in Hartbast (besteht vorwiegend aus sklerenchymatischen Zellen) und in Weichbast (besteht aus Siebröhren und Geleitzellen sowie parenchymatischen Zellen). ▸ sekundäres Wachstum, ▸ Xylem

Beere Schließfrucht, bei der das gesamte Perikarp parenchymatisch ist. ▸ Frucht, ▸ Fruchttyp

***Begonia rex* – Königsbegonie** Begoniaceae

© JackF / Fotolia

***Bellis perennis* – Gänseblümchen** Asteraceae

Blatt neben Sprossachse und Wurzel organisatorische Grundeinheit der Kormophyten; dient der Schaffung einer dem Licht exponierten Oberfläche, mit der die Pflanze das für die Photosynthese benötigte Sonnenlicht auffängt und Kohlendioxid und Wasser in Sauerstoff und Kohlenhydrate (Zucker) umwandelt. ▸ Kormophyt, ▸ Blatttyp, ▸ Blattstellung

Blattdornen ▸ Dornen

Blattrippe Leitbündel im Blatt, das von einer sklerenchymatischen Scheide umfasst wird. ▸ Blatt, ▸ Costalfeld, ▸ Leitbündel

Blattstellung gibt Auskunft über Zahl und Stellung der Blätter pro Knoten (Nodium) der Sprossachse. ▸ Blatt, ▸ Blatttyp, ▸ Nodium

Blattsukkulenz ▸ Sukkulenz

Blatttyp gibt Auskunft über die Organisation der einzelnen Gewebe im Blatt. ▸ Blatt

Blüte gestauchter Sprossabschnitt mit begrenztem Wachstum; meist am Sprossende; mit Blättern, die Spezialfunktionen im Dienste der Fortpflanzung besitzen. ▸ Angiospermenblüte, ▸ Gymnospermenblüte

Borke sekundäres Abschlussgewebe von Spross und Wurzel; stellt die Gesamtheit des aktiven und der ehemals aktiven Periderme dar; je nach Lage der aufeinanderfolgenden, aktiven Phellogene bilden sich unterschiedliche Borkentypen heraus, zum Beispiel Ringelborke, Schuppenborke. ▸ Periderm

Brauhefe Hefe, die beim Abbau von Zuckern Alkohole, zum Beispiel Ethanol, freisetzt. ▸ Hefen

C_3-Pflanze Pflanze, die bei der primären Einspeisung des CO_2 in den Stoffwechsel im Zuge der Photosynthese als erstes stabiles Stoffwechselprodukt einen C_3-Körper bildet. ▸ C_4-Pflanze, ▸ Photosynthese

C_4-Pflanze Pflanze, die bei der primären Einspeisung des CO_2 in den Stoffwechsel im Zuge der Photosynthese als erstes stabiles Stoffwechselprodukt einen C_4-Körper bildet. ▸ C_3-Pflanze, ▸ Photosynthese

***Caltha palustris* – Sumpf-Dotterblume** Ranunculaceae

Calyx Kelch; Teil der Blütenhülle der Dikotyledonen; besteht aus den oft grünen Kelchblättern (Sepalen). ▸ Perianth

Caruncula fettreiches Anhangsgewebe bei Samen

Caspary-Streifen streifenförmige Einlagerung von wasserundurchlässigen Substanzen in die Zellwand der Endodermiszelle. ▸ Endodermis

Cellulose bildet den Hauptbestandteil der Zellwand der Landpflanzen; Polymer der Glucose; die Glucosemoleküle liegen in β-1,4-Bindung vor und bilden langgestreckte Moleküle, die als Bündel zusammengefasst die Fibrillen bilden

Chlamydomonas **sp.** Chlorophyceae, Chlorophyta

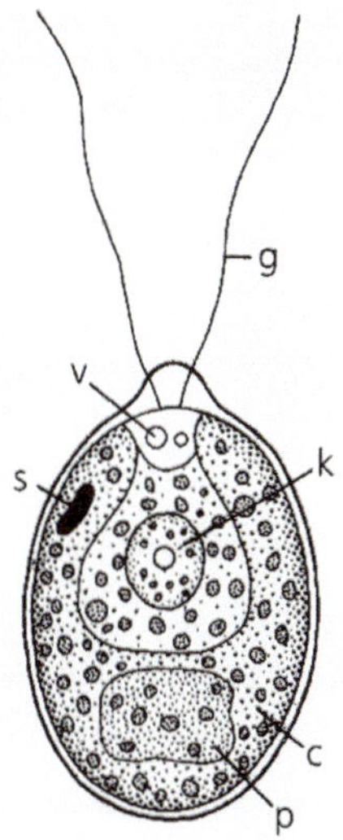

© Kadereit et al. 2014

Chloroplast Organell der Pflanzenzelle, in dem die Photosynthese abläuft. ▸ Photosynthese

Chromoplast Organell der Pflanzenzelle, das aus Proplastiden oder Chloroplasten entsteht und durch Carotinoide rötlich/braun/gelb gefärbt ist. ▸ Chloroplast, ▸ Proplastid

Chroococcus **sp.** Cyanobakterien

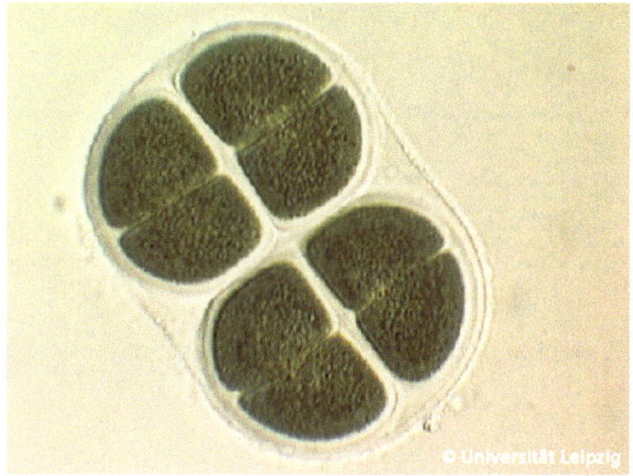

© Universität Leipzig

Cladophora **sp.** Cladophorophyceae, Chlorophyta

© Universität Leipzig

Clivia miniata **– Klivie** Amaryllidaceae

© angipants / Getty Images / iStock / Thinkstock

Convallaria majalis **– Maiglöckchen** Asparagaceae

© Elenathewise / Fotolia

Corolla Krone; Teil der Blütenhülle der Dikotyledonen; besteht aus den oft farbigen Kronblättern (Petalen). ▸ Perianth

Corpus zentraler Teil des Apikalmeristems des Sprosses, das aus sich parallel (periklin) und senkrecht (antiklin) zur Oberfläche des Meristems teilenden Zellen besteht. ▸ Apikalmeristem, ▸ Tunica

Costalfeld Bereich des Grasblatts, in dem ein Leitbündel verläuft (Blattrippenbereich). ▸ Blatt, ▸ Blattrippe, ▸ Intercostalfeld

Cuticula wasserabweisende Schicht auf der Epidermis, die auch antibiotisch wirksame Stoffe enthält. ▸ Cutin

Cutin wasserabweisendes pflanzliches Biopolymer. ▸ Cuticula

Cytoplasmaströmung fließende Bewegung des Cytoplasmas in der intakten Zelle, wahrscheinlich bedingt durch ATP-abhängige Lageveränderungen von Strukturproteinen

***Daucus carota* – Gartenmöhre** Apiaceae

Dauergewebe nicht mehr teilungsaktives Gewebe. ▸ Gewebetyp

Deplasmolyse Umkehrung des Plasmolysevorgangs; die Vakuolenflüssigkeit hat ein stärker negatives Potenzial als die Umgebungsflüssigkeit und Wasser strömt in die Vakuole. ▸ Plasmolyse

Dickenwachstum Substanz- und Volumenzunahme. ▸ primäres Dickenwachstum, ▸ sekundäres Dickenwachstum

Differenzierungszone Abschnitt der jungen Wurzel (Wurzelhaarzone). ▸ Wurzel

Dilatation Ausdehnung

Diözie Zweihäusigkeit; die Art bildet Individuen mit entweder männlichen oder weiblichen Merkmalen. ▸ Monözie

Dornen Strukturen, die durch Metamorphose eines Grundorgans oder dessen Teile entstanden sind; bewirken eine Reduktion der Oberfläche des betreffenden Organs und einen Fraßschutz

***Dryopteris* sp.** Polypodiophytina, Streptophyta

Elaioplast fettspeichernder Leukoplast. ▸ Proplastid

Elodea densa – Dichtblättrige Wasserpest Hydrocharitaceae

© Vitalii Hulai / Fotolia

Embryo junge Keimpflanze, eingeschlossen in einem Samen; besteht aus Kotyledonen (Keimblätter), Hypokotyl (Keimspross) und Radicula (Keimwurzel). ▸ Kotyledo, ▸ Hypokotyl, ▸ Radicula

Emergenz Struktur, die von einem Trichom und subepidermalen Gewebeschichten gebildet wird, zum Beispiel das Brennhaar der Brennnessel. ▸ Trichom

Endodermis meist einschichtiges Gewebe, das frei von Interzellularen ist und zu einer funktionellen Gliederung der Gewebe in der Pflanze beiträgt, zum Beispiel die innerste Zellschicht der Wurzelrinde; Trennschicht zwischen Grundgewebe und Leitgewebe im Nadelblatt

Endodermis 1. innerste Zellschicht der Wurzelrinde; Sperrschicht für den apoplastischen Wassertransport. ▸ Wurzel, ▸ primäre Endodermis, ▸ sekundäre Endodermis, ▸ tertiäre Endodermis, ▸ Caspary-Streifen, ▸ apoplastischer Wassertransport, ▸ symplastischer Wassertransport 2. Zellschicht im Nadelblatt, die den Bereich der Armpalisadenzellen von Transfusionsgewebe und Leitbündeln abgrenzt. ▸ Nadelblatt

Endodermissprung sprunghafter Abfall des osmotischen Potenzials zwischen Zellen der Endodermis und des Zentralzylinders der Wurzel. ▸ apoplastischer Wassertransport, ▸ symplastischer Wassertransport

Endosperm Nährgewebe im Samen, bei den Angiospermen triploid. ▸ Samen

Epidermis interzellularenfreies Abschlussgewebe (i. d. R. einlagig), das ein pflanzliches Gewebe nach außen hin abgrenzt. ▸ Rhizodermis, ▸ Exodermis

Eumycota phylogenetisch einheitliche Gruppe der Mycota, die als wesentlichen Zellwandbaustein Chitin bzw. Chitosan besitzt. ▸ Fungi

Exine äußere Schicht der Pollenkornwand; sehr widerstandsfähig durch den Besitz von Sporopolleninen. ▸ Intine, ▸ Sporopollenin

Exodermis Abschlussgewebe (z. T. mehrschichtig) der Wurzel, das auf die Rhizodermis (einschichtig) folgt. ▸ Wurzel

Fagus sylvatica – Rotbuche Fagaceae

© emer / Fotolia

Faserzellen langgestreckte, oft sklerenchymatische, Zellen, zum Beispiel als Holz- und Bastfasern

faszikuläres Cambium einlagige Schicht teilungsaktiver Zellen, die in einem Leitbündel zwischen Phloem und Xylem liegt. ▸ primäres Cambium, ▸ Meristeem

Flechte Symbiose zwischen Pilzen (meist Ascomycota) und Algen (überwiegend Grünalgen und Cyanobakterien)

Filament Staubfaden. ▸ Stamen

Fragaria x ananassa – Garten- oder Kultur-Erdbeere Rosaceae

© Natika / Fotolia

Frucht ein von Angiospermen aus Teilen der Blüte gebildetes Organ, das den Samen umschließt und dessen Ausbreitung sichert. ▸ Fruchttypen, ▸ Perikarp

Fruchtblatt ▸ Karpell

Fruchttyp Früchte, die sich bei Samenreife öffnen, werden als Streufrüchte, solche, die bei Samenreife geschlossen bleiben, als Schließfrüchte bezeichnet. Bei den Streufrüchten unterscheidet man Balg (Öffnung des Perikarps an einer Naht), Hülse (Öffnung an zwei Nähten), Schote (Öffnung an zwei Nähten, Samen an zentraler Scheidewand inseriert) und Kapsel (Öffnung durch Deckel). Die Schließfrüchte lassen sich unterscheiden in Beere (gesamtes Perikarp parenchymatisch), Nuss (gesamtes Perikarp sklerenchymatisch) und Steinfrucht (Exo- und Mesokarp parenchymatisch, Endokarp sklerenchymatisch). Neben Einzelfrüchten, die aus einem Fruchtknoten entstehen, unterscheidet man Sammelfrüchte (aus mehreren Fruchtknoten hervorgegangen) und Fruchtstände (aus mehreren Blüten entstanden). ▸ Frucht

Frühholz ▸ Jahresring

Fungi Bezeichnung für Ascomycota und Basidiomycota, Zygomycota und Chydridiomycota. ▸ Ascomycota, ▸ Basidiomycota, ▸ Zygomycota

Gamet einzellige Fortpflanzungseinheit, die sich nach Fusion mit einem anderen Gameten zu einem neuen Individuum entwickelt

Geleitzelle Element des Phloems der Angiospermen; plasma- und mitochondrienreiche Zelle, die zusammen mit einer Siebröhre durch inäquale Zellteilung entstanden ist und die Transportvorgänge in den Siebröhren unterstützt. ▸ Siebröhre

geschlossen-kollaterales Leitbündel Xylem und Phloem stehen sich im Querschnitt des Leitbündels hälftig und ohne Trennschicht gegenüber; typisch für die Sprosse der Monokotyledonen. ▸ offen-kollaterales Leitbündel

Gewebe Gruppe gleichartig differenzierter Zellen; beim echten Gewebe, sind die Zellen durch Teilung auseinander hervorgegangen, unechtes Gewebe hat sich sekundär durch Aneinanderlagern einzelner Zellfäden gebildet (syn. Pseudoparenchym, Flechtgewebe, Plectenchym). ▸ Gewebetyp

Gewebetyp pflanzliche Gewebe werden nach Lokalisation – z. B. Rindengewebe, Markgewebe – oder Funktion – Leitgewebe, Festigungsgewebe, Bildungsgewebe (Meristem), Dauergewebe (z. B. Assimilationsgewebe, Speichergewebe) – klassifiziert. ▸ Dauergewebe, ▸ Meristem

Grenzplasmolyse etwa 50 % der beobachteten Zellen in einem Gewebeverband zeigen eine beginnende Plasmolyse; durch Berechnung der Konzentration der die Grenzplasmolyse verursachenden Lösung lässt sich das osmotische Potenzial des Gewebes bestimmen. ▸ Plasmolysefiguren

Gymnospermenblüte Samenanlagen liegen auf der Fruchtschuppe und sind von außen frei zugängig. ▸ Karpell

Gynoeceum Gesamtheit der weiblichen Blütenteile (= Karpelle, Fruchtblätter). ▸ Androeceum, ▸ Karpell, ▸ Fruchtblatt

interfaszikuläres Cambium einlagige Schicht teilungsaktiver Zellen, die zwischen den Leitbündeln durch Remeristematisierung parenchymatischen Zellmaterials im Zuge des sekundären Dickenwachstums angelegt wird. ▸ sekundäres Cambium, ▸ Meristem

Halm überwiegend bei Süßgräsern auftretende Sprossform, die innen hohl und in Knoten (Nodien) und Internodien gegliedert ist; das Wachstum erfolgt durch oberhalb der Nodien liegende Meristeme

Hartbast ▸ Bast

Harzkanal besteht aus einem inneren Ring von Drüsenzellen und einem äußeren Ring von sklerenchymatischen Zellen, in Spross und Blättern von Nadelbäumen

Hefen überwiegend einzellig vorkommende Vertreter der Ascomycota (und Basidiomycota). ▸ Ascomycota, ▸ Basidiomycota

heteromer verschieden strukturiert; beim Flechtenthallus: Algen- und Pilzschicht sind getrennt, die Algen sind zum Licht hin orientiert. ▸ homöomer

***Helleborus niger* – Christrose** Ranunculaceae

heterotroph Aufbau körpereigener Substanz aus zugeführten organischen Verbindungen. ▸ autotroph

Hilum Struktur in der Samenschale; Abrissstelle, an der sich der Samen vom Fruchtblatt gelöst hat. ▸ Samen

***Hippuris vulgaris* – Tannenwedel** Plantaginaceae

Histologie Lehre von Aufbau und Struktur der Gewebe

Holz infolge sekundären Wachstums entstandenes Xylem. ▸ sekundäres Dickenwachstum, ▸ Kernholz, ▸ Splintholz, ▸ Bast, ▸ Lignin

Homologie Vorliegen herkunftsgleicher Strukturen. ▸ Analogie

homöomer einheitlich strukturiert; beim Flechtenthallus: Algen- und Pilzschicht sind nicht getrennt, überwiegend bei Flechten mit Cyanobakterien als Algenpartner. ▸ heteromer

Homorrhizie Ausbildung von zahlreichen gleichwertig ausgebildeten Wurzeln. ▸ Allorrhizie

***Hordeum vulgare* – Gerste** Poaceae

***Hoya carnosa* – Wachsblume** Apocynaceae

Hülse Streufrucht, Öffnung bei Samenreife an zwei Nähten. ▸ Frucht, ▸ Fruchttyp

Hymenium Basidien bzw. Asci tragende Schicht der Fruchtkörper der Basidio- und der Ascomycota. ▸ Ascus, ▸ Ascomycota, ▸ Basidie, ▸ Basidiomycota

Hyphe schlauchförmige Zelle der Pilze mit Spitzenwachstum. ▸ Myzel

Hypodermis zusätzliches Gewebe unter der Epidermis, das in der Regel keine Chloroplasten enthält und verdickte Zellwände aufweist. ▸ Epidermis

Hypokotyl Keimspross; vom Embryo gebildeter Spross

Integumente äußeres und inneres Integument: Gewebeschichten, welche die Samenanlage nach außen hin abgrenzen und sich nach Befruchtung der Eizelle durch Verholzung in die Samenschale umwandeln. Zwischen äußerem und innerem

Integument bleibt eine Öffnung frei, die Mikropyle. ▸ Samenanlage, ▸ Mikropyle

Intercostalfeld beim Grasblatt der Bereich des Blattes zwischen den Blattrippen (Zwischenrippenbereich). ▸ Blatt, ▸ Costalfeld

Internodium Sprossabschnitt zwischen den Nodien (Knoten). ▸ Blatt, ▸ Nodium, ▸ Spross

Intine innere Schicht der Pollenkornwand, wächst beim Keimen des Pollenkorns zum Pollenschlauch aus. ▸ Exine

***Iris germanica* – Deutsche Schwertlilie** Iridaceae

© Ivonne Wierink / Fotolia

Jahresring während einer Vegetationsperiode neu gebildete Holzmasse; bei deutlicher Ausprägung der Jahreszeiten oft Ausbildung von weitlumigem, wasserleitendem Frühholz und engerlumigem, stabilisierendem Spätholz. ▸ Holz

***Kalanchoe daigremontiana* – Brutblatt** Crassulaceae

© spline_x / Getty Images / iStock / Thinkstock

Kalyptra Wurzelhaube (Gewebe, das das Apikalmeristem der Wurzel abdeckt). ▸ Wurzel

Kapsel Streufrucht; Öffnung durch einen Deckelmechanismus. ▸ Frucht, ▸ Fruchttyp

Karpell Fruchtblatt; trägt die Samenanlagen; bei den Gymnospermen liegen die Samenanlagen frei auf der Fruchtschuppe, bei den Angiospermen sind die Samenanlagen vom Fruchtblatt eingeschlossen, das den Stempel (Pistill) bildet. ▸ Gynoeceum

Karyopse Nussfucht, bei der Samenschale (Testa) und Fruchtwand (Perikarp) miteinander verwachsen sind; typische Fruchtform der Gräser (Poaceae, oberständiger Fruchtknoten). ▸ Frucht, ▸ Fruchttyp, ▸ Achäne

Keimung Nach Brechen der Samenruhe wird der Stoffwechsel im Embryo aktiviert und die Radicula verlässt als erstes Organ des Embryos den Samen, meist durch die Mikropyle. Im Falle der epigäischen Keimung wird dann das Hypokotyl gestreckt und die ersten oberirdisch sichtbaren Blätter sind die ergrünenden Kotyledonen. Im Falle der hypogäischen Keimung (meist beim Vorliegen von Speicherkotyledonen) wird das Epikotyl gestreckt, und die ersten oberirdisch sichtbaren Blätter sind Folgeblätter. ▸ Embryo, ▸ Samen

Keimwurzel Wurzel des Embryos (Radicula). ▸ Embryo, ▸ Wurzel

Kernholz bei mehrjährigen Holzpflanzen (Bäumen) kann der zentrale Teil des Holzes verkernen, das heißt seine Leitungsfunktion aufgeben und durch Einlagerung von Terpenen und antibiotisch wirksamen Stoffen eine hohe mechanische und biotische Stabilität erlangen. ▸ Holz, ▸ Splintholz

Kladodium flächig ausgebildeter Langspross mit Photosynthesefunktion. ▸ Phyllokladium, Platykladium

Knolle Nebenachse (Spross, Wurzel) mit Speicherfunktion ▸ Rübe

Kollenchym lebendes, dehnungsfähiges Festigungsgewebe; besteht aus Zellen, deren Primärwand verdickt ist: je nach Lokalisation der Wandverdickung unterscheidet man Ecken- oder Kantenkollenchyme von Plattenkollenchymen. ▸ Gewebetyp

Konidie am Ende einer besonderen Trägerhyphe abgeschnürte geißellose Mitospore

Konnektiv Teil des Staubblatts, das die beiden Theken verbindet. ▸ Stamen

Konvergenz Bildung gestaltsähnlicher Strukturen durch unterschiedliche Grundorgane, zum Beispiel Blattdornen und Sprossdornen

konzentrisches Leitbündel mit Außenxylem das Xylem umfasst das Phloem ringförmig; kann zum Beispiel in Rhizomen auftreten

konzentrisches Leitbündel mit Innenxylem das Phloem umfasst das Xylem ringförmig; kann zum Beispiel bei Farnen auftreten

Kork ▸ Phellem

Korkcambium ▸ Phellogen

Korkpore ▸ Lentizelle

Korkrinde ▸ Phelloderm

Kormophyt Pflanze, die einen Kormus besitzt, das heißt aus den Grundorganen Wurzel, Sprossachse und Blatt aufgebaut ist. ▸ Thallophyt

Kormus mehrzelliger Vegetationskörper, der in Wurzel, Spross und Blatt gegliedert ist

Kotyledo Keimblatt; erstes vom Embryo gebildetes Blatt

Kriechspross dem Boden anliegender Spross, dessen Ende sich in der Regel bewurzelt und einen vertikal orientierten beblätterten Spross ausbildet

***Lamium album* – Weiße Taubnessel** Lamiaceae

© Ivonne Wierink / Fotolia

Leitbündel Zusammenfassung mehrerer Xylem- und/oder Phloemstränge. ▸ Phloem, ▸ Xylem, ▸ geschlossen-kollaterales Leitbündel, ▸ offen-kollaterales Leitbündel, ▸ radiäres Leitbündel, ▸ oligoarches Leitbündel, ▸ polyarches Leitbündel, ▸ konzentrisches Leitbündel mit Außenxylem, ▸ konzentrisches Leitbündel mit Innenxylem

Leitbündelscheide Zellen, die ein Leitbündel umfassen; oft sklerenchymatisch; besteht bei den Gräsern aus Zellen mit vergrößerten Chloroplasten. ▸ Leitbündel

Lentizelle Bereich des Periderms, in dem die Korkzellen keine geschlossene Schicht bilden; dadurch ist hier ein Gasaustausch zwischen inneren, photosynthetisch aktiven Rindenzellen und der Atmosphäre möglich. ▸ Periderm

Leukoplast Organell der Pflanzenzelle, das ungefärbt ist und der Stoffspeicherung dient. ▸ Proplastid, ▸ Amyloplast, ▸ Proteionoplast, ▸ Elaioplast

Lignin neben Cellulose der Hauptbestandteil der Sekundärwand der Landpflanzen; Makromolekül; besteht aus Phenylpropaneinheiten (überwiegend Sinapyl-, Coniferyl- und Cumarylalkohol); wird in das Cellulosegerüst der Wand eingelagert. ▸ Holz

Luftmyzel Teil des Myzels, der außerhalb des Substrates wächst. Bei den verschiedenen Pilzgruppen auch als Schimmel, Mehltau, Schorf, Rost oder Brand bezeichnet. ▸ Myzel

Luftwurzel oberirdisch verlaufende Wurzel; häufig von einem Velamen radicum umgeben. ▸ Wurzel

***Malus domestica* – Apfel** Rosaceae

© Africa Studio / Fotolia

Marchantia sp. Marchantiophytina, Streptophyta

© Kaderelt et al. 2014

Mark Parenchym im Zentrum von Sprossachse bzw. Wurzel. ▸ Gewebe, ▸ Sprossachse

Markstrahl im Spross horizontal verlaufender Zellstrang, der von Rinde bzw. vom Bast (Baststrahl) ins Holz (Holzstrahl) und Mark zieht; primäre Markstrahlen verbinden Rinde und Mark, sekundäre Markstrahlen enden im Holz; dient der Stoffspeicherung und dem horizontalen Wassertransport. ▸ Spross

Mehlkörper Nährgewebe der Karyopse; reich an Amyloplasten bzw. Stärkekörnern. ▸ Karyopse

Meristem Gewebe, das aus teilungsaktiven Zellen besteht; das primäre Meristem ist schon im Embryo aktiv, das sekundäre Meristem entsteht durch Remeristematisierung aus Dauerzellen. ▸ Apikalmeristem, ▸ Gewebetyp, ▸ Meristemoid

Meristemoid begrenzte Zahl teilungsaktiver Zellen, die in der Regel aus einer durch Remeristematisierung wieder teilungsaktiv gewordenen Ausgangszelle entstanden ist. ▸ Meristem

Mesophyll Gewebe zwischen oberer und unterer Epidermis eines Blattes; besteht überwiegend aus chloroplastenhaltigen Zellen. ▸ Palisadenparenchym, ▸ Schwammparenchym

Metamorphose Änderungen von Morphologie und Anatomie der pflanzlichen Grundorgane (Blatt, Spross, Wurzel), die durch die evolutionäre Anpassung an spezifische Umweltbedingungen und die Übernahme neuer oder zusätzlicher Aufgaben bedingt sind. Achtung: Andere Bedeutung des Begriffes in der Zoologie

Micrasterias sp. Desmidiaceae, Streptophyta

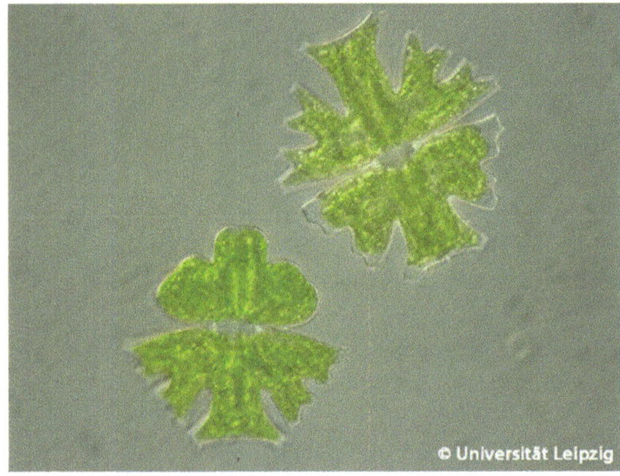
© Universität Leipzig

Mikropyle Öffnung zwischen den Integumenten und Bereich in der Samenschale, durch die der Embryo auskeimt. ▸ Integumente, ▸ Keimung, ▸ Samenanlage

Mitochondrium Zellorganell, in dem die Zellatmung abläuft

Mitose Prozess, bei dem der Zellkern unter Erhalt des Ploidiegrades geteilt wird; häufig verbunden mit einer Zellteilung; kann in typische Abschnitte (Prophase, Metaphase, Anaphase, Telophase) unterteilt werden

Monözie Einhäusigkeit; die Art bildet Individuen mit männlichen und weiblichen Merkmalen an derselben Pflanze aus. ▸ Diözie

Mycota Pilze, Sammelbezeichnung für Eukaryonten, die weder zu den Tieren (Animalia) noch zu den Pflanzen (i. w. S.: Photosynthese betreibende Eukaryonten) gehören und keine echten Gewebe ausbilden

Mykobiont Pilzpartner in Symbiosegemeinschaften

Mykorrhiza Symbiose zwischen den Wurzeln von Landpflanzen und Pilzen

Myzel Gesamtheit der Hyphen. ▸ Hyphe

***Morchella* sp. – Morchel** Ascomycota

Netznervatur netzartige Anordnung der Leitbündel in den Blättern. ▸ Parallelnervatur, ▸ Leitbündel

***Nicotiana tabacum* – Tabak** Solanaceae

Nodium Knoten; Bereich des Sprosses, an dem die Blätter inserieren. ▸ Blatt, ▸ Internodium, ▸ Spross

Nuss Schließfrucht, bei der das gesamte Perikarp sklerenchymatisch ist. ▸ Frucht, ▸ Fruchttyp

offen-kollaterales Leitbündel Xylem und Phloem stehen sich im Querschnitt des Leitbündels (Fascis) hälftig gegenüber und sind durch ein Cambium (faszikuläres Cambium) voneinander getrennt; typisch für die Sprosse der Dikotyledonen und Gymnospermen. ▸ geschlossen-kollaterales Leitbündel

oligoarches Leitbündel radiäres Leitbündel mit wenigen Xylem- und Phloemsträngen; typisch für die Wurzeln der Dikotyledonen. ▸ polyarches Leitbündel

osmotisches Potenzial Maß für das Bestreben einer wässrigen Lösung, die von einer anderen Lösung durch eine selektiv permeable Membran getrennt ist, sich durch Wasseraufnahme zu verdünnen. ▸ Plasmolyse, ▸ Deplasmolyse, ▸ Osmotikum

Osmotikum Lösung, die in der Lage ist, ein osmotisches Potenzial aufzubauen. ▸ osmotisches Potenzial

Ovar Fruchtknoten; Teil des Pistills. ▸ Pistill

Palisadenparenchym langgestreckte, parallel nebeneinander ausgerichtete parenchymatische Zellen des Mesophylls. ▸ Mesophyll, ▸ Schwammparenchym

Parallelismus Bildung gestaltähnlicher Strukturen desselben Grundorgans durch taxonomisch unterschiedliche Pflanzen, zum Beispiel Vorliegen von Sprosssukkulenz bei Cactaceae und Euphorbiaceae

Parallelnervatur in den Blättern parallel zueinander verlaufende Leitbündel. ▸ Netznervatur, ▸ Leitbündel

Parenchym pflanzliches Grundgewebe (echtes Gewebe); besteht aus dünnwandigen, stoffwechselaktiven Zellen. ▸ sekundäres Cambium, ▸ Meristem

***Pediastrum* sp.** Chlorophyceae, Chlorophyta

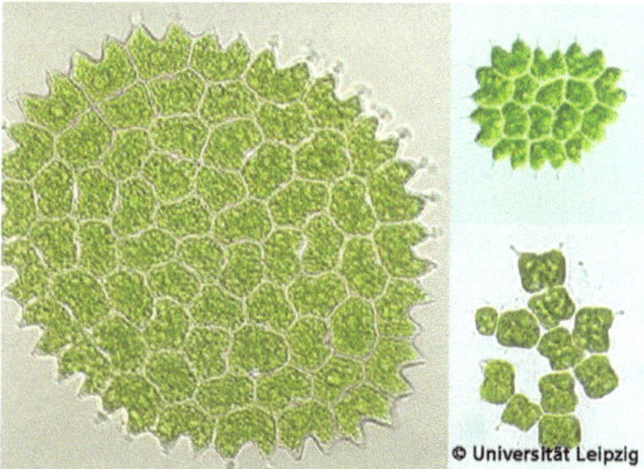

Perianth Blütenhülle; Teil der Blüte, der Androeceum und/oder Gynoeceum einschließt; bei den Monokotyledonen bildet die Blütenhülle ein Perigon, das heißt, sie besteht aus einheitlich gestalteten (Perigon-)Blättern, den Tepalen; bei den Dikotyledonen setzt sich die Blütenhülle aus den (oft grün gestalteten) Kelchblättern (Kelch = Calyx), den Sepalen, und den oft farbigen Kronblättern (Krone = Corolla), den Petalen, zusammen. ▸ Perigon, ▸ Calyx, ▸ Corolla

Periderm sekundäres Abschlussgewebe von Spross und Wurzel; besteht aus Phelloderm (Korkrinde), Phellem (Kork) und Phellogen (Korkcambium); das Phellogen ist innerhalb einer Vegetationsperiode nur begrenzte Zeit aktiv und muss durch neue aktive Phellogene ersetzt werden. ▸ Borke, ▸ Gewebe

Perigon einheitlich gestaltete Blütenhülle der Monokotyledonen; besteht aus einzelnen Perigonblättern, den Tepalen. ▸ Perianth

Perikarp Fruchtwand; besteht aus Exo-, Meso- und Endokarp, deren unterschiedliche Struktur und Funktion über den Fruchttyp entscheidet. ▸ Frucht

Perizykel primäres Cambium; äußerste Zellschicht des Zentralzylinders der Wurzel, beteiligt an der Bildung von Seitenverzweigungen und eines geschlossenen Cambiumrings beim sekundären Dickenwachstum. ▸ Meristem, ▸ Wurzel

***Petroselinum crispum* – Petersilie** Apiaceae

© rdnzl / Fotolia

Pfeffersche Zelle von Wilhelm Pfeffer (1845–1920) konstruierte Vorrichtung, welche als ein Modell für die Pflanzenzelle als ein osmotisches System dient. ▸ osmotisches Potenzial, ▸ Plasmolyse

Pflanze eukaryotischer Organismus, der mithilfe von Plastiden eine oxygene Photosynthese betreiben kann

***Phaseolus coccineus* – Feuer-Bohne** Fabaceae

© matin / Fotolia

***Phaseolus vulgaris* – Garten-Bohne** Fabaceae

© lessismoregraph / Getty Images / iStock / Thinkstock

Phellem Korkgewebe; abgestorbene Zellen, Zellwände mit Cutin und Suberin inkrustiert. ▸ Periderm

Phelloderm Korkrinde; zwei- bis dreilagige Zellschicht. ▸ Periderm

Phellogen Korkcambium; sekundäres Cambium. ▸ Periderm

Phloem Gewebe (Siebteil), das aus assimilatleitenden Zellen (Siebröhren und Geleitzellen, Siebzellen) und begleitenden, stabilisierenden (Kollenchym, Sklerenchym) und speichernden Zellen (Parenchym) besteht. ▸ Leitbündel, ▸ Xylem

Photobiont Photosynthese betreibender Partner in Symbiosegemeinschaften. ▸ Phycobiont

Photosynthese Prozess, mit dem die Pflanzen aus Kohlendioxid und Wasser unter Ausnutzung der Energie des Sonnenlichts Sauerstoff und Kohlenhydrate (Zucker) produzieren. ▸ Chloroplast

Phycobiont Algenpartner in Symbiosegemeinschaften. ▸ Photobiont

Phyllokladium flächig ausgebildeter Kurzspross mit Photosynthesefunktion. ▸ Kladodium, Platykladium

Pilze ▸ Mycota, ▸ Fungi

Pinus nigra – **Schwarz-Kiefer** Pinaceae

Pionierorganismus Organismus, der als Erstbesiedler auftritt

Pistill Stempel; Fruchtblatt der Angiospermen; besteht aus Fruchtknoten (Ovar), Griffel (Stylus) und Narbe (Stigma); im Fruchtknoten befinden sich die Samenanlagen. ▸ Gynoeceum

Plasmalemma Biomembran, welche das Cytoplasma zur Zellwand hin abgrenzt. ▸ Tonoplast

Plasmolyse Vorgang, bei dem die Vakuole aufgrund des stärker negativen osmotischen Potenzials ihrer Umgebungsflüssigkeit (z. B. Bodenwasser) Wasser abgibt und schrumpft. ▸ Deplasmolyse

Plasmodesmos plasmatische Verbindung zwischen Zellen in einem Gewebe

Plasmolysefiguren Ausprägungen des Plasmolyseablaufs: Konvex- und Konkavplasmolyse, Hechtsche Fäden. ▸ Plasmolyse

Plastid allgemeine Bezeichnung für Chloroplast, Chromoplast oder Leukoplast. ▸ Chloroplast, ▸ Chromoplast, ▸ Leukoplast

Platykladium flächig ausgebildeter Spross mit Photosynthesefunktion, in der Regel Blattfunktionen übernehmend. ▸ Kladodium, Phyllokladium

Plectenchym Flechtgewebe, unechtes Gewebe

Pollen wird von einzelnen Pollenkörnern gebildet; ein Pollenkorn hat eine zweischichtige Wand (Exine und Intine), wobei Hauptbestandteil der Exine das widerstandsfähige Sporopollenin ist; im Pollenkorn befinden sich männlich determinierte Zellen, wobei eine davon über den Pollenkeimschlauch zur Eizelle gelangt und diese mit ihrem Zellkern befruchtet. ▸ Androeceum

polyarches Leitbündel radiäres Leitbündel mit zahlreichen Xylem- und Phloemsträngen; typisch für die Wurzeln der Monokotyledonen. ▸ oligoarches Leitbündel

primäre Endodermis die Endodermiszellen besitzen einen Caspary-Streifen. ▸ sekundäre Endodermis, ▸ tertiäre Endodermis, ▸ Caspary-Streifen, ▸ apoplastischer Wassertransport, ▸ symplastischer Wassertransport

primärer Bau Organisation im ersten Vegetationsjahr. ▸ sekundärer Bau

primäres Cambium einlagige Schicht teilungsaktiver Zellen, die schon im Embryo vorhanden ist. ▸ sekundäres Cambium ▸ Meristem

primäres Dickenwachstum Substanz und Volumenzunahme im ersten Vegetationsjahr. ▸ sekundäres Dickenwachstum

Proplastid Organell der Pflanzenzelle, aus dem sich die verschiedenen Plastidentypen differenzieren. ▸ Chloroplast, ▸ Chromoplast, ▸ Leukoplast

Proteionoplast proteinspeichernder Leukoplast. ▸ Proplastid

Protophyt einzellige Pflanze. ▸ Pflanze

Prunus avium – **Süßkirsche** Rosaceae

Pyrenoid Struktur innerhalb der Plastiden von Algen, an der Stärke angelagert wird

radiäres Leitbündel Xylem- und Phloemstränge bilden alternierend einen gedachten Kreis. ▸ Leitbündel, ▸ Wurzel

Radicula Keimwurzel; vom Embryo gebildete Wurzel

Raphe Struktur in der Samenschale; zeigt den Verlauf der Leitbündel in der Samenanlage an. ▸ Samen

***Ranunculus repens* – Kriechender Hahnenfuß** Ranunculaceae

© voltan1 / Getty Images / iStock / Thinkstock

Remeristematisierung ausdifferenzierte Zellen werden wieder teilungsaktiv, zum Beispiel bei der Bildung sekundärer Cambien. ▸ Meristem

Rhizodermis Epidermis der einjährigen Wurzel; bildet die Wurzelhaare aus. ▸ Wurzel

Rhizom unterirdisch wachsender Spross

***Rhizopus stolonifer* – Gemeiner Brotschimmel** Mucoromycotina

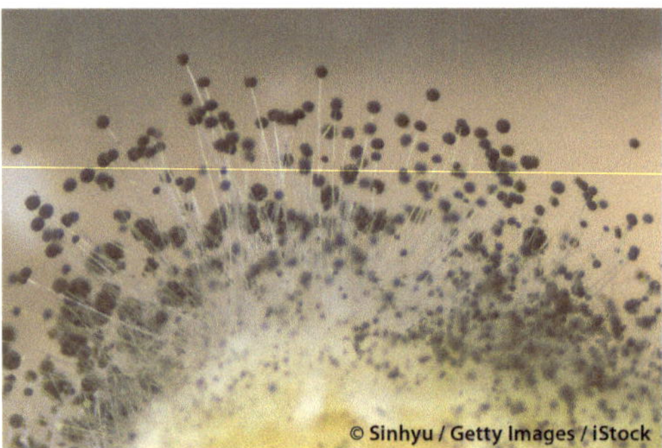

© Sinhyu / Getty Images / iStock

Rhizosphäre Bereich um die Wurzel, der mit ihr interagiert. ▸ Wurzel

***Ricinus communis* – Wunderbaum** Euphorbiaceae

© M. Schuppich / Fotolia

Rinde Bereich zwischen äußerem Leitbündelring und Epidermis bzw. Periderm. ▸ Borke

***Robinia pseudoacacia* – Robinie** Fabaceae

© fototdietrich / Getty Images/ iStock / Thinkstock

Rubus idaeus – **Himbeere** Rosaceae

© Natikka / Getty Images / iStock / Thinkstock

Rübe Hauptachse (Spross, Wurzel) mit Speicherfunktion ▸ Knolle

Saccharomyces cerevisiae – **Back. o. Bierhefe** Ascomycota

© jirkaejc / Getty Images / iStock

Saccharum officinarum – **Zuckerrohr** Poaceae

© Sandrine Ribeyron / Getty Images / Hemera / Thinkstock

Sambucus nigra – **Schwarzer Holunder** Adoxaceae

© Sasa Komlen / Getty Images / iStock / Thinkstock

Samen schließt den vorübergehend ruhenden Embryo und gegebenenfalls Nährgewebe (Endosperm, Perisperm, sofern keine Speicherung im Embryo selbst erfolgt) mit einer sklerenchymatischen Samenschale (Testa) ein; kann nach der Art des Nährgewebes klassifiziert werden. ▸ Embryo, ▸ Testa

Samenanlage ist mit dem Funiculus über die Plazenta mit dem Fruchtblatt verwachsen und beinhaltet den Embryosack, in dem sich die Eizelle befindet; der Embryosack ist in ein (Nähr-)gewebe eingebettet, das vom äußeren und inneren Integument eingefasst wird; aus der Samenanlage bildet sich nach Befruchtung der Eizelle der Samen mit dem vorübergehend ruhenden Embryo. ▸ Gynoeceum

Samenpflanze Pflanze, welche Samen bildet: Gymnospermen, Angiospermen

Scheitelzelle Apikalzelle; teilungsaktive Zelle; gliedert Zellen ab, die einen pflanzlichen Vegetationskörper aufbauen

Schließzelle chloroplastenhaltige Zelle in der Epidermis von Blatt und Spross, die zusammen mit einer zweiten Schließzelle eine Spaltöffnung bildet. ▸ Spaltöffnung

Schote Streufrucht; Öffnung bei Samenreife an zwei Nähten; Samen liegt einer zentralen Scheidewand an. ▸ Frucht, ▸ Fruchttyp

Schwammparenchym unregelmäßig geformte parenchymatische Zellen des Mesophylls, zwischen denen sich große Interzellularräume befinden. ▸ Mesophyll

sekundäre Endodermis die gesamte Zellwand der Endodermiszelle ist wasserundurchlässig. ▸ primäre Endodermis, ▸ tertiäre Endodermis, ▸ Caspary-Streifen, ▸ apoplastischer Wassertransport, ▸ symplastischer Wassertransport

sekundärer Bau Organisation im zweiten und in den folgenden Vegetationsjahren. ▸ primärer Bau

sekundäres Cambium einlagige Schicht teilungsaktiver Zellen, die durch Remeristematisierung vorhandener Zellen nachträglich gebildet wird. ▸ primäres Cambium, ▸ Meristem

sekundäres Dickenwachstum bei Gymnospermen und dikotylen Angiospermen im zweiten und in den folgenden Vegetationsjahren auftretendes Wachstum, das auf der Tätigkeit neu gebildeter (sekundärer) Cambien beruht. ▸ primäres Dickenwachstum, ▸ sekundäres Cambium

Siebröhre Element des Phloems der Angiospermen; großlumig; dient dem vertikalen Assimilattransport; entsteht durch inäquale Zellteilung zusammen mit ihrer die Energie für Transportmechanismen liefernden Geleitzelle aus parenchymatischen Mutterzellen. ▸ Siebzelle

Siebzelle Element des Phloems der Gymnospermen; englumig; dient dem vertikalen Assimilattransport; assoziiert mit proteinreichen Parenchymzellen (Strasburger-Zellen), welche wahrscheinlich die Energie für die Transportmechanismen liefern. ▸ Siebröhre, ▸ Geleitzelle

Sklerenchym abgestorbenes Festigungsgewebe; besteht aus Zellen, deren Sekundärwand verdickt ist und in die Lignin eingelagert sein kann, besteht; tritt als Faserzellen, als isodiametrische Zellen und in Form von Tracheen und Tracheiden auf. ▸ Faserzellen, ▸ Steinzelle

***Solanum tuberosum* – Kartoffel** Solanaceae

Spaltöffnung (Stoma) von zwei Schließzellen gebildet, die zwischen sich einen in der Größe regulierbaren Spalt freilassen und so den Gasaustausch zwischen Blatt- (oder Spross-)gewebe und Umgebung ermöglichen. ▸ Schließzelle

Spätholz ▸ Jahresring

***Spirogyra* sp.** Zygnematophyceae, Streptophyta

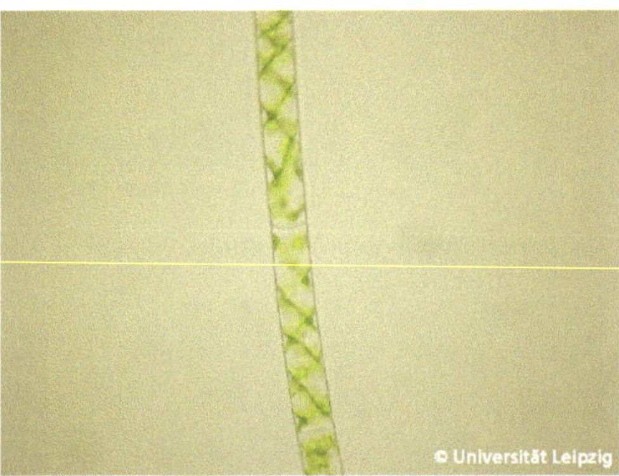

Splintholz wasserleitender Teil des Holzes, der eine geringere mechanische Stabilität als Kernholz besitzt. ▸ Holz, ▸ Kernholz

Spore eine in der Regel einzellige Fortpflanzungseinheit, aus der sich ohne Einschaltung sexueller Prozesse ein neues Individuum entwickelt. ▸ Gamet

Sporopollenin komplexes, sehr widerstandsfähiges Heteropolymer, das Teil der Exine von Pollenkörnern ist und diese unter anderem von UV-Strahlung schützt. ▸ Pollen

Sprossachse neben Wurzel und Blättern organisatorische Grundeinheit der Kormophyten; erhebt die Blätter über das Substrat und ermöglicht so die Nutzung des Luftraums für die Photosynthese und die Bildung von Fortpflanzungseinheiten (Früchte, Samen). ▸ Kormophyt

Sprossdornen ▸ Dornen

Sprosssukkulenz ▸ Sukkulenz

Stacheln Emergenzen, d. h. durch epidermale und subepidermale Gewebe gebildete Strukturen, häufig als Fraßschutz

Stamen Staubblatt; besteht aus Filament (Staubfaden) und Anthere (Staubbeutel); die Anthere setzt sich aus je zwei Pollensäcken, den Theken, zusammen, die durch das Konnektiv miteinander verbunden sind. ▸ Androeceum

Stärke Polymer der Glucose; besteht aus zwei Komponenten: Amylose (α-1,4-Bindung der Glucosemoleküle, bilden ein schraubig gewundenes Makromolekül) und Amylopektin (α-1,4- und α-1,6-Bindungen, wodurch Verzweigungen möglich sind); Kohlenhydrate werden von Landpflanzen überwiegend in Form von Stärke gespeichert

Stärkescheide bei Dikotyledonen innere Zellschicht der Rinde, die reich an Stärkekörnern ist und wahrscheinlich der Perzeption des Schwerkraftreizes dient. ▸ Statocyten

Statocyten Zellen der Kalyptra, die den Schwerkraftreiz, wahrscheinlich mithilfe von Stärkekörnern, perzipieren können. ▸ Wurzel, ▸ Wurzelhaube

Staubblatt ▸ Stamen

Steinfrucht Schließfrucht, bei der das Endokarp sklerenchymatisch ist und den „Stein" bildet; Meso- und Exokarp sind parenchymatisch. ▸ Frucht, ▸ Fruchtty

Steinzelle isodiametrische, lignifizierte, sklerenchymatische Zellen (Sklereiden), oft einzeln oder in Clustern in Parenchymen eingebettet. ▸ Sklerenchym

Stempel ▸ Pistill

Stigma 1. Augenfleck: bei Grünalgen lokale Ansammlung von Carotinoiden, die zur Lokalisation der Richtung des einfallenden Lichtes dient und es der Zelle ermöglicht, sich zur Lichtquelle hin oder davon fort zu bewegen 2. Narbe: Teil des Pistills. ▸ Pistill

Strasburger-Zelle Element des Phloems der Gymnospermen; plasmareiche Zelle, die ähnlich den Geleitzellen bei den Angiospermen die Transportvorgänge im Phloem, hier in den Siebzellen, unterstützt. ▸ Siebzelle

Streckungszone Abschnitt der jungen Wurzel zwischen Apikalmeristem und Wurzelhaarzone. ▸ Wurzel

Stylus Griffel; Teil des Pistills. ▸ Pistill

Suberin wasserabweisendes pflanzliches Biopolymer. ▸ Cuticula, ▸ Kork

Substratmyzel Teil des Myzels, das im Substrat (z. B. Blatt, Frucht, Lebensmittel) wächst. ▸ Myzel

Sukkulenz Ausbildung wasserspeichernder Gewebe

symplastischer Wassertransport Transport des Bodenwassers durch Protoplasten und Vakuolen der beteiligten Zellen aufgrund eines Saugkraftgradienten von den Wurzelhaaren zur Endodermis. ▸ apoplastischer Wassertransport, ▸ Wurzel

tertiäre Endodermis die gesamte Zellwand der Endodermiszelle ist wasserundurchlässig, zusätzlich ist innen auf die Zellwand Cellulose aufgelagert. ▸ primäre Endodermis, ▸ sekundäre Endodermis, ▸ apoplastischer Wassertransport, ▸ symplastischer Wassertransport

Testa Samenschale; sklerenchymatisch; entsteht aus dem äußeren und dem inneren Integument der Samenanlage. ▸ Samen

Thallophyt mehrzellige Pflanze, die nicht in Spross, Wurzel und Blatt gegliedert ist. ▸ Kormophyt

Thallus mehrzelliger Vegetationskörper, der keine Gliederung in Wurzel, Spross und Blatt zeigt

Theka Pollensack ▸ Stamen

***Tilia cordata* – Winter-Linde** Malvaceae

Tonoplast Biomembran, welche die Vakuolenflüssigkeit zum Cytoplasma hin abgrenzt. ▸ Plasmalemma

***Tortula muralis* – Mauer-Drehzahnmoos** Bryophytina, Streptophyta

Trachee Element des Xylems; entsteht aus großlumigen, langgestreckten, abgestorbenen Zellen, deren Wände verholzt und deren Querwände aufgelöst sind; dient dem vertikalen Wassertransport; äquivalente Bezeichnung: Gefäß. ▸ Tracheide

Tracheide Element des Xylems; entsteht aus langgestreckten, abgestorbenen Zellen, deren Wände verholzt und deren Querwände wasserdurchlässig sind; dient dem vertikalen Wassertransport. ▸ Trachee

Transfusionsgewebe Gewebe, das im Nadelblatt die Leitbündel umgibt und von der Endodermis eingefasst wird. ▸ Nadelblatt

Transpiration Abgabe von Wasserdampf über die Spaltöffnungen. ▸ Transpirationssog

Transpirationssog Durch die Abgabe von Wasserdampf über die Spaltöffnungen (Transpiration) verursachter Sog auf das Wasser im Xylem. ▸ Transpiration

Trichom Haar; ein- oder mehrzelliger verzweigter oder unverzweigter Auswuchs der Epidermis. ▸ Emergenz

***Triticum aestivum* – Weizen** Poaceae

***Tuber* sp. – Trüffel** Ascomycota

Tunica nach außen orientierter Teil des Apikalmeristems des Sprosses, der aus mehreren Lagen von sich im rechten Winkel zu Oberfläche (antiklin) teilenden Zellen besteht. ▸ Apikalmeristem, ▸ Corpus

Turgor durch den Einstrom von Wasser in die Vakuole entstehender Innendruck auf die Zellwand. ▸ osmotisches Potenzial

U-Zelle Zelle der tertiären Endodermis, die eine u-förmige Zellwandverdickung aufweist. ▸ Endodermis, ▸ apoplastischer Wassertransport, ▸ symplastischer Wassertransport

***Ulva* sp.** Ulvophyceae, Chlorophyta

© Universität Leipzig

***Urtica urens* – Kleine Brennnessel** Urticaceae

© unpict / Fotolia

Vakuole vom Tonoplasten zum Cytoplasma hin abgegrenzter Bereich der Zelle, in dem sich Wasser und darin gelöste und unlösliche Substanzen befinden; in einer ausdifferenzierten Pflanzenzelle kann die Vakuole über 90 % des Zellvolumens ausmachen; stabilisiert die Zelle; dient als Lagerplatz für Zwischen- und Endprodukte des Zellstoffwechsels und ermöglicht die Wasseraufnahme in die Zelle. ▸ Tonoplast, ▸ Plasmolyse, ▸ Turgor

Velamen radicum mehrlagige Schicht meist abgestorbener Zellen, die Luftwurzeln umgeben. ▸ Wurzel

***Verbascum* sp. – Königskerze** Scrophulariaceae

© aga7ta / Getty Images / iStock / Thinkstock

***Vicia faba* – Ackerbohne** Fabaceae

© eye-blink / Getty Images / iStock / Thinkstock

***Viola wittrockiana* – Garten-Stiefmütterchen** Violaceae

© MartinCParker / Getty Images / iStock / Thinkstock

***Volvox* sp.** Chlorophyceae, Chlorophyta

© micro_photo/ Getty Images / iStock / Thinkstock

Weichbast ▸ Bast

Wurzel neben Sprossachse und Blättern organisatorische Grundeinheit der Kormophyten; dient der Verankerung im Boden, der Wasseraufnahme und als Überdauerungsorgan. ▸ Kormophyt

Wurzelbast im Zuge des sekundären Dickenwachstums der Wurzel gebildetes Phloem. ▸ sekundäres Dickenwachstum, ▸ Wurzel

Wurzeldornen ▸ Dornen

Wurzelhaar Trichom; schlauchförmige, nicht cutinisierte Ausstülpung einer Rhizodermiszelle, durch die Wasser und gelöste Nährstoffe aufgenommen werden. ▸ apoplastischer Wassertransport, ▸ symplastischer Wassertransport, ▸ Wurzel

Wurzelhaarzone Bereich, in dem Wurzelhaare gebildet werden; Wurzelhaare haben eine begrenzte Lebenszeit, danach wird die Rhizodermis durch die Exodermis ersetzt. ▸ Wurzel

Wurzelhaube ▸ Kalyptra

Wurzelholz im Zuge des sekundären Dickenwachstums der Wurzel gebildetes Xylem. ▸ sekundäres Dickenwachstum, ▸ Wurzel

Wurzelrinde Bereich außerhalb des Perizykels; besteht aus Endodermis, Rindenparenchym und Rhizodermis bzw. Exodermis. ▸ Wurzel

Wurzelrübe Rübe, die überwiegend durch Wurzelmaterial gebildet wird. ▸ Metamorphose, ▸ Wurzel

***Xanthoria* sp. – Becherflechte** Lichenes

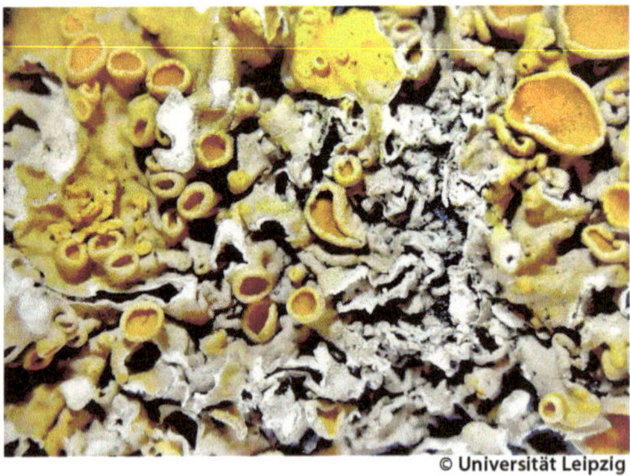

© Universität Leipzig

Xylem Gewebe (Holzteil), das aus wasserleitenden Zellen (Tracheen, Tracheiden) und begleitenden, stabilisierenden (Kollenchym, Sklerenchym) und speichernden (Parenchym) Zellen besteht. ▸ Leitbündel, ▸ Phloem

Yucca filamentosa – **Palmlilie** Asparagaceae

© phant / Getty Images / iStock / Thinkstock

Zapfenblüte zapfenförmiger weiblicher Blütenstand der Nadelbäume; Einzelblüte besteht aus der Fruchtschuppe (Samenschuppe) und einer sterilen Deckschuppe

Zea mays – **Mais** Poaceae

© Fuse / Getty Images / Thinkstock

Zellkern Kompartiment der eukaryotischen Zelle, in dem der überwiegende Teil ihrer DNA gespeichert und repliziert und in dem RNA synthetisiert (transkribiert) und prozessiert wird

Zellwand bei Landpflanzen liegt die Zellwand dem Plasmalemma außen an; Exkretionsprodukt der Zelle, das im Wesentlichen aus Cellulose, Hemicellulose, Proteinen und teilweise auch Lignin aufgebaut ist und der Stabilität der Zelle und des Gewebes dient; für Wasser und darin gelöste Stoffe frei durchlässig und Träger einiger Abwehrmechanismen der Pflanze zum Beispiel gegen Pilz- und Bakterienbefall

Zellzyklus zyklischer Ablauf unterschiedlicher Phasen in der Entwicklung einer Zelle zwischen zwei Teilungsereignissen (Mitosen); Zellen, die diesen Zyklus verlassen, sind spezialisiert und nicht mehr teilungsfähig. ▸ Mitose

Zentralzylinder zentraler Bereich der Wurzel; besteht aus Perizykel, Leitbündel und Markparenchym. ▸ Wurzel

Zitrusfrucht Sonderform der Beerenfrucht, bei der das Endokarp Safthaare ausbildet. ▸ Frucht, ▸ Fruchttyp

Zygomycota Jochpilze, Gruppe der Eumycota, die sich durch eine besondere Form der sexuellen Fortpflanzung auszeichnen, bei der ganze, häufig gleichgestaltete, vielkernige Gametangien miteinander zu einer Zygospore verschmelzen. ▸ Eumycota

Literatur

Bresinsky A, Körner C, Kadereit JW, Neuhaus G, Sonnewald U (2008) Strasburger Lehrbuch der Botanik, 36. Aufl. Spektrum Akademischer, Heidelberg

Campbell NA, Reece JB (2009) Biologie, 8. Aufl. Pearson Studium, München

Grünsfelder M (1991) Makroskopische und mikroskopische Untersuchungen von Arzneidrogen. Thieme, Stuttgart

Kadereit JW, Körner C, Kost B, Sonnewald U (2014) Strasburger Lehrbuch der Pflanzenwissenschaften, 37. Aufl. Springer Spektrum, Heidelberg

Webster J (1983) Pilze. Springer, Heidelberg

Stichwortverzeichnis

A

B

C

E

F

G

H

I

J

K

L

M

N

T

Z